Michael Laible
Robert K. Müller
Bernhard Bill
Klaus Gehrke

Mechanische Größen
elektrisch gemessen

Mechanische Größen elektrisch gemessen

Grundlagen und
Beispiele zur technischen Ausführung

Dipl.-Ing. Michael Laible
Prof. Dr.-Ing. Robert K. Müller
Dipl.-Phys. Bernhard Bill
Dipl.-Ing. Klaus Gehrke

5., völlig neu bearbeitete Auflage

Mit 214 Bildern, 5 Tabellen und 68 Literaturstellen

Kontakt & Studium
Band 45

Herausgeber:
Prof. Dr.-Ing. Wilfried J. Bartz
Technische Akademie Esslingen
Weiterbildungszentrum
DI Elmar Wippler
expert verlag

Die Deutsche Bibliothek – CIP-Einheitsaufnahme

Mechanische Größen, elektrisch gemessen :
Grundlagen und Beispiele zur technischen Ausführung / Michael Laible .... - 5., völlig neu bearb. Aufl..
- Renningen-Malmsheim : expert-Verl., 2002
    (Kontakt & Studium ; Bd. 45 : Mess- und Prüftechnik)
    ISBN 3-8169-1964-2

ISBN 3-8169-1964-2

5., völlig neu bearbeitete Auflage 2002
4., durchgesehene Auflage 1996
3., aktualisierte und erweiterte Auflage 1990
2., überarbeitete und erweiterte Auflage 1984
1. Auflage 1980

Die ersten vier Auflagen wurden von Prof. Dr.-Ing. Robert K. Müller federführend betreut.

Bei der Erstellung des Buches wurde mit großer Sorgfalt vorgegangen; trotzdem können Fehler nicht vollständig ausgeschlossen werden. Verlag und Autoren können für fehlerhafte Angaben und deren Folgen weder eine juristische Verantwortung noch irgendeine Haftung übernehmen.
Für Verbesserungsvorschläge und Hinweise auf Fehler sind Verlag und Autoren dankbar.

© 1980 by expert verlag, Wankelstr. 13, D-71272 Renningen
Tel.: +49 (0) 71 59-92 65-0, Fax: +49 (0) 71 59-92 65-20
E-Mail: expert@expertverlag.de, Internet: www.expertverlag.de
Alle Rechte vorbehalten
Printed in Germany

Das Werk einschließlich aller seiner Teile ist urheberrechtlich geschützt. Jede Verwertung außerhalb der engen Grenzen des Urheberrechtsgesetzes ist ohne Zustimmung des Verlags unzulässig und strafbar. Dies gilt insbesondere für Vervielfältigungen, Übersetzungen, Mikroverfilmungen und die Einspeicherung und Verarbeitung in elektronischen Systemen.

Herausgeber-Vorwort

Bei der Bewältigung der Zukunftsaufgaben kommt der beruflichen Weiterbildung eine Schlüsselstellung zu. Im Zuge des technischen Fortschritts und angesichts der zunehmenden Konkurrenz müssen wir nicht nur ständig neue Erkenntnisse aufnehmen, sondern auch Anregungen schneller als die Wettbewerber zu marktfähigen Produkten entwickeln.

Erstausbildung oder Studium genügen nicht mehr – lebenslanges Lernen ist gefordert! Berufliche und persönliche Weiterbildung ist eine Investition in die Zukunft:
- Sie dient dazu, Fachkenntnisse zu erweitern und auf den neuesten Stand zu bringen
- sie entwickelt die Fähigkeit, wissenschaftliche Ergebnisse in praktische Problemlösungen umzusetzen
- sie fördert die Persönlichkeitsentwicklung und die Teamfähigkeit.

Diese Ziele lassen sich am besten durch die Teilnahme an Lehrgängen und durch das Studium geeigneter Fachbücher erreichen.

Die Fachbuchreihe Kontakt & Studium wird in Zusammenarbeit zwischen dem expert verlag und der Technischen Akademie Esslingen herausgegeben.

Mit ca. 600 Themenbänden, verfasst von über 2.400 Experten, erfüllt sie nicht nur eine lehrgangsbegleitende Funktion. Ihre eigenständige Bedeutung als eines der kompetentesten und umfangreichsten deutschsprachigen technischen Nachschlagewerke für Studium und Praxis wird von der Fachpresse und der großen Leserschaft gleichermaßen bestätigt. Herausgeber und Verlag freuen sich über weitere kritisch-konstruktive Anregungen aus dem Leserkreis.

Möge dieser Themenband vielen Interessenten helfen und nützen.

Prof. Dr.-Ing. Wilfried J. Bartz   Dipl.-Ing. Elmar Wippler

Vorwort

Das problemlose Funktionieren von Geräten, die wir bei der Arbeit oder im privaten Bereich anwenden, wird mittlerweile als Selbstverständlichkeit erachtet. Die Anwender sind immer weniger bereit, Kompromisse einzugehen: Die Geräte sollen sicher, funktional, sparsam sowie praktisch sein und nicht zuletzt über ein ansprechendes Design verfügen. All diese Ansprüche zu erfüllen, ist Aufgabe der Konstrukteure, die in Zusammenarbeit mit Ergonomen und Designern die Funktion, die Haltbarkeit sowie die Wirtschaftlichkeit sicherstellen müssen. Dazu wird nicht nur die Simulation der Betriebsbedingungen verwendet, sondern auch die Messtechnik, die einerseits die Grundlagen für die optimierende Simulation liefert und andererseits die gefundenen Lösungen auf ihre Tauglichkeit hin evaluiert. Auch wenn die physikalischen Prinzipien, die für die Aufnahme der zu untersuchenden Größen verwendet werden, in vielen Fällen schon lange bekannt sind, so kommen doch immer wieder Verfahren zum Einsatz, die bisher nur im Labor unter Versuchsbedingungen ausprobiert wurden. Die fortschreitende Miniaturisierung zusammen mit dem immer besser werdenden Verständnis von Werkstoffen und ihrem Verhalten ermöglicht teilweise erst heute die Realisierung von „altbekannten" Verfahren. Zusätzlich hat sich die Messtechnik durch den massiven Einsatz der Digitaltechnik stark verändert: Es wird mehr und besser gemessen als je zuvor. Die Erfassung von mehreren hunderttausend Werten sowie ihre Verrechnung, das „Ausfiltern" relevanter Daten, ist durch die Fortschritte der digitalen Erfassung und Verarbeitung sowie den Preisverfall der für diese Technik notwendigen Komponenten zum Normalfall geworden. Insbesondere das (elektrische) Messen der mechanischen Größen hat einen festen Platz in der industriellen Prozessüberwachung und -steuerung sowie in den Labors zur Produktoptimierung und -prüfung eingenommen.

Techniker und Ingenieure stehen deshalb immer wieder vor der Aufgabe, sich in diese Problematik einzuarbeiten oder sich einen Überblick über den momentanen Stand der Technik, die einsetzbaren Aufnehmer, die am Markt verfügbaren Messgeräte und ihre Vor- und Nachteile, kurz, die zur Verfügung stehenden Optionen, zu verschaffen. Daher wurde schon vor vielen Jahren, angeregt durch Professor Kögler, den Gründer der TAE, die Möglichkeit geschaffen, den jeweils aktuellen Stand in Kursen zu diesem Thema zu vermitteln. Über Jahrzehnte hinweg hat in der Folge Professor Müller zusammen mit verschiedenen Referenten den Kurs *Elektrisches Messen mechanischer Größen* entwickelt und geleitet, aus dem dieses Buch ursprünglich entstanden ist. Die vorliegende Fassung wurde von den Referenten allerdings komplett überarbeitet: Auch wenn, wie oben schon angedeutet, sich an den Grundlagen nicht viel geändert hat, so sind doch zahlreiche neue Details hinzugekommen. Am meisten verändert hat sich die Verstärkertechnik sowie die Auswertung von Messungen durch die Möglichkeiten der Digitaltechnik. Aber auch im Bereich der Aufnehmer gibt es immer wieder neue Entwicklungen, die entweder durch ihr Preisniveau bisher nicht sinnvolle Einsatzgebiete erschließen oder durch technische Vorzüge neue Anwendungsmöglichkeiten eröffnen.

Mein Dank gilt allen, die durch ihre Mitarbeit die Herausgabe dieses Buches ermöglicht haben, insbesondere meinen Vorgängern Professor Robert K. Müller und Obering. Karl Hoffmann.

Erzhausen, im September 2001   Michael Laible

Inhaltsverzeichnis

Vorwort

1 Grundlagen des elektrischen Messens mechanischer Größen 1
M. Laible

1.1	Einführung	1
1.1.1	Grundsätzliches über das Messen	1
1.1.2	Was bedeutet Messen?	2
1.2	Die Messkette	3
1.3	Die wichtigsten Prinzipien zur Umwandlung von mechanischen Größen in elektrische Signale	6
1.3.1	Ohmscher Widerstand	7
1.3.1.1	Potentiometeraufnehmer	7
1.3.1.2	Dehnungswiderstandseffekt	8
1.3.1.3	Piezoresistive Aufnehmer	10
1.3.2	Piezoelektrische Aufnehmer	11
1.3.3	Induktive Aufnehmer	12
1.3.4	Kapazitive Aufnehmer	13
1.3.5	Weitere Sensorprinzipien	14
1.4	Vor- und Nachteile des elektrischen Messens	14
1.5	Weitere Informationen	15
1.6	Elektrische Schaltungen für Aufnehmer	18
1.6.1	Spannungsteilerschaltung	18
1.6.2	Wheatstone'sche Brückenschaltung	19
1.6.2.1	Grundlagen	19
1.6.2.2	Anwendungsformen der Wheatstone-Brücke	22
1.6.2.3	Vor- und Nachteile der Wheatstone-Brücke	33
1.6.3	Speisung mit Konstantstrom	34
1.6.4	Messketten mit Frequenzmessung (Schwingkreis)	35
1.6.5	Ladungsverstärker	36

2	**Grundlagen und Anwendung der Dehnungsmessstreifen-Technik**	**39**
	K. Gehrke	
2.1	Einleitung	39
2.2	Grundlagen und Wirkungsweise von DMS	40
2.2.1	Das Hooke'sche Gesetz	40
2.2.2	Die Dehnung	41
2.2.3	Der Thomson-Versuch	42
2.2.4	Die Erfindung des DMS	43
2.2.5	Folien-DMS	43
2.3	Die Wheatstone-Brücke	45
2.3.1	Darstellung und Wirkungsweise	46
2.3.2	Anwendungsformen	47
2.3.3	Kompensation von Störgrößen	47
2.3.4	Selbstkompensierende DMS	49
2.4	Ausführungsformen von DMS	51
2.5	Auswahl von DMS	52
2.6	Die Installation von DMS	56
2.6.1	Kalthärtende Klebstoffe	56
2.6.2	Heißhärtende Klebstoffe	57
2.6.3	Weitere Materialien	58
2.7	Ermittlung der Spannung aus der gemessenen Dehnung	59
2.7.1	Der einachsige Spannungszustand	59
2.7.2	Der zweiachsige Spannungszustand	61
3	**Aufnehmer mit Dehnungsmessstreifen**	**65**
	K. Gehrke	
3.1	Einleitung	65
3.2	Bauformen von Aufnehmern	66
3.2.1	Kraftaufnehmer und Wägezellen	66
3.2.2	Druckaufnehmer	72
3.2.3	Drehmomentaufnehmer	76
3.3	Eigenschaften von DMS-Aufnehmern	81
3.4	Hinweise zum Einbau von Aufnehmern	85
3.4.1	Störungen für Kraft- und Gewichtsmessungen	87
3.4.2	Störungen bei Druckmessungen	90
3.4.3	Störungen bei Drehmomentmessungen	92

4	**Piezoelektrische Sensoren**	**95**
	B. Bill	
4.1	Einleitung	95
4.2	Die piezoelektrischen Effekte in Quarzkristall	95
4.3	Die Eigenschaften der piezoelektrischen Messtechnik	98
4.3.1	Quasistatisches Verhalten	98
4.3.2	Temperaturverhalten, Betriebstemperaturbereich	100
4.3.3	Dynamisches Verhalten, Messen von Impulsen	100
4.4	Konstruktive Ausführungen von Sensoren	101
4.4.1	Drucksensoren	101
4.4.1.1	Standard-Drucksensoren für allgemeine Anwendungen	102
4.4.1.2	Drucksensoren für die Motorenindizierung	104
4.4.1.3	Beschleunigungskompensierte Drucksensoren hoher Eigenfrequenz	106
4.4.1.4	Hochdrucksensoren für Hydraulik und Ballistik	107
4.4.1.5	Spezialsensoren für die Forminnendruckmessung beim Spritzgießen	109
4.4.2	Kraft- und Momentsensoren	110
4.4.2.1	Messung einer Kraftkomponente	110
4.4.2.2	Mehrkomponenten-Kraftmesselemente und -Dynamometer	111
4.4.2.3	Sensoren für Momente	113
4.4.3	Beschleunigungssensoren	114
4.4.3.1	Prinzipieller Aufbau von Beschleunigungssensoren	114
4.4.3.2	Beschleunigungssensoren für allgemeine Anwendungen	115
4.5	Verstärker für piezoelektrische Sensoren	116
4.5.1	Ladungsverstärker	116
4.5.1.1	Allgemeines	116
4.5.1.2	Zeitkonstante und Drift	117
4.5.2	Sensoren mit Spannungsausgang	118
4.5.3	Kuppler	119
5	**Induktive Aufnehmer**	**121**
	M. Laible	
5.1	Einleitung	121
5.2	Aktive induktive Aufnehmer	121
5.3	Passive Mehrspulensysteme mit Kern	122
5.3.1	Wegaufnehmer mit Tauchanker	125
5.3.2	Wegtaster	125

5.4	Passive Einspulensysteme mit Kern	126
5.5	Berührungsfreie Wegaufnehmer	127
5.5.1	Berührungsfreie Aufnehmer für niederfrequente Speisung	128
5.5.2	Induktive Aufnehmer nach dem Wirbelstromprinzip	129
5.5.3	Vor- und Nachteile berührungsfreier Systeme	130
5.5.4	Anwendungen	130
5.6	Magnetostriktive Wegaufnehmer	130
5.7	Induktiv-potentiometrische Aufnehmer	132
5.8	Beschleunigungsaufnehmer	133
5.9	Aufnehmer mit magnetoelastischem Prinzip	134
5.10	Weitere induktive Aufnehmer	135
5.11	Einbauhinweise für Wegaufnehmer	136
6	**Kapazitive Aufnehmer**	**139**
	M. Laible	
6.1	Einführung	139
6.2	Bauformen	139
6.3	Ausführungen kapazitiver Aufnehmer	143
7	**Weitere Aufnehmerprinzipien**	**147**
	M. Laible	
7.1	Einführung	147
7.2	Piezoresistive Sensoren	147
7.3	Optische Sensoren	151
7.3.1	Faseroptische Sensoren	151
7.3.2	Längenmessung über Korrelationsverfahren	157
7.3.3	Sensoren mit Triangulationsprinzip	158
8	**Messverstärker**	**161**
	M. Laible	
8.1	Einleitung	161
8.2	Gleichspannungsverstärker	162
8.3	Trägerfrequenzverstärker	163
8.4	Vergleich der Verfahren	166
8.4.1	Obere Grenzfrequenz	166
8.4.2	Impulswiedergabe	168
8.4.3	Temperatureinfluss auf Nullpunkt und Empfindlichkeit	169

Inhaltsverzeichnis

8.4.4	Linearitätsfehler	170
8.4.5	Einflüsse von elektromagnetischen Störungen	171
8.4.5.1	Einflüsse auf Gleichspannungsverstärker	171
8.4.5.2	Einflüsse auf Trägerfrequenzverstärker	173
8.4.5.3	Resümee	175
8.5	EMV-Schutz	176
9	**Digitale Datenerfassung und Verarbeitung**	**179**
	M. Laible	
9.1	Einleitung	179
9.2	Ausführungen digitaler Messverstärker	179
9.2.1	Prinzipielle Funktionsweise	179
9.2.2	Parallel arbeitende Anlagen	181
9.2.3	Sequentiell arbeitende Anlagen	183
9.3	Schnittstellen	186
9.3.1	Schnittstellen für den Laboreinsatz	187
9.3.1.1	IEEE 488	187
9.3.1.2	COMx mit RS-485	187
9.3.1.3	COMx (RS-232)	188
9.3.1.4	Druckerschnittstelle LPT	188
9.3.1.5	USB	189
9.3.1.6	Firewire	189
9.3.2	Feldbussysteme	189
9.3.2.1	Ethernet (TCP/IP)	190
9.3.2.2	DIN-Messbus	191
9.3.2.3	CAN, CANopen und DeviceNet	191
9.3.2.4	PROFIBUS	192
9.3.2.5	Interbus	193
9.3.2.6	MODbus bzw. 3964R-RK512 (Siemens)	194
9.3.2.7	Weitere Bussysteme	194
9.4	Software für die Messtechnik	195
9.5	Digitale Messwerterfassung	197
9.5.1	Welche Messrate ist richtig?	198
9.5.2	Filterung von Signalen	199

10	**Abgleich von Messketten**	**203**
	M. Laible	
10.1	Einleitung	203
10.2	Messungen mit Dehnungsmessstreifen	205
10.2.1	Die Shunt-Kalibrierung	205
10.2.2	Der Abgleich durch Eingabe der Kennwerte	208
10.2.3	Die Berücksichtigung von k-Faktoren	209
10.3	Messungen mit DMS-Aufnehmern	209
10.3.1	Der Abgleich durch direkte Belastung des Aufnehmers	209
10.3.2	Der Abgleich mit Shunt-Kalibrierung	213
10.3.3	Der Abgleich mit einem Kalibriergerät	214
10.3.4	Der Abgleich durch Eingabe der Kennwerte	214
10.4	Messungen mit induktiven Aufnehmern	215
10.5	Besonderheiten beim Abgleich	215
10.5.1	Der Abgleich von Trägerfrequenz-Messverstärkern	216
10.5.1.1	Nullabgleich C	217
10.5.1.2	Referenzphasenabgleich	218
10.6	Zusammenfassung	220
11	**Durchführen von Messungen**	**221**
	M. Laible	
11.1	Einleitung	221
11.2	Aufgabenstellung	221
11.3	Planung	222
11.3.1	Allgemeines	222
11.3.2	Temperatur als Störgröße	224
11.3.2.1	Auswirkungen von Temperaturänderungen	224
11.3.2.2	Kompensation des Temperatureinflusses	224
11.3.2.3	Temperaturmessung	226
11.3.3	Dokumentation	229
11.3.4	Letzte Fragen	229
11.4	Vorbereitung der Messung	230
11.5	Praktische Durchführung	230

Inhaltsverzeichnis

12	**Berechnung der Messunsicherheit**	**231**
	M. Laible	
12.1	Einleitung	231
12.2	Messabweichung und Messunsicherheit	233
12.2.1	Zufällige Messabweichung e_r	233
12.2.2	Messunsicherheit aufgrund zufälliger Einflüsse	234
12.2.3	Systematische Messabweichung e_s	235
12.2.3.1	Bekannte systematische Messabweichung $e_{s,b}$	235
12.2.3.2	Unbekannte systematische Messabweichung $e_{s,u}$	236
12.2.4	Messunsicherheit aufgrund unbekannter systematischer Abweichungen	239
12.2.5	Ermittlung der gesamten Messunsicherheit	240
12.2.6	Grafische Erläuterung der Zusammenhänge	240
12.2.7	Angabe des vollständigen Messergebnisses	241
12.3	Beispiel	241
12.3.1	Zufällige Messabweichungen	242
12.3.2	Bekannte systematische Messabweichung (Korrektion)	242
12.3.3	Unbekannte systematische Abweichungen	243
12.3.4	Berechnung und Angabe des vollständigen Messergebnisses	244
	Literaturverzeichnis	**245**
	Index	**251**

1 Grundlagen des elektrischen Messens mechanischer Größen

M. Laible

1.1 Einführung

1.1.1 Grundsätzliches über das Messen

Messen ist das Erfassen und Darstellen einer physikalischen Größe. Dabei wird die zu messende Größe mit einer bekannten Größe der gleichen Art verglichen, die durch Normale definiert ist. Das Messergebnis ist dann das Produkt aus einer Maßzahl und der Einheit, die heute allgemein durch internationale Konventionen festgelegt ist.

$$X = x \cdot E \tag{1-1}$$

Die Größe X wird durch die Maßzahl x und die Einheit E bestimmt, z. B. wird eine Länge L in der (Grund-)Einheit Meter gemessen.

$$L = 22\,\mathrm{m} \tag{1-2}$$

Die sieben international festgelegten Grundeinheiten sind:

- Länge in Metern, Formelzeichen m
- Masse in Kilogramm, Formelzeichen kg
- Zeit in Sekunden, Formelzeichen s
- Stromstärke in Ampere, Formelzeichen A
- Temperatur in Kelvin, Formelzeichen K
- Lichtstärke in Candela, Formelzeichen cd
- Stoffmenge in Mol, Formelzeichen mol

Alle anderen Einheiten sind hiervon abgeleitet. Allerdings ist eine Messung nur unzureichend durch das oben angegebene Ergebnis beschrieben, daher muss für die Angabe des *vollständigen Messergebnisses* noch eine Betrachtung der Messunsicherheit erfolgen, damit die wahrscheinlichen Messabweichungen quantifiziert werden können.

Kapitel 1

1.1.2 Was bedeutet Messen?

Das Messen ist ein Teilgebiet des Prüfens (Abb. 1-1).

Abb. 1-1:
Messen als Teilgebiet des Prüfens

Auch wenn das Messen unter dem Motto „objektives Prüfen" steht, sollte die nicht maßliche Prüfung nicht unterbewertet werden, nur weil dort subjektiv steht. So gibt es viele Bereiche, in denen diese Art der Prüfung eine große Rolle spielt, sei es das Verkosten organischer Rohstoffe wie Tee oder Kaffee, oder sei es die Sichtprüfung nach dem Installieren von Dehnungsmessstreifen. Gerade in den letzten Jahren wird in diesen Bereichen verstärkt versucht, durch neue Sensoren (Stichwort Biosensoren) objektivere Kriterien für solche Prüfungen zu finden und anzuwenden.

Abb. 1-2:
Teilgebiete der Messtechnik

Wie Abb. 1-2 zeigt, kann auch der Bereich des Messens, die Messtechnik, wiederum in verschiedene Bereiche unterteilt werden.

Dieses Buch (und das Seminar, aus dem es entstanden ist) beschäftigt sich im Wesentlichen mit den Bereichen Labormesstechnik und industrielle Messtechnik, also Fertigungsmesstechnik und Qualitätssicherung. Die Problematik der Präzisi-

Grundlagen des elektrischen Messens mechanischer Größen

onsmesstechnik, z.B. bei den Kraftmesseinrichtungen des DKD, wird hier nicht behandelt, auch wenn einige der hier besprochenen Aufnehmer- oder Verstärkerprinzipien dort verwendet werden. Ebenfalls nicht eingegangen wird hier auf die Messtechnik im Alltag, bei denen z.B. Wägezellen mit DMS in Badezimmerwaagen eingesetzt werden, da es sich hier um Low-cost-Bereiche handelt, bei denen zwar ebenfalls die hier besprochenen Prinzipien verwendet werden, das Hauptgewicht jedoch auf die Produktion kostengünstiger Messketten gelegt wird.

1.2 Die Messkette

In allen Fällen wird eine Messkette (Abb. 1-3) eingesetzt, die aus Aufnehmer, Messverstärker und Ausgabe besteht, meist ist noch eine Signalverarbeitung mit im Verstärker integriert.

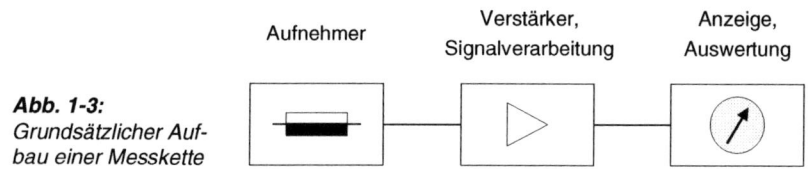

Abb. 1-3:
Grundsätzlicher Aufbau einer Messkette

Anstelle des Begriffs *Aufnehmer*, eigentlich *Messgrößenaufnehmer*, wird heute vielfach der Begriff *Sensor* verwendet, der früher übliche Begriff *Geber* wird kaum noch benutzt. Falsch ist die Bezeichnung Messwertaufnehmer, denn die Messwerte sind das Ergebnis der Messung, erfasst (aufgenommen) werden physikalische Größen. Auch wenn einige Firmen zwischen „normalen" und „intelligenten" Sensoren unterscheiden, so beruht dies oft nur auf Entscheidungen der Marketingabteilungen, denn die meisten Sensoren können Störgrößen in gewissem Maße kompensieren. Die Frage ist eher, welche Störgrößen und wie gut ist die Kompensation. Eine anderer Grund für diese Bezeichnung kann die Fähigkeit sein, die Speicherung der Sensordaten, quasi das Kalibrierprotokoll dieses Teils der Messkette, im Sensor selbst vorzunehmen. Diese Möglichkeit besteht im Prinzip bei allen Sensoren mit integriertem Verstärker und digitaler Signalverarbeitung. Allerdings hat dies m.E. nichts mit „Intelligenz" zu tun. Im internationalen Bereich wird auch häufig von „smart sensors" gesprochen, diese Bezeichnung trifft den Sachverhalt besser.

Eine andere Unterscheidung ist wichtiger: die in aktive und passive Aufnehmer. Aktive Aufnehmer entziehen dem Messobjekt Energie und liefern ohne weitere Hilfsenergie ein Ausgangssignal, passive Aufnehmer benötigen eine Hilfsenergie, die durch die Messgröße gesteuert wird. In der Praxis sind jedoch kaum aktive

Kapitel 1

Aufnehmer zu finden, die keinen Verstärker, keine Signalaufbereitung o. Ä. benötigen. Praktisch alle verwendeten Aufnehmer, auch z. B. die eigentlich aktiven piezoelektrischen Aufnehmer, benötigen an das Prinzip angepasste Verstärker, die erst eine praktikable Handhabung und damit eine Messung im Alltag unter „normalen" Bedingungen möglich machen. Dies hat den Vorteil, dass die Rückwirkung auf das Messobjekt sehr klein bleiben kann, wenn diesem keine Energie entzogen wird. Leider wird manchmal die Bezeichnung „aktive Aufnehmer" auch für Sensoren verwendet, die zwar eine Hilfsspannung benötigen, aber eine Signalverarbeitung enthalten und normierte Signale abgeben können. Dies ist zwar nach der obigen Definition nicht richtig, wird aber teilweise zur Abgrenzung gegenüber „passiven" Aufnehmern verwendet, deren Signal noch entsprechend verarbeitet werden muss.

Interessanterweise arbeiten die meisten Sensoren nach physikalischen Prinzipien, die bereits lange bekannt sind. Allerdings haben Werkstofftechnik und digitale Signalverarbeitung die Möglichkeiten der Aufnehmerhersteller erweitert, sodass heute auch Prinzipien verwendet werden können, die früher höchstens im Labor zu brauchbaren Messergebnissen führten. Im Abschnitt 1.3 in diesem Kapitel werden deshalb die gebräuchlichsten Prinzipien vorgestellt.

Der zweite Teil der Messkette, der Messverstärker, wird zwar durch das Prinzip des verwendeten Sensors auf bestimmte Ausführungen eingeschränkt, trotzdem gibt es auch hier vielfältige Produktvarianten mit den unterschiedlichsten Eigenschaften auf dem Markt. Interessant sind die Unterschiede dann, wenn die vorgesehenen Sensoren mit verschiedenen Verstärkerprinzipien arbeiten können. Dies gilt insbesondere für die Gruppe der resistiven Sensoren. Bei den anderen Aufnehmerprinzipien, sei es kapazitiv, induktiv oder piezoelektrisch, können in der Regel nur bestimmte Verstärkerprinzipien verwendet werden, z. B. Trägerfrequenz oder Ladungsverstärker. Trotzdem gibt es auch für die Funktionsprinzipien, bei denen nicht so universelle Anwendungen möglich sind wie bei den Gleichspannungs- oder Trägerfrequenzverstärkern, eine große Auswahl von Geräten und Herstellern am Markt. Dies liegt z. T. auch an den Umgebungs- oder Einsatzbedingungen für die Verstärker: von hohen zu tiefen Temperaturen, von wasserfest bis crashtauglich, von rein analogem Ausgangssignal bis volldigital mit einem bestimmten Bussystem gibt es eine große Bandbreite von Anforderungen, die niemals von einem Verstärker allein erfüllt werden können. In diesem Buch soll daher nur ein Überblick über die Vor- und Nachteile der beiden „universell verwendbaren" Prinzipien Gleichspannungsspeisung und Trägerfrequenzverfahren gegeben werden, sowie allgemeine Hinweise zu Aufbau und Verkabelung einer Messkette. Da heute viele Messverstärker bereits eine digitale Signalverarbeitung enthalten, das Signal somit digital vorliegt, und die Erfassung und Verarbeitung von Messdaten mit dem PC praktisch zum Standard in der Messtechnik geworden ist, werden die damit verbundenen Problematiken aber auch die Vorteile in einem eigenen Kapitel behandelt: Kapitel 9, *Digitale Datenerfassung und Verarbeitung*. Dies schließt

Grundlagen des elektrischen Messens mechanischer Größen

theoretisch den letzten Teil der Messkette, die Anzeige und Ausgabe, ab. Es bleiben jedoch noch weitere wichtige Fragen:

1. Wie kann ich sicherstellen, dass die Messkette als Ganzes funktioniert?
2. Was ist bei der Durchführung einer Messung zu beachten?
3. Welche „Qualität" hat eine Messung mit dieser Messkette?

Die erste Frage wird durch den Abgleich der Messkette geklärt. Dabei gibt es jedoch verschiedene Möglichkeiten, die sich sowohl im Aufwand und der Vorgehensweise als auch in den Resultaten unterscheiden und daher ihre spezifischen Vor- und Nachteile haben. Deshalb ist dieser Problematik für die am häufigsten eingesetzten Aufnehmer ein (kleines) eigenes Kapitel gewidmet, Kapitel 10, *Abgleich von Messketten*. Der Abgleich von piezoelektrischen Aufnehmern wird in Kapitel 4, *Piezoelektrische Sensoren*, ab Seite 95 behandelt.

Die zweite Frage, die auch eng mit der Vorbereitung der Messung verknüpft ist, wird zusammen mit der Problematik von Temperaturänderungen während der Messung im Kapitel 11, *Durchführen von Messungen*, erläutert.

Die dritte Frage nach der „Qualität" der Messkette, also den resultierenden Messunsicherheiten einer Messung mit einer bestimmten Messkette unter den gegebenen Prüfbedingungen, ist leider meist nicht einfach zu beantworten. Es gilt auch für eine Messkette: Sie ist nur so stark wie ihr schwächstes Glied. Deshalb muss der Auswahl der Komponenten entsprechende Sorgfalt gewidmet werden. Um jedoch zu wissen, welche Fragen zu stellen sind und wie sich Entscheidungen auswirken, muss die Vorgehensweise bei der Ermittlung der Messabweichungen bekannt sein. Kapitel 12, *Berechnung der Messunsicherheit*, erklärt die anzuwendenden Verfahren und zeigt exemplarisch das Vorgehen.

Leider werden, trotz der Vielzahl an Informationen, die Sie in diesem Buch finden, die hier vermittelten Kenntnisse in der Regel noch nicht ausreichen, um mit einer der hier besprochenen Messketten Messungen selbstständig durchführen und auswerten zu können. So sind z. B. bei der Messung mit Dehnungsmessstreifen in der experimentellen Spannungsanalyse zahlreiche Kenntnisse notwendig:

1. Der DMS muss zunächst installiert werden. Um dies zu erlernen, gibt es Praktika, die nach der VDI/VDE/GESA-Richtlinie 2636 [4] zwei Tage dauern. Aber auch nach diesem Praktikum muss das Installieren erst noch weiter geübt werden!
2. DMS und Messverstärker müssen verschaltet und die Messkette abgeglichen werden. Speziell für DMS-Messungen empfiehlt die oben angeführte Richtlinie ebenfalls zweitägige Kurse.

3. Nach der Durchführung der Messung ist diese auszuwerten. Dies betrifft sowohl die Ermittlung der Messunsicherheit als auch die Berechnung der Spannungen im Werkstoff aus den Dehnungen. Mit diesen Werten kann dann die Belastung des Werkstoffes berechnet werden, denn dies ist das eigentliche Ziel der Messung in der experimentellen Spannungsanalyse. Je nach den Ansprüchen an diese Berechnung sind in der VDI/VDE/GESA-Richtlinie 2636 [4] zwei aufeinander aufbauende Kurse genannt, die ebenfalls jeweils zwei Tage dauern sollen, als Voraussetzung jedoch eine Ingenieurausbildung erfordern.

Sie sehen an diesem Beispiel, dass es für jedes Fachgebiet noch einmal spezifische Besonderheiten gibt, die erst erlernt werden müssen. In diesem Buch soll ein Überblick gegeben werden, welche Probleme bei der Messung mechanischer Größen existieren und wie durch geschickte Auswahl von Aufnehmer- oder Verstärkerprinzip einige davon umgangen werden können.

1.3 Die wichtigsten Prinzipien zur Umwandlung von mechanischen Größen in elektrische Signale

Zur Umwandlung von mechanischen Größen in elektrische Signale sind fast alle physikalischen Effekte geeignet, bei denen mechanische, geometrische und elektrische Größen zusammenwirken. Allerdings können hier nicht alle Verfahren behandelt werden, mit denen Aufnehmer arbeiten. Es werden deshalb nur die wichtigsten, d.h. die am Markt verbreitetsten Verfahren sowie von den neueren Verfahren die interessantesten angesprochen. Weitere Verfahren finden sich in der Literatur, siehe dazu das *Literaturverzeichnis* ab Seite 245.

Im Folgenden werden – wie auch im gesamten Buch – die einzelnen Sensorprinzipien als Ordnungskriterium verwendet. Diese Vorgehensweise wurde gewählt, da die wesentlichen Vor- und Nachteile eines Sensors in seinem Arbeitsprinzip begründet sind. Mit den meisten Sensorprinzipien lassen sich verschiedene Größen messen, die bei den jeweiligen Aufnehmern angeführt sind. Eine Sortierung nach physikalischer Größe hätte nur zur Folge, dass jedes Mal das Funktionsprinzip erneut erläutert werden müsste. Außerdem erfordern einige Prinzipien spezielle Messverstärker, die in diesem Buch bei den jeweiligen Sensoren aufgeführt sind. Die im Anschluss an die einzelnen Prinzipien genannten Hersteller sind alphabetisch sortiert und meist nur *einige* der auf dem deutschen Markt agierenden Firmen. So gibt es z.B. bei Potentiometeraufnehmern Dutzende von weiteren Herstellern, die hier aus Platzgründen nicht aufgenommen wurden. Bitte lesen Sie auch Abschnitt 1.5 in diesem Kapitel, der weitere Informationen enthält, wie Sie Hersteller von Aufnehmern zu bestimmten Größen ausfindig machen können.

Grundlagen des elektrischen Messens mechanischer Größen

1.3.1 Ohmscher Widerstand

Zur Umwandlung einer mechanischen Größe in ein analoges Signal wird häufig der elektrische Widerstand eines Leiters benutzt. Er ist von drei Größen abhängig, die auf verschiedene Weise durch mechanische Größen verändert werden können und die damit auch den Widerstand als elektrisch messbare Größe entsprechend verändern.

Abb. 1-4:
Widerstand eines Leiters

Der Widerstand eines elektrischen Leiters ist:

$$R = \rho \cdot \frac{l}{A} \qquad (1\text{-}3)$$

mit R = Widerstand in Ohm, l = Länge des Leiters in m, A = Querschnitt des Leiters in mm² und ρ = spezifischer elektrischer Widerstand in $\Omega\text{mm}^2/\text{m}$

1.3.1.1 Potentiometeraufnehmer

Verändert man die Länge eines elektrischen Leiters durch einen verschiebbaren Abgriff, so entsteht ein passiver Aufnehmer, dessen Widerstand der abgegriffenen Länge proportional ist.

Abb. 1-5:
Schaltung eines Potentiometeraufnehmers

Kapitel 1

Anwendungen

Messung von Verschiebungen, Längenänderungen, Winkeln, Stellungsanzeige von Scheiben und Klappen, Füllstand.

Bei den Ausführungsformen unterscheidet man zwischen (veralteten) Draht-, Metallfilm- und Leitplastikpotentiometern. Insbesondere Letztere bieten gute Qualität und hohe Auflösung (ca. 100 µm) bei moderaten Preisen. Die Aufnehmer sind als Linear- oder Drehpotentiometer erhältlich, die Drehpotentiometer können auch mit einem Seilzug versehen sein. Damit lassen sich dann auch längere Wege erfassen, allerdings muss eine eingebaute Feder bzw. ein Federmotor für das „Wiederaufrollen" sorgen, sodass hier höhere Kräfte zur Erzielung des Verfahrwegs notwendig sein können.

Vorteile

Hauptvorteil des Verfahrens ist der relativ geringe Preis der Aufnehmer, hinzu kommt für einige Ausführungen die Möglichkeit des Einsatzes auch im Magnetfeld. Der Aufnehmer arbeitet mit einem absoluten Verfahren, es sind daher keine Referenzfahrten notwendig. Durch geeignete Wahl des Widerstandes ist wenig Leistung zum Betrieb erforderlich, die Spannungsversorgung ist relativ unproblematisch in guter Qualität realisierbar. Speziell bei Leitplastik sind auch hohe Auflösungen möglich.

Nachteile

Nachteilig ist, dass nur geringe Geschwindigkeiten auftreten dürfen, da sonst der Schleifer abhebt und insbesondere oszillierende Signale bzw. dem Messsignal überlagerte Störungen problematisch sind, da diese einen erhöhten Verschleiß an der Position des Schleifers verursachen. Selbst bei hochwertiger Leitplastik sollten keine Frequenzanteile über 20 Hz (max. 50 Hz) auftreten, bis zu 100 Mio. Verfahrzyklen sind jedoch bei statischen Anwendungen möglich.

Hersteller (Auswahl)

Megatron, Micro-Epsilon Messtechnik, Pewatron.

1.3.1.2 Dehnungswiderstandseffekt

Durch mechanische Beanspruchung (Dehnung) eines Widerstandsdrahtes wird seine Länge verändert und wegen der stets damit verbundenen Querdehnung auch sein Querschnitt und der spezifische Widerstand.

Grundlagen des elektrischen Messens mechanischer Größen

Für den Leiter in Abb. 1-6 gilt:

$$\frac{\Delta R}{R} = \frac{\Delta \rho}{\rho} + \frac{\Delta l}{l}(1 + 2\mu) \qquad (1\text{-}4)$$

mit $k = \dfrac{\Delta \rho}{\rho}\dfrac{1}{\varepsilon} + 1 + 2\mu$ folgt

$$\frac{\Delta R}{R} = k \cdot \varepsilon \qquad (1\text{-}5)$$

Abb. 1-6:
Dehnungswiderstandseffekt

Die häufigste Anwendung des Dehnungswiderstandseffektes ist die Messung von Dehnungen mit DMS (siehe Kapitel 2, *Grundlagen und Anwendung der Dehnungsmessstreifen-Technik*, ab Seite 39). Diese bestehen im Prinzip aus einem Draht, der zwecks besserer Handhabung auf eine Folie geklebt wurde. Beide werden möglichst dünn gewählt, damit die zur Übertragung der Dehnung von der Messstelle auf den Draht notwendigen Kräfte möglichst klein bleiben. Der Drahtdurchmesser beträgt 15 bis 20 µm, bei den heute vielfach verwendeten Folien-DMS wird ein aus einer Folie herausgeätztes Band mit einer Dicke ca. 5 µm verwendet. Der DMS muss vom Anwender selbst an der Messstelle befestigt werden, was meist durch Kleben geschieht; er wird erst hierdurch zum messfähigen Aufnehmer. Damit ist ein Teil der Sensorherstellung gewissermaßen in die Hände des Anwenders gelegt. Zwar müssen auch alle anderen Aufnehmer vom Anwender mit dem Messobjekt auf irgendeine Weise in Verbindung gebracht werden; aber im Gegensatz zum DMS sind diese Aufnehmer für sich alleine messfähig. Dehnungsmessstreifen können deshalb auch nicht individuell kalibriert werden, weil sie, einmal aufgeklebt, nicht mehr entfernt und an einem anderen Objekt befestigt werden können. Für ihre Herstellung wird meist Konstantan verwendet, wodurch der so genannte k-Faktor ungefähr 2 wird. Sie werden mit Messlängen von 0,25 mm bis 150 mm in verschiedenen Ausführungsarten geliefert. Da sie eines der wichtigsten Aufnehmerelemente zur Messung mechanischer Größen sind, werden sie in

Kapitel 3, *Aufnehmer mit Dehnungsmessstreifen*, ab Seite 65 ausführlicher behandelt.

Anwendungen

Der DMS wird in zwei sehr unterschiedlichen Bereichen eingesetzt: in der experimentellen Spannungs- und Belastungsanalyse und im Aufnehmerbau. Die Bereiche sind strikt auseinander zu halten, da DMS für das jeweilige Einsatzgebiet optimiert werden und deshalb ganz unterschiedliche Eigenschaften und damit technische Daten haben. Im Aufnehmerbau findet man neben den diskret aufgeklebten DMS auch andere Verfahren: die Dickschicht- und die Dünnfilmtechnik.

Vorteile

Der DMS ist sehr klein und leicht, er stört damit das Messobjekt nicht, und er ist fast überall leicht anzubringen. Die Empfindlichkeit ist unabhängig von der Messgitterlänge, es erfolgt eine lineare Umsetzung von Dehnungen mit einem integrierenden Verfahren, einer hohen Auflösung und einer hohen Grenzfrequenz.

Nachteile

Die Widerstandsänderung ist sehr klein, daher sind empfindliche Messverstärker und entsprechende Schaltungen notwendig. Der DMS muss sorgfältig installiert werden und ist mit einer Abdeckung gegen Umgebungseinflüsse wie Feuchtigkeit zu schützen.

Hersteller (Auswahl)

BLH, Hottinger Baldwin Messtechnik (HBM), JP Technologies, Kyowa, Measurements Group Messtechnik (MM).

1.3.1.3 Piezoresistive Aufnehmer

Bei den piezo*resistiven* Aufnehmern (resistiv = Widerstand) werden meist Halbleiter, insbesondere Silizium, als Sensorwerkstoff benutzt. Hierbei wird nicht wie bei den Isolatoren eine Ladung erzeugt, sondern es wird ähnlich wie bei den Dehnungsmessstreifen durch mechanische Beanspruchung eine Widerstandsänderung erzeugt. Aufgrund der großen Dehnungsabhängigkeit des *spezifischen Widerstandes* von Halbleitern ergibt sich dabei eine wesentlich größere Änderung des Halbleiterwiderstandes als bei DMS, bei denen der geometrische Anteil die dominierende Rolle spielt. Aufnehmer auf der Basis des piezoresistiven Effekts

Grundlagen des elektrischen Messens mechanischer Größen

werden allerdings auch häufig als DMS-Aufnehmer bezeichnet. Im Unterschied zu Aufnehmern mit DMS aus Konstantan haben piezoresistive Aufnehmer mit Halbleitern als Widerstandselement zwar ein höheres Ausgangssignal, jedoch wesentlich stärkere Temperaturabhängigkeiten, da der Widerstand von Halbleitern stark temperaturabhängig ist. In der Praxis werden insbesondere Druckaufnehmer mit geringeren Ansprüchen an die Genauigkeit in großen Stückzahlen zu geringen Preisen nach diesem Prinzip realisiert. Durch Implementierung von Aufnehmer, Verstärker und Signalaufbereitung zusammen mit einer Temperaturkompensation auf einem Chip lassen sich allerdings auch qualitativ hochwertigere Sensoren realisieren. Eine Alternative zum Federkörper aus Silizium sind Keramik- oder Saphir-Sensoren (SOS, Silicon-on-Sapphire), die in Dünnfilm- oder Dickschichttechnik hergestellt werden.

Da der Sensor nicht zu den klassischen Sensoren für die hier besprochenen Bereiche des Messens mechanischer Größen gehört, ist ihm kein eigenes Kapitel gewidmet. Prinzip und Ausführung sowie einige Anwendungen werden in Abschnitt 7.2 von Kapitel 7, *Weitere Aufnehmerprinzipien*, ab Seite 147 behandelt.

Hersteller (Auswahl)

BD-Sensors, Druck Messtechnik, Endevco, kulite, Pressure Systems, Sensit, Sensotron.

1.3.2 Piezoelektrische Aufnehmer

Einkristalle aus bestimmten nichtleitenden Stoffen, z. B. Quarz, Turmalin oder Bariumtitanat, zeigen den so genannten Piezoeffekt: Durch mechanische Beanspruchung entstehen an bestimmten Stellen ihrer Oberfläche elektrische Ladungen (Abb. 1-7).

Abb. 1-7:
Piezoelektrischer
Effekt bei Quarz

Kapitel 1

Die Theorie zur Entstehung des Effektes ist kompliziert und soll hier nicht weiter behandelt werden, eine einfache Darstellung finden Sie in Kapitel 4, *Piezoelektrische Sensoren*, ab Seite 95, weitergehende Erläuterungen in der Literatur zu diesem Kapitel. Die Ladungen sind der einwirkenden Beanspruchung proportional und können so als Maß für solche mechanischen Größen dienen, die in irgendeiner Weise die Beanspruchung der Kristalle verändern, vor allem Kraft und Druck. Zur Abnahme der Ladung werden die ladungstragenden Oberflächen mit leitenden Stoffen bedampft. Diese bilden dann einen Kondensator, an dem die Spannung U abgegriffen werden kann:

$$U = \frac{Q_x}{C} = \frac{k_p \cdot F_x}{C} \qquad (1\text{-}6)$$

mit Q_x = erzeugte Ladung, k_p = piezoelektrische Empfindlichkeit, F_x = aufgebrachte Kraft.

Leider entstehen bei der Beanspruchung nur *Ladungen*, die aufgrund der begrenzten Isolationswiderstände im Laufe der Zeit abklingen. Das Prinzip ist deshalb für statische Messungen nicht geeignet. Da andererseits das Aufnehmerelement sehr steif ist, sind die „Federwege" sehr klein, und es können hohe Frequenzen gemessen werden. Deshalb sind diese Aufnehmer insbesondere für dynamische Messungen bis über 100 kHz hervorragend geeignet.

Piezoelektrische Aufnehmer sind eigentlich aktive Aufnehmer. Damit jedoch die sehr kleinen Ladungen gemessen werden können, sind spezielle „Ladungsverstärker" notwendig, die häufig in den Aufnehmer integriert sind. Damit umgeht man die Probleme, die eine Verkabelung für den Transport von Ladungen aufwirft. Weitere Informationen sowie Anwendungsbeispiele finden Sie in Kapitel 4, *Piezoelektrische Sensoren*, ab Seite 95.

Hersteller (Auswahl)

Brüel & Kjaer, Endevco, Kistler, PCB Piezotronics.

1.3.3 Induktive Aufnehmer

Unter dem Oberbegriff „induktiv" werden üblicherweise alle Aufnehmer verstanden, bei denen die elektromagnetische Induktion eine Rolle spielt. Für die Induktivität einer Spule gilt:

$$L = \mu \cdot \mu_0 \cdot N^2 \cdot \frac{A}{l} \qquad (1\text{-}7)$$

mit μ = Permeabilität des Kerns, μ_0 = absolute Permeabilität des leeren Raums (magnetische Feldkonstante), N = Windungszahl, A = Querschnitt des Kerns und l = Länge der Spule.

Um einen Aufnehmer zu erhalten, kann nun außer μ_0 jede dieser Größen verändert werden, z.B. auch die Permeabilität des Kerns durch mechanische Verformung. Es ist allerdings auch möglich, einen Magneten in diese Spule einzuführen bzw. die Spule über einen Magneten zu bewegen. Dadurch wird in der Spule eine Spannung erzeugt, deren Höhe von der Wegänderung pro Zeiteinheit abhängt. Diese Form des *aktiven* induktiven Aufnehmers ist jedoch relativ selten, meist werden passive induktive Aufnehmer verwendet. Wie Kapitel 5, *Induktive Aufnehmer*, ab Seite 121 zeigt, gibt es auch hier die unterschiedlichsten Anwendungsformen und Ausführungen.

Hersteller (Auswahl)

Hottinger Baldwin Messtechnik, Megatron, Micro-Epsilon, MTS Sensor Technologie, Pewatron, TWK-Elektronik.

1.3.4 Kapazitive Aufnehmer

Für die Kapazität eines (Platten-)Kondensators gilt:

$$C = \varepsilon_{rel} \cdot \varepsilon_0 \cdot \frac{A}{d} \tag{1-8}$$

mit ε_{rel} = relative Dielektrizitätskonstante, ε_0 = absolute Dielektrizitätskonstante (elektrische Feldkonstante), A = Plattenfläche und d = Abstand der Platten.

Da die Kapazität sehr einfach durch mechanische Größen verändert werden kann, lassen sich mit diesem Prinzip für viele Messaufgaben geeignete Aufnehmer bauen. Insbesondere lassen sich damit sehr kleine und sehr schnell veränderliche Größen messen und die Verwendung im Bereich hoher Temperaturen ist im Vergleich zu anderen Verfahren leicht möglich. Das Prinzip und die Anwendungen werden in Kapitel 6, *Kapazitive Aufnehmer*, ab Seite 139 behandelt.

Hersteller (Auswahl)

Capacitec, PCB Piezotronics, Pewatron, Setra, Temic.

1.3.5 Weitere Sensorprinzipien

Aus der Vielzahl der Anwendungen für optische Prinzipien werden einige sehr unterschiedliche Verfahren vorgestellt: faseroptische Sensoren, optische Verfahren mit Datenverarbeitung zur Gewinnung der relevanten Daten und die Triangulationssensoren.

1.4 Vor- und Nachteile des elektrischen Messens

Vorteile des elektrischen Messens

Elektrische Messverfahren gestatten die Konstruktion sehr kleiner, mit wenig Masse behafteter Aufnehmer, die daher im Allgemeinen nur eine sehr kleine Rückwirkung auf das Messobjekt haben. Dies ist sehr wichtig, da nur dann „richtig" gemessen werden kann, wenn der zu messende Prozess nicht durch die Messung gestört wird. Heutige Messverstärker können selbst kleinste Signale aufbereiten, sodass sogar molekulare Kräfte gemessen werden können. Darüber hinaus können Fernmessungen erfolgen, der Beobachter muss sich also nicht am Ort der Messung befinden. Mit heutiger Rechnertechnik können sogar Messwerte quasi in Echtzeit über das Internet in weit entfernte Labors übertragen werden. Auch die Messung vieler Größen ist *relativ* leicht und wird durch die heute gegebenen Möglichkeiten der Datenverarbeitung auch gut handhabbar. Die meisten Verfahren bieten für die Praxis genügend hohe obere Grenzfrequenzen, sodass auch dynamische Messungen durchgeführt werden können.

Nachteile des elektrischen Messens

Leider ist der „Anfangsaufwand" für elektrische Messverfahren ist relativ hoch: Es sind nicht nur Aufnehmer, sondern auch passende Verstärker und Baugruppen zur Signalaufbereitung zu beschaffen. Um aus dem umfangreichen Angebot das Richtige aussuchen zu können, ist ein solides Grundlagenwissen notwendig. Um jedoch die Aufnehmer, Messverstärker und die meist erforderliche Software für die Auswertung bedienen zu können, sind umfangreiche Fachkenntnisse erforderlich. Diese werden auch benötigt, um die Messkette kalibrieren und abgleichen zu können. Bei Langzeitmessungen muss durch erhöhten Aufwand die Nullpunktkonstanz der Messkette sichergestellt werden.

Schwerwiegenster Nachteil ist in meinen Augen jedoch, dass Fehlmessungen nicht ohne weiteres erkennbar sind, sei es, dass Aufnehmer falsch eingebaut wurden, dass defekte (überlastete) Aufnehmer verwendet werden, dass fehlerhafte Geräte eingesetzt werden oder dass bei der Planung des Versuchsablaufs ein „grober Fehler", d.h. ein Denkfehler, gemacht wurde. Hier kann nur durch entsprechendes Know-how vorgebeugt werden: Bekannte Probleme lassen sich leichter vermeiden.

1.5 Weitere Informationen

Das kommerzielle Angebot an Aufnehmern und Messverstärkern ist mittlerweile so groß, dass der Markt kaum noch zu überblicken ist. Um Hersteller und Lieferanten für Aufnehmer für bestimmte Größen oder für den Einsatz unter besonders schwierigen Umgebungsbedingungen zu finden, z. B. sehr hohe oder tiefe Temperaturen, aggressive Medien etc., können die im Folgenden genannten Quellen dienen. Über die Hersteller von Sensoren sind dann auch Empfehlungen für die Hersteller von Geräten zur Signalverarbeitung zu bekommen, einige der im Folgenden genannten Quellen bieten auch direkt zu diesem Themenkreis weitere Informationen.

AMA Fachverband für Sensorik e. V.

Im AMA Fachverband für Sensorik (ehemals Arbeitsgemeinschaft Meßwertaufnehmer) sind viele der Hersteller von Aufnehmern sowie Firmen, die über die Technologien zur Sensorherstellen verfügen, Mitglied. Die AMA hat u. a. sechs ständige Fachausschüsse, die in regelmäßiger Folge tagen und bietet neben einigen Periodika auch Übersichten über die von ihren Mitgliedern hergestellten Sensoren, sortiert nach Aufnehmerprinzipien oder den von den Sensoren gemessenen Größen.

AMA Fachverband für Sensorik e. V.
Hölleweg 16, D-37077 Göttingen
Internet: http://www.ama-sensorik.de

BAM

Die Bundesanstalt für Materialforschung und -prüfung (BAM) ist eine technisch-wissenschaftliche Bundesoberbehörde im Geschäftsbereich des Bundesministeriums für Wirtschaft und Technologie (BMWi). Die BAM organisiert regelmäßig nationale und internationale Workshops, Tagungen und Konferenzen. Außerdem arbeitet sie mit Technologie-Institutionen des In- und Auslandes eng zusammen und vertritt die Bundesregierung in nationalen und internationalen Gremien sowie in Verbänden der Prüftechnik, der analytischen Chemie und Werkstofftechnik. Darüber hinaus fungiert sie als Sitz der Geschäftsstelle von einigen nationalen technisch-wissenschaftlichen Verbänden und Organisationen, z. B. des Deutschen Akkreditierungsrats (DAR).

Kapitel 1

Bundesanstalt für Materialforschung und -prüfung
Unter den Eichen 87, D-12205 Berlin
Internet: http://www.bam.de

Fachinformationszentrum Technik e. V. (FIZ)

FIZ Technik ist das nationale Zentrum für die technisch-wissenschaftliche Information und Dokumentation zur Förderung von Forschung und Wissenschaft. Das FIZ Technik erstellt u. a. zu den Fachbereichen Elektrotechnik und Elektronik sowie Maschinen- und Anlagenbau bibliografische Datenbanken und bietet diese in elektronischer Form an. Für die Erstellung dieser Datenbanken werden jährlich ca. 110.000 Dokumente aus Fachzeitschriften, Tagungsbänden, Forschungsberichten und Dissertationen ausgewertet und gespeichert. Neben dem technisch-wissenschaftlichen Bereich ist FIZ Technik auch ein bedeutender nationaler Informationslieferant für techniknahe Wirtschafts-, Markt- und Produktinformationen.

Fachinformationszentrum Technik e. V.
Ostbahnhofstr. 13-15, D-60314 Frankfurt am Main
Internet: http://www.fiz-technik.de

Verein Deutscher Ingenieure e. V. (VDI)

Der VDI Verein Deutscher Ingenieure ist mit über 125.000 persönlichen Mitgliedern einer der größten technisch-wissenschaftlichen Vereine Europas. Er gilt in Deutschland als Sprecher der Ingenieurinnen und Ingenieure und der Technik sowie als eine der führenden Institutionen für die Weiterbildung und den Erfahrungsaustausch technischer Fach- und Führungskräfte. Als gemeinnützige, von wirtschaftlichen und parteipolitischen Interessen unabhängige Organisation vertritt er die berufs- und gesellschaftspolitischen Interessen der Ingenieurinnen und Ingenieure sowie der Ingenieurstudenten. Ziel seiner Arbeit ist der Transfer von Technikwissen als Dienstleistung für Ingenieure und Naturwissenschaftler, für die Unternehmen, den Staat und die Öffentlichkeit.

Verein Deutscher Ingenieure e. V.
Postfach 101139, D-40002 Düsseldorf
Internet: http://www.vdi.de

VDE-Verband der Elektrotechnik Elektronik Informationstechnik e.V.

Der VDE-Verband der Elektrotechnik Elektronik Informationstechnik e.V. ist ebenfalls einer der großen technisch-wissenschaftlichen Verbände Europas, der auf vielen Gebieten eng mit dem VDI zusammenarbeitet. Die Tätigkeitsfelder reichen von der Forschungs-, Wissenschafts- und Nachwuchsförderung bei Schlüssel-

Grundlagen des elektrischen Messens mechanischer Größen

technologien bis zur internationalen Zusammenarbeit und dem Wissenstransfer in die Praxis; von der Erarbeitung anerkannter Regeln der Technik als nationale und internationale Normen, der Prüfung und Zertifizierung von Geräten und Systemen bis zur Publikation von Fachzeitschriften und Büchern.

Verband der Elektrotechnik Elektronik Informationstechnik e.V.
Public Relations, Stresemannallee 15, 60596 Frankfurt am Main
Internet: http://www.vde.de

VDI/VDE-Gesellschaft Mess- und Automatisierungstechnik (GMA)

Die VDI/VDE-Gesellschaft Mess- und Automatisierungstechnik (GMA) ist eine Fachgesellschaft der beiden Ingenieurverbände Verein Deutscher Ingenieure (VDI) und Technisch-Wissenschaftlicher Verband der Elektrotechnik Elektronik Informationstechnik (VDE) mit ca. 14.000 fachlich zugeordneten persönlichen Mitgliedern des VDI und des VDE. Die GMA erarbeitet technische Richtlinien und Empfehlungen, unterhält verschiedene technisch-wissenschaftliche Publikationen, auch im Vorfeld der Normung, führt Kongresse, Fachtagungen und Workshops zur Förderung des Informationsflusses über neue Verfahren und Entwicklungen durch. Daneben vertritt sie das Fachgebiet in internationalen Organisationen.

VDI/VDE-Gesellschaft Mess- und Automatisierungstechnik
Postfach 10 11 39, 40002 Düsseldorf
Internet: http://www.vde.de/vde/html/d/fach/gma/gma.htm

GESA

Die Gemeinschaft Experimentelle Strukturanalyse (GESA) ist eine Untergliederung (Fachausschuss) des Fachbereiches 2 der GMA, Sensoren und Messsysteme für die Prozessleittechnik, und beschäftigt sich mit den Methoden der experimentellen Beanspruchungsanalyse. Weitere Informationen sind über die GMA erhältlich, siehe oben.

Sonstiges

Weitere Quellen sind insbesondere Messen, sowohl die „großen" Messen wie die Hannover Industrie Messe, die Interkama oder die Sensor als auch die kleineren regionalen Messen, z.B. die MessComp in Wiesbaden oder die Messtechnik Hannover.

Auch das Internet spielt eine bedeutende Rolle: So sind alle renommierten Hersteller im Internet vertreten und können entweder direkt oder über Suchmaschinen aufgespürt werden. Daneben gibt es z.B. das Portal www.messweb.de als Anlaufstelle für weitere Recherchen.

Kapitel 1

Ein weiterer Gesichtspunkt bei der Auswahl von Komponenten einer Messkette sind Kriterien wie Zuverlässigkeit und Sicherheit. Dies gilt insbesondere für bestimmte Einsatzgebiete wie Luft- und Raumfahrt, Medizin oder bei verfahrenstechnischen Anlagen. Je nach Anwendungszweck bestehen so u.U. bestimmte Normen, die erfüllt werden müssen. Die gültigen Normen nach DIN, ISO, EN etc. können vom Beuth Verlag bezogen werden. Neben dem Beuth Verlag als zentrale Bezugsquelle für Normen, Literatur aus dem Normungsbereich und technische Regeln in Deutschland sind Normen auch in den Normenauslegestellen nachzulesen, eine Liste findet sich auf den Internetseiten des Beuth Verlags. In vielen größeren deutschen Städten, insbesondere denen mit Technischen Universitäten, befinden sich solche Stellen.

Beuth Verlag
Burggrafenstraße 6, D - 10787 Berlin
Internet: http://www.beuth.de

☞ Falls Sie eine Hochschule vor Ort haben, versuchen Sie, das Knowhow oder die Forschungskapazität dieser Einrichtung zu nutzen.

1.6 Elektrische Schaltungen für Aufnehmer

Passive Aufnehmer benötigen eine Hilfsenergie, um ein Messsignal liefern zu können. Allerdings kann diese in der Regel nicht direkt dem aktiven Element zugeführt werden, sondern es sind „Zwischenschaltungen" nötig, um zur Messung geeignete Ströme oder Spannungen zur Verfügung zu stellen. Die hierzu am häufigsten verwendete Schaltung ist die Wheatstone'sche Brückenschaltung, daher werden die unterschiedlichen Varianten dieser Schaltung im Folgenden ausführlich erläutert. Es stehen aber auch andere Möglichkeiten der Anbindung von Aufnehmer und Verstärker zur Verfügung, die ebenfalls in diesem Abschnitt behandelt werden.

1.6.1 Spannungsteilerschaltung

Zur Umsetzung einer Widerstandsänderung in die Änderung einer elektrischen Spannung wird vor allem für die in Abschnitt 1.3.1.1 ab Seite 7 besprochenen Potentiometeraufnehmer die Spannungsteilerschaltung benutzt.

Grundlagen des elektrischen Messens mechanischer Größen

Abb. 1-8:
Spannungsteilerschaltung

Mit den Bezeichnungen nach Abb. 1-8 ergibt sich für U_A:

$$U_A = U_B \cdot \frac{R_2}{R_1 + R_2} \qquad (1\text{-}9)$$

Die sich ergebenden Ausgangsspannungen sind aber nur bei großen Änderungen der Widerstände direkt messbar, wie dies typischerweise bei Potentiometersensoren der Fall ist. Für kleine Änderungen, wie sie z.B. bei DMS auftreten, ist diese Schaltung nicht verwendbar, da die Spannungsänderung nur wenige µV betragen würde.

1.6.2 Wheatstone'sche Brückenschaltung

1.6.2.1 Grundlagen

Kompensiert man die Ruhespannung des Spannungsteilers durch eine gleich große Gegenspannung, so lassen sich auch kleine Änderungen gut messen.

Für das Ausgangssignal der Wheatstone'schen Brückenschaltung U_A (Abb. 1-9) gilt:

$$U_A = U_B \cdot \left(\frac{R_1}{R_1 + R_2} - \frac{R_4}{R_3 + R_4} \right) \qquad (1\text{-}10)$$

Kapitel 1

Abb. 1-9:
Wheatstone'sche
Brückenschaltung

Falls für die Widerstände R_1 bis R_4 gilt

$$\frac{R_1}{R_2} = \frac{R_4}{R_3} \qquad (1\text{-}11)$$

so wird $U_A = 0$. Wird jetzt in einem Brückenzweig der Widerstand geringfügig verändert, so ergibt sich jetzt eine deutlich messbare Ausgangsspannung. Solange die Änderung des Widerstandes klein gegenüber dem Ausgangswiderstand ist, gilt:

$$\frac{U_A}{U_B} = \frac{1}{4}\left(\frac{\Delta R_1}{R_1} - \frac{\Delta R_2}{R_2} + \frac{\Delta R_3}{R_3} - \frac{\Delta R_4}{R_4}\right) \qquad (1\text{-}12)$$

Solange die „Belastung" durch die nachfolgende Schaltung nicht zu groß ist, erhält man so die Ausgangsspannung als direktes Maß für die Widerstandsänderung eines oder mehrerer Brückenzweige. Dies ist für die heutigen Messverstärker mit Eingangswiderständen bis in den Megaohmbereich mit Sicherheit erfüllt. Ein Vorteil der Schaltung ist, dass durch die unterschiedlichen Vorzeichen der einzelnen Brückenzweige Signale sowohl addiert als auch subtrahiert werden können. In Praxis wird dies für zwei unterschiedliche Ziele verwendet:

1. Kompensation unerwünschter Signalkomponenten
2. Kompensation von Temperatureffekten

Kompensation unerwünschter Signalkompone~*

Dieser Effekt wird an Abb. 1-10 deutlich: S~
angreift, ergeben sich sowohl von de~

an der Unterseite positive Dehnungen. Wird DMS 1 in Brückenzweig 1 und DMS 2 in Brückenzweig 2 geschaltet (R_1 und R_2 in Abb. 1-9), so werden die Signale kompensiert, das Ausgangssignal ist Null.

Abb. 1-10:
Biegefeder mit DMS in Längsrichtung auf Ober- und Unterseite

Wirkt dagegen eine Kraft F_2 auf die Biegefeder, so ergibt sich oben auf der Biegefeder eine positive Dehnung und unten eine negative Dehnung. Die negative Dehnung im negativen Brückenzweig wird jedoch als positives Signal angezeigt, genauso wie die positive Dehnung auf der Oberseite; in der Summe ergibt sich damit ein doppelt so großes Signal.

Kompensation von Temperatureffekten

Ein ähnlicher Effekt wird zur Kompensation von Temperatureinflüssen verwendet (Abb. 1-11). Bei dieser Schaltung werden nicht nur Dehnungen durch Biegemomente eliminiert, auch Dehnungen aufgrund von Wärmedehnungen des Materials werden dadurch kompensiert, dass überall auf der Biegefeder identisch sind, in der Brücke jedoch in den Zweigen 1 (plus) und 2 (minus) liegen.

Abb. 1-11: Kompensation der Wärmedehnung eines Materials

Kapitel 1

Vor allem in der DMS-Literatur finden sich zahlreiche Hinweise über die verschiedenen Möglichkeiten von DMS-Orientierung am Objekt und Verschaltung in den Brückenzweigen (siehe auch Abschnitt 1.6.2.2 ab Seite 22).

Die Wheatstone'sche Brückenschaltung arbeitet sowohl mit Gleich- als auch mit Wechselspannung, daher lassen sich auch andere als rein ohmsche Brückenzweige verwenden, siehe Abb. 1-12.

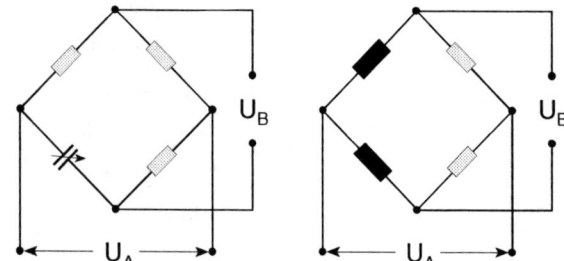

Abb. 1-12:
Brückenschaltung
für kapazitive und
induktive Sensoren

1.6.2.2 Anwendungsformen der Wheatstone-Brücke

Obwohl die Wheatstone'sche Brückenschaltung immer mit vier Brückenzweigen verwendet wird, spricht man von unterschiedlichen Schaltungen, je nachdem wie viele der Zweige „aktiv" sind. Während im Aufnehmerbau immer Vollbrücken verwendet werden, um ein möglichst großes Ausgangssignal zu erhalten, werden in der experimentellen Spannungsanalyse sehr unterschiedliche Schaltungen verwendet. Hinzu kommt, dass ein wesentlicher Nachteil der Wheatstone'schen Brückenschaltung, der Einfluss der Zuleitungen, heute in der Regel durch elektronische Schaltungen kompensiert werden kann, sodass in der Praxis eine ganze Reihe unterschiedlicher Schaltungsvarianten zur Verfügung stehen. Die Unterschiede zwischen diesen Schaltungen werden im Folgenden erläutert.

Anschluss einer Vollbrücke mit vier Leitungen (4-Leiterschaltung)

In diesem Fall wird die Brückenschaltung an zwei Eckpunkten mit dem Generator, d.h. der Speisespannung, verbunden, die anderen zwei Eckpunkte liefern das Ausgangssignal.

Grundlagen des elektrischen Messens mechanischer Größen

Abb. 1-13: *Anschluss einer Vollbrücke mit 4 Leitungen, der ohmsche Widerstand der Leitungen ist bereits eingezeichnet*

Wenn Sie schon einmal eine Messung ohne Verlängerungskabel und danach mit einem längeren Anschlusskabel in dieser Konfiguration gemacht haben, ist Ihnen vielleicht der Effekt von Beispiel 1-1 aufgefallen.

Beispiel 1-1

Kalibriergerät 350 Ω mit einem Kalibriersignal von 2 mV/V.

Der Messverstärker wird mit dem direkt angeschlossenen Kalibriergerät auf eine Anzeige von 1000 bei 2 mV/V abgeglichen.

Danach wird ein 50 m langes Kabel ($2 \times 2 \times 0{,}14 mm^2$) zwischen den Verstärker und das Kalibriergerät geschaltet und wieder um 2 mV/V verstimmt.

☞ die Anzeige beträgt nur noch 965.

Die Erklärung für den Verlust liefert Abb. 1-13: Der Widerstand der Speiseleitung verursacht einen Spannungsabfall. Dadurch erhält der Aufnehmer bzw. das Kalibriergerät weniger Spannung als vom Generator vorgesehen. Weil der Verstärkereingang hochohmig ist, ergibt sich nur bei der Speiseleitung ein Verlust. Die Höhe des Verlustes ist abhängig vom Kabelwiderstand, der sich aus der Länge und dem Querschnitt des Kabels ergibt.

Kapitel 1

Abb. 1-14: *Empfindlichkeitsminderung als Funktion des Leitungsquerschnitts und der Kabellänge bei einem Brückenwiderstand von 350Ω*

Um den Effekt von Querschnittsänderungen zu demonstrieren, zwei Beispiele.

Beispiel 1-2

50m Kabel (2 x 2 x 0,14mm^2), Brückenwiderstand 350Ω.

☞ Es entsteht ein Verlust von 3,5% (siehe auch Abb. 1-15 auf Seite 26).

Beispiel 1-3

50m Kabel (2 x 2 x 1mm^2), Brückenwiderstand 350Ω.

☞ Diesmal ergibt sich ein Verlust von 0,5%.

Wie Sie in Abb. 1-14 sehen, spielt sowohl die Länge des Kabels als auch sein Querschnitt für mögliche Messfehler eine Rolle. Eine Abschätzung ist durch Berechnung der auftretenden Widerstände möglich. Beachten Sie aber, dass der Kabelwiderstand aufgrund von Fertigungstoleranzen des Durchmessers streut. Für ein handelsübliches Kabel der Länge l ergibt sich:

$$R_{Kabel} = \frac{2 \cdot l \cdot (0,0175\Omega mm^2/m)}{\text{Querschnitt in mm}^2} \qquad (1\text{-}13)$$

Daraus folgt ein Verlust und damit relativer Fehler von

$$F_{rel} = \frac{R_{Kabel}}{R_{Kabel} + R_{Brücke}} \qquad (1\text{-}14)$$

Grundlagen des elektrischen Messens mechanischer Größen

Bei genauer Betrachtung der Ergebnisse werden Ihnen noch zwei weitere Punkte auffallen:

1. Der Kabelwiderstand ist keine konstante Größe, sondern ändert sich mit der Temperatur (α = 0,004/K). Das bedeutet, dass bei steigender Temperatur der Widerstand des Kabels größer wird.
2. Auch der Widerstand der Brücke spielt eine Rolle.

Beispiel 1-4

50 m Kabel (2 x 2 x 0,14 mm^2), Brückenwiderstand 350 Ω, Temperaturbereich -10°C ... +40°C.

Die Änderung des Kabelwiderstandes ΔR_k errechnet sich zu

$$\Delta R_k = 12,5\Omega \cdot 0,004 \frac{1}{K} \cdot 50K = 2,5\Omega$$

☞ Daraus folgt eine Änderung des Verlustes durch Temperaturgang um mehr als 0,6%.

Beispiel 1-4 zeigt, dass bei größeren Temperaturschwankungen und längeren Kabeln keine hochpräzisen Messungen mit normaler Anschalttechnik möglich sind. Hier muss eine andere Anschlussart, z. B. die 6-Leitertechnik verwendet werden (siehe folgenden Abschnitt). Für die DMS-Messtechnik in der experimentellen Spannungsanalyse ist der Verlust u. U. noch tolerierbar; speziell bei größeren Querschnitten und nicht allzu langen Kabeln ergeben sich nur kleine Abweichungen (Beispiel 1-5), die bei Messungen mit DMS eventuell vernachlässigt werden können.

Beispiel 1-5

50 m Kabel (2 x 2 x 1 mm^2), Brückenwiderstand 120 Ω, Temperaturbereich -10°C ... +40°C.

☞ Verlust (absolut, aber kalibrierbar) 1,4%.
☞ Verluständerung 0,3%.

Ein weiterer, bis jetzt noch nicht betrachteter Punkt ist der Widerstand des Aufnehmers bzw. der Anschlusswiderstand des Kalibriergerätes. Der Standardwiderstandswert für DMS-Aufnehmer beträgt 350 Ω, in der experimentellen Spannungsanalyse werden meist DMS mit 120 Ω verwendet. Daher sind Kalibriergeräte sowohl für 350 Ω als auch für 120 Ω erhältlich. Wie die Gleichung 1-14 auf Seite 24 zeigt, muss dieser Widerstandswert ebenfalls in die Berechnung des Verlustes eingehen.

Kapitel 1

Beispiel 1-6

Kalibriergerät 120 Ω, Kalibriersignal 2 mV/V, Kabel 50m (2 x 2 x 0,14 mm^2)
Zunächst Anzeige auf 1000 abgleichen, dann Kalibriergerät 350 Ω anschließen und Signal 2mV/V einstellen.

☞ die Anzeige ist 1028.

Es entsteht also eine zu hohe Anzeige! Der Zusammenhang zwischen dem Kabelwiderstand und dem Brücken- bzw. DMS-Widerstand ist in Abb. 1-15 noch einmal grafisch dargestellt. Die vollständige Erklärung für die Effekte durch den Kabelwiderstand lautet also: Durch den Spannungsabfall auf der Speiseleitung entsteht ein Verlust, dessen Höhe nicht nur abhängig ist vom Kabelwiderstand (Länge und Querschnitt), sondern auch von der Höhe des Stromes durch das Kabel. Das wiederum hängt von der Höhe des Lastwiderstandes ab, also ob ein 120Ω- oder 350Ω-Kalibriergerät (oder eine DMS-Brücke) verwendet wird. Bei 120Ω (kleiner Widerstand) ergibt sich ein (relativ) großer Strom und damit ein hoher Verlust, der durch Kalibrierung und Justierung eliminiert werden kann. Ändert sich jedoch der Aufnehmerwiderstand (in Beispiel 1-6 bei der zweiten Messung 350Ω, also großer Widerstand), so wird auch der Strom kleiner und damit bei gegebenem Kabel der Verlust ebenfalls. Deshalb stimmt die Anzeige nicht mehr, sie ist – in diesem Beispiel – zu hoch.

Abb. 1-15: Signalverlust über dem Widerstandsverhältnis von Kabel zu Brücke

Anschluss einer Vollbrücke mit sechs Leitungen (6-Leiterschaltung)

Um die im letzten Anschnitt gezeigten Fehlermöglichkeiten zu vermeiden und die Handhabung von Aufnehmern zu vereinfachen, werden seit vielen Jahren am

Grundlagen des elektrischen Messens mechanischer Größen

Markt fast ausschließlich DMS-Aufnehmer und Messverstärker mit einer speziellen Schaltung angeboten, der 6-Leiterschaltung. Das Prinzip ist aus Abb. 1-16 ersichtlich: Der Spannungsabfall auf den Speiseleitungen wird über Fühlerleitungen und hochohmige Eingänge am Messverstärker erfasst und daraufhin die Speisespannung am Ausgang des Verstärkers so lange nachgeregelt, bis die Soll-Speisespannung auch wirklich am Aufnehmer anliegt. Dies hat mehrere Vorteile:

- Die Kabelverluste werden ausgeregelt, eine Erfassung über den Abgleich mit z.B. Kalibriergerät ist nicht notwendig.
- Alle Änderungen des Kabelwiderstandes z.b. aufgrund von Temperaturänderungen werden automatisch mit ausgeregelt.
- Der Wert des Brückenwiderstandes des Aufnehmers ist beliebig, da das Verhältnis von Kabel- zu Brückenwiderstand keine Rolle spielt.
- Wie in Kapitel 8, *Messverstärker*, gezeigt, bringt die 6-Leiterschaltung auch Vorteile für Messungen mit Trägerfrequenz, da C-Abgleich und Referenzphaseneinstellung bei geeigneter Ausführung des Messverstärkers entfallen können.

Abb. 1-16: *Aufnehmer und Messverstärker in 6-Leiterschaltung*

Dies alles sind Gründe, warum bei sehr genauen Messungen im Aufnehmerbereich die 6-Leitertechnik schon länger verwendet wird. Wie in Beispiel 1-4 gezeigt, kann sich bei Temperaturen zwischen -10°C und +40°C durchaus ein Fehler von 0,6% ergeben. Dies ist natürlich nicht zu vertreten, wenn Aufnehmer mit Gesamtfehlern von 0,1% oder kleiner verwendet werden.

Kapitel 1

Anschluss eines DMS mit zwei Leitungen

Dies ist im Prinzip die einfachste Methode, einen einzelnen DMS in der Wheatstone'schen Brückenschaltung zu verwenden. Allerdings kann diese Schaltung (Abb. 1-17) nur in Ausnahmefällen verwendet werden: Die Zuleitungen zum DMS liegen *im* Brückenzweig, gehen also in die Messung noch stärker mit ein als bei den bisher behandelten Schaltungen. In der Praxis ergeben sich drei mögliche Probleme:

1. Die Zuleitungswiderstände verringern das Signal, es gibt einen Verlust.
2. Der Verlust ist aufgrund von Temperaturschwankungen, die den Kabelwiderstand ändern, nicht konstant.
3. Der Kabelwiderstand ist so groß, dass der Nullabgleichbereich des Messverstärkers nicht mehr ausreicht.

Abb. 1-17: *Anschluss eines DMS mit zwei Leitungen*

Punkt 1 ist bei nicht allzu langen Leitungen meist nicht problematisch, da der Verlust durch eine Kalibrierung und Justierung ausgeglichen werden kann. Auch Punkt 2 ist bei etwas dickeren und nicht allzu langen Leitungen, z.B. 1mm^2 und 5 bis 15m, nicht so gravierend. Außerdem liegt die Messunsicherheit bei DMS-Messungen in der Regel im Prozentbereich, sodass Abweichungen unter 0,1% oft als nicht weiter störend betrachtet werden. Der letzte Punkt kann allerdings eine Messung verhindern: Angenommen, das Kabel habe einen Querschnitt von 0,14mm^2 und eine Länge von 5m, so ergibt sich nach Gleichung 1-13 auf Seite 24 ein Widerstand von 1,25Ω, der jetzt zusätzlich in einem Brückenzweig liegt und damit eine starke Unsymmetrie bewirkt. Dieser Widerstand entspricht für einen DMS mit 120Ω einer Dehnung von über 5000 µm/m bzw. einem Ausgangssignal der Brücke von über 2mV/V. Damit ist bei einigen Messverstärkern der Aussteuerungsbereich bereits überschritten und ein Nullabgleich nicht mehr möglich. Deshalb ist diese Schaltungsart nur bei sehr kurzen und dickeren Kabeln sinnvoll.

Anschluss eines DMS mit drei Leitungen: 3-Leiterschaltung

Die im obigen Beispiel entstehende Unsymmetrie der Brückenzweige lässt sich durch die 3-Leiterschaltung (Abb. 1-18) verhindern.

Abb. 1-18: *Prinzip der 3-Leiterschaltung*

Hier wird der Eingang des Messverstärkers direkt mit dem DMS verbunden, d.h. für den Verstärker liegt ein Teil des Kabelwiderstandes in Brückenzweig 1 und der andere in Zweig 2. (Der Widerstand im Kabel zum Verstärker spielt keine Rolle, da hier aufgrund des hochohmigen Eingangs praktisch kein Strom fließt.) Die Schaltung hat darüber hinaus den Vorteil, dass bei Temperaturschwankungen des Kabels der Nullpunkt stabil bleibt, da die Widerstandsänderungen des Kabels sowohl im Zweig 1 als auch im Zweig 2 auftreten und sich damit kompensieren.

Nachteilig ist allerdings, dass bedingt durch den Kabelwiderstand ein Signalverlust auftritt, der über einen Abgleich des Verstärkers eliminiert werden muss. Auch ist nach wie vor eine Temperaturabhängigkeit des Signals gegeben, allerdings ist der Effekt in der Praxis oft vernachlässigbar.

Beispiel 1-7

DMS mit 120Ω, 5m Kabel mit 0,14mm² in 3-Leiterschaltung, Temperaturbereich -10°C ... +40°C.

Die Änderung des Kabelwiderstandes ΔR_k errechnet sich zu

$$\Delta R_k = 1,25\Omega \cdot 0,004\frac{1}{K} \cdot 50K = 0,25\Omega$$

Der absolute Verlust beträgt daher rund 1%. Gemessen wird $\Delta R/R$, d.h. für 1000µm/m = 0,24Ω folgt für die Verstimmung

$$V = \frac{0,24}{121,25}$$

Wenn sich nun die Temperatur gegenüber dem Abgleich um 20°C erhöht oder erniedrigt, so verändert sich gleichfalls der Widerstand R, es folgt daher

$$V = \frac{0,24}{121,25 + 0,125} = \frac{0,24}{121,375}$$

Die Differenz zwischen diesen beiden Verstimmungen entspricht dem Verlust durch Temperaturänderung.

Der absolute Verlust von 1% kann mit einer Kalibrierung, z.B. mit Shunt, ermittelt und abgeglichen werden. Die Änderung des Kabelwiderstandes wird für den Nullpunkt über die Brückenschaltung ausgeglichen, allerdings wird eine Dehnung von z.B. 1000µm/m nicht immer gleich angezeigt, sondern je nach Temperatur unterschiedlich: Falls der Abgleich bei 20°C stattgefunden hat, so werden bei 40°C nur noch 999µm/m angezeigt. Ein Fehler dieser Größenordnung ist jedoch meist zu vernachlässigen.

Anschluss eines DMS mit drei Leitungen: geregelte 3-Leiterschaltung

Im vorherigen Beispiel musste der absolute Verlust noch durch eine Kalibrierung ermittelt werden. Einige Verstärker bieten daher an, über eine dritte Leitung den Verlust des Kabels zu messen, mit zwei zu multiplizieren (es sind ja zwei Kabel in der Brücke) und zu kompensieren. Um dieses Verfahren, das ebenfalls mit drei Leitungen arbeitet, von der 3-Leiterschaltung abzuheben, wird es meist als geregelte 3-Leiterschaltung bezeichnet (Abb. 1-19). Bei Kabellängen bis zu einigen 10 Metern arbeitet diese Schaltung in der Regel zufriedenstellend, allerdings ist zu berücksichtigen, dass Unsymmetrien im Kabel zu Fehlern führen, da der Effekt in nur einem Kabel gemessen und auf beide Leitungen „hochgerechnet" wird.

Grundlagen des elektrischen Messens mechanischer Größen

Abb. 1-19: *Geregelte 3-Leiterschaltung*

Anschluss eines DMS mit vier Leitungen: geregelte 4-Leiterschaltung

Wenn eine vollständige Kompensation aller Kabeleffekte für einen einzeln angeschalteten DMS gewünscht wird, so muss mit vier Leitungen gearbeitet werden. Um diese Schaltung nicht mit der einfachen Vollbrückenschaltung zu verwechseln, wird auch oft von der geregelten 4-Leiterschaltung gesprochen. Dabei kann mit entsprechender Elektronik eine aktive Kompensation aller Einflüsse und Verluste erreicht werden (Abb. 1-20 auf Seite 32). Eine solche Schaltung ist allerdings erst bei Leitungslängen über 10 m notwendig, wenn der Aufwand für Abgleich und Justierung von Messverstärkern entsprechend hoch wird. In allen anderen Fällen kann mit einer der 3-Leiterschaltungen gearbeitet werden.

In allen Fällen ist zu beachten, dass nur der Einfluss der Leitungen berücksichtigt wurde, der Einfluss von Temperatur auf DMS und Objekt ist hierbei nicht berücksichtigt. Wie in Kapitel 2, *Grundlagen und Anwendung der Dehnungsmessstreifen-Technik*, in Abschnitt 2.3.3 ab Seite 47 gezeigt wird, empfiehlt sich bei Temperaturänderungen am Objekt jedoch eine Schaltung aus zwei DMS, die den Temperaturgang des Objektes kompensieren. Daher sind die oben angeführten Schaltungen in der Regel auf den Einsatz im Labor beschränkt. Sobald eine Messung mit DMS vor Ort nötig ist, wird man eine Halbbrücke verwenden.

Kapitel 1

Abb. 1-20: *Geregelte 4-Leiterschaltung (hier: EKR-Schaltung von HBM) zur fehlerfreien Anschaltung von Einzel-DMS*

Anschluss einer Halbbrücke mit drei Leitungen

Beim Anschluss einer Halbbrücke mit drei Leitungen ergibt sich das gleiche Problem wie bei einer Vollbrücke mit vier Leitungen: Der Widerstand der Zuleitungen führt zu Verlusten. Die Schaltung eignet sich daher nur für sehr kurze oder dickere Leitungen, bei denen der Effekt klein genug bleibt. Die Beispiele für die Vollbrücke gelten hier in ähnlicher Form, allerdings ist bei Halbbrücken der Fehler nur halb so groß, da der Brückenwiderstand nur halb so groß ist.

Anschluss einer Halbbrücke mit fünf Leitungen (6-Leiterschaltung)

Dies entspricht dem normalen Anschluss von Aufnehmern mit allen Vorteilen, die die elektronische Regelung bietet: kein Verlust durch Leitungswiderstände, kein Effekt von Temperaturänderungen. Durch die Halbbrücke werden auch die Effekte der Temperaturänderung des Objektes kompensiert (Abschnitt 2.3.3 ab Seite 47), sodass dies die Standardschaltung für alle Messungen mit Temperaturänderungen darstellt. Ob dabei zwei aktive DMS verwendet werden oder – wie meist in der experimentellen Spannungsanalyse – ein aktiver DMS und ein zweiter DMS, der auf das gleiche Material geklebt ist, aus dem auch das Prüfobjekt besteht, ist für die Funktion unerheblich.

Anschluss einer Halbbrücke mit acht Leitungen

Dieser Anschluss stellt einen Sonderfall der geregelten 4-Leiterschaltung dar. Wie oben ausgeführt, werden in der experimentellen Spannungsanalyse häufig zwei DMS verwendet, um Temperaturänderungen des Objektes kompensieren zu können. Falls dabei mit Umschaltanlagen gearbeitet wird (Abschnitt 9.2.3 ab Seite 183), so werden nicht alle DMS gleichzeitig gemessen. Andererseits sollen oft mehrere hundert Messstellen erfasst werden. Dies bedingt einen großen Aufwand bei der Installation von DMS, da ja für jede Messstelle zwei DMS benötigt werden. Falls nun die DMS räumlich nicht allzu weit auseinander liegen, kann *ein* DMS zur Kompensation des Temperatureffektes *mehrerer* Messstellen verwendet werden. In diesem Fall können auch die letztlich in einer Brücke zusammengeschalteten DMS mit je vier Leitungen angeschlossen werden.

Das Verfahren hatte früher eine große Bedeutung, da in der Vielstellenmesstechnik eine Reduzierung des Installationsaufwandes nur auf diese Weise möglich war. Seit der Verfügbarkeit leistungsfähiger PCs steht eine Alternative zur Verfügung: Der „Kompensations-DMS" wird mit einem separaten Kanal gemessen und über den PC rechnerisch von den Dehnungswerten der aktiven (unkompensierten) Kanäle abgezogen. Dabei können dann im Gegensatz zu Umschaltanlagen auch dynamische Messungen erfolgen.

1.6.2.3 Vor- und Nachteile der Wheatstone-Brücke

Als Vorteile sind die hohe Empfindlichkeit und die Möglichkeit des Ausgleichs von mechanischen und thermischen Störgrößen am wichtigsten. Aber auch die Tatsache, dass sowohl Gleich- als auch Wechselspannung und damit nicht nur induktive, sondern auch kapazitive oder induktive Brückenzweige verwendet werden können, hat zu der breiten Anwendung der Wheatstone'schen Brückenschaltung geführt. Für die Hersteller von Aufnehmern lassen sich leicht noch Erweiterungen zur Kompensation weiterer Aufnehmereffekte wie z.B. Temperaturgang des Endwertes aufgrund der Änderung des E-Moduls einfügen.

Nachteilig ist allerdings, dass durch die Zuleitungen Fehler entstehen können. So gehen die kapazitiven, induktiven und ohmschen Parameter der verwendeten Kabel in die Messung mit ein. Um diesbezügliche Messabweichungen zu verhindern, sind jedoch heute, wie in Abschnitt 1.6.2.2 in diesem Kapitel erläutert, elektronische Schaltungen üblich, die den entsprechenden Verlust erfassen und korrigieren.

1.6.3 Speisung mit Konstantstrom

Eine Alternative zur Wheatstone'schen Brückenschaltung ist die Speisung von resistiven Sensorelementen mit Konstantstrom. Bei Messungen mit der Wheatstone'schen Brückenschaltung muss die Speisespannung konstant gehalten werden, während sich der Strom entsprechend den Widerstandsänderungen verändert. Hält man im Gegensatz hierzu den Strom i konstant, so gilt für die Änderung des Spannungsabfalls ΔU an einem Widerstand R bei einer Widerstandsänderung ΔR

$$\Delta U = i \cdot \Delta R \qquad (1\text{-}15)$$

Verwendet man zwei Stromquellen, die jeweils einen konstanten Strom i liefern, und schaltet man die Widerstände R_1 und R_2 so, dass sich die an ihnen abfallenden Spannungen U_1 und U_2 aufheben (Abb. 1-21), so gilt

$$\Delta U = U_1 - U_2 = i(R_1 - R_2) \qquad (1\text{-}16)$$

Abb. 1-21:
Konstantstromverfahren

Ist $R_1 = R + \Delta R$ und $R_2 = R$, so gilt

$$\Delta U = i \cdot R \cdot \frac{\Delta R}{R} = i \cdot R \cdot k \cdot \varepsilon \qquad (1\text{-}17)$$

Diese schon lange bekannte Schaltung wird neben der Brückenschaltung ebenfalls verwendet, insbesondere in der Vielstellenmesstechnik, da man mit modernen Halbleiterbauelementen Stromquellen mit der erforderlichen hohen Konstanz herstellen kann.

Grundlagen des elektrischen Messens mechanischer Größen

Vorteile

Streng lineare Beziehung zwischen ΔU und ΔR, auch für sehr große ΔR; deshalb ist eine Messung ohne vorherigen Abgleich der Fertigungstoleranzen des Widerstandes von DMS möglich. Änderungen der Leitungswiderstände beeinflussen die Messung nicht, da i = konst. unabhängig von den vorhandenen Leitungswiderständen gehalten wird. Die Widerstände der Leitungen zur Messung von ΔU beeinflussen dieses nicht, da sie in Reihe geschaltet sind mit dem sehr hohen Eingangswiderstand eines Digitalvoltmeters o. Ä.

Nachteile

Leider unterliegen die Zuleitungen wie auch bei der Wheatstone'schen Brückenschaltung nicht nur ohmschen, sondern auch kapazitiven und induktiven Einflüssen, die hier ebenfalls stören (vgl. Abschnitt 10.5 ab Seite 215). Da zur Speisung konstanter Gleichstrom, keine Wechselstromspeisung, verwendet wird, kann die Schaltung in der Regel nur für ohmsche Aufnehmer verwendet werden. Eine Störunterdrückung wie bei Trägerfrequenz ist dann ebenfalls nicht möglich. In der Praxis findet man nur Verstärker mit geringen Bandbreiten.

1.6.4 Messketten mit Frequenzmessung (Schwingkreis)

Bei Aufnehmern, die mit kapazitiven oder induktiven Prinzipien arbeiten, kann als Alternative zur Wheatstone'schen Brückenschaltung auch ein Schwingkreis aufgebaut werden, der den Aufnehmer als frequenzbestimmendes Glied enthält (Abb. 1-22).

Abb. 1-22:
Schwingkreis (Oszillator) mit Aufnehmer als frequenzbestimmendes Glied

Oszillator

Frequenzdiskriminator/ Frequenzzähler

Anstelle der in Abb. 1-22 eingezeichneten veränderlichen Kapazität kann auch die Induktivität veränderbar sein. Der Vorteil dieser Anschaltung ist, dass die Information über die zu messende Größe in der Frequenz enthalten ist, die sich leicht und direkt digital messen lässt, sodass die A/D-Wandlung eines analogen Signals entfällt. Je nach verwendeter Oszillatorfrequenz können damit auch schnelle Signale im Bereich von einigen 10 kHz bis über 500 kHz gemessen werden.

Kapitel 1

Problematisch ist allerdings, dass auch die Kapazitäten und Induktivitäten der Zuleitung in die Messung mit eingehen. Daher müssen entweder

- Schaltungen gewählt werden, bei denen eine Änderung parasitärer Kapazitäten oder Induktivitäten keine große Rolle spielen, da sie nur Bruchteile der aktiv an der Messung beteiligten ausmachen

oder

- Schaltungen mit aktiver Kompensation gewählt werden. Zum Beispiel können die Kabel mit einer Abschirmung versehen werden, die über einen Verstärker auf dem gleichen Signalpegel gehalten wird. Damit kann zwischen Kabel und Schirm kein elektrisches Feld mehr entstehen und der Aufnehmer muss nicht mehr direkt im Schwingkreis sitzen. Allerdings sind auch hier die maximalen Kabellängen auf 1 m beschränkt, da die Kapazitäten und Induktivitäten des Kabels durch diesen „Trick" nicht verschwinden.

Deshalb wird bei dieser Schaltung häufig der Schwingkreis in den Aufnehmer integriert und nur das Frequenzsignal an eine nachfolgende Signalverarbeitung oder Auswertung übertragen. Dies ist relativ unproblematisch, da die Amplitude praktisch keine Rolle mehr spielt, nur die Frequenz muss messbar sein. Falls hohe Amplituden verwendet werden, ist eine solche Übertragung auch unempfindlich gegen Störungen und Einstrahlung.

1.6.5 Ladungsverstärker

Die breite Anwendung piezoelektrischer Aufnehmer in der Praxis ergab sich erst mit der Einführung des Ladungsverstärkers durch den Physiker Walter P. Kistler. Bei diesem Verstärker kann die Kabelkapazität weitgehend vernachlässigt werden. Die untere Grenzfrequenz piezoelektrischer Messketten ist nun nicht mehr wie beim Elektrometerverstärker durch die Isolationswiderstände bestimmt, sondern hängt in erster Linie von den sehr geringen Leckströmen des Ladungsverstärkers ab. Quasistatische Kalibrierungen von Quarzaufnehmern wurden erst dadurch ermöglicht.

Der Ladungsverstärker ist im Prinzip ein Integrierverstärker. Er integriert den Eingangsstrom $i = dQ/dt$, der durch die Ladungsänderung am Quarzaufnehmer entsteht. Verwirklicht wird er durch einen kapazitiv gegengekoppelten Verstärker mit hohem Isolationswiderstand am Eingang und hoher Leerlaufverstärkung.

Grundlagen des elektrischen Messens mechanischer Größen

Abb. 1-23:
Prinzip eines Ladungsverstärkers;
Q = Ladung, die von der idealen Ladungsquelle erzeugt wird, C_e = Kapazität von Aufnehmer, Kabel und Verstärkereingang, C_g = Gegenkopplungskapazität, v = Spannungsverstärkung.

Aus dem Ersatzschaltbild für den Ladungsverstärker mit Ladungsquelle und Kabel (Abb. 1-23) lässt sich der Zusammenhang zwischen der Ladung Q am Aufnehmer und der Verstärkerausgangsspannung u_a ableiten.

$$u_a = -\frac{Q}{C_g\left(1+\frac{1}{v}\right) + C_e \cdot \frac{1}{v}} \quad (1\text{-}18)$$

für v >> 1 kann man näherungsweise schreiben

$$u_a = -\frac{Q}{C_g} \quad (1\text{-}19)$$

Damit ist u_a unabhängig von der Kabelkapazität und ist direkt proportional zur erzeugten Ladung Q.

Kapitel 1

2 Grundlagen und Anwendung der Dehnungsmessstreifen-Technik

K. Gehrke

2.1 Einleitung

Dehnungsmessstreifen dienen in erster Linie zur Messung von Dehnungen. Sie wandeln eine mechanische Dehnung in ein elektrisches Signal und erlauben so das elektrische Messen mechanischer Größen. Im allgemeinen Sprachgebrauch bezeichnet man mit Dehnung eine Verlängerung eines Körpers. Für eine Verkürzung wird meist der Begriff Stauchung verwendet. Die Technik benutzt Dehnung für beide Erscheinungen und unterscheidet sie durch das Vorzeichen:

Verlängerung = positive Dehnung

Stauchung = negative Dehnung.

Dehnungen entstehen als Folge der Einwirkung von Kraft, Druck, Drehmoment, aber auch durch Temperaturänderung. In der experimentellen Spannungsanalyse wird aus der am Bauteil gemessenen Dehnung die Spannung im Werkstoff ermittelt. Damit wird dann die Haltbarkeit und Sicherheit des Teils bewertet.

Ein Sonderfall ist die Messung von Eigenspannungen. Dies ist mit DMS nur möglich, wenn das Bauteil so verändert wird, dass die Eigenspannungen ausgelöst werden. Aus der Rückfederung in den spannungsfreien Zustand kann man berechnen, welche Eigenspannung vor der Veränderung im Bauteil herrschte.

Das zweite große Anwendungsgebiet von DMS ist der Bau von Aufnehmern. DMS-Aufnehmer sind für jede mechanische Größe realisierbar, die sich mit Hilfe eines Federkörpers in eine Dehnung umwandeln lässt. Häufig angewendet werden DMS-Aufnehmer für Kraft, Gewicht, Druck und Drehmoment.

Ein weiteres Anwendungsgebiet von DMS ist die Bestimmung des thermischen Ausdehnungskoeffizienten in der Materialprüfung.

DMS bieten bei richtiger Anwendung viele Vorteile. So lassen sich Temperaturänderungen und überlagerte Störgrößen kompensieren. Mit DMS lassen sich Dehnungen bis zu ±100.000 µm/m messen bei Temperaturen von -269 bis +250°C. Es lassen sich statische und dynamische Signale messen. Die obere Grenzfrequenz der DMS ist bis heute nicht bekannt. Sie liegt mit Sicherheit oberhalb von 4 MHz.

Kapitel 2

2.2 Grundlagen und Wirkungsweise von DMS

Für die Beurteilung der Haltbarkeit eines Bauteils ist es wichtig zu wissen, welche Spannungen bei bestimmten Belastungen im Werkstoff auftreten. Diese Spannungen sind aber direkt nicht messbar. Mit DMS kann man die Dehnung messen und daraus die Spannung ermitteln.

2.2.1 Das Hooke'sche Gesetz

Im Jahre 1678 fand Robert Hooke heraus, dass ein bestimmter Zusammenhang besteht zwischen der auftretenden Dehnung und der Spannung im Werkstoff. Er formulierte das später nach ihm benannte Gesetz:

im einachsigen Spannungsfall gilt:

$$\sigma = E \cdot \varepsilon$$

σ = mechanische Spannung

E = Elastizitätsmodul

ε = Dehnung

Abb. 2-1:
Das Hooke'sche Gesetz

Zugspannung = positiv

Druckspannung = negativ

Allerdings ist das Hooke'sche Gesetz nur gültig bis zur Proportionalitätsgrenze, das heißt im rein elastischen Bereich. Oberhalb der Proportionalitätsgrenze kann man zwar die Dehnung mit DMS messen, aber man kann nicht einfach die Spannung nach der genannten Formel ausrechnen.

Grundlagen und Anwendung der Dehnungsmessstreifen-Technik

Abb. 2-2:
Spannungs-Dehnungs-Diagramm

2.2.2 Die Dehnung

Die Dehnung ist eine reine Verhältnisgröße und hat eigentlich keine Maßeinheit. Da aber die Längenänderung ΔL sehr viel kleiner ist als die Ausgangslänge L_0 entsteht für die reine Verhältnisgröße meist ein Zahlenwert mit sehr vielen Nachkommastellen. Deshalb wird meist für die Längenänderung μm benutzt, und so entsteht die Einheit der Dehnung als $\mu m/m$. In amerikanisch beeinflusster Literatur wird oft statt $\mu m/m$ der Ausdruck „$\mu\varepsilon$" benutzt. Diese Mischung aus Formelzeichen und Einheit sollte man möglichst vermeiden.

$$\varepsilon = \frac{\Delta L}{L_0} \qquad \begin{array}{l} \Delta L \Rightarrow [m] \\ L_0 \Rightarrow [m] \end{array} \qquad \varepsilon \Rightarrow \text{Verhältnisgröße}$$

Da ΔL sehr klein ist, wird $10^{-6} = \mu m$ benutzt.

Abb. 2-3:
Die Maßeinheit der Dehnung $\qquad \varepsilon \Rightarrow \mu m/m$

Bei Werkstoffkundlern ist Prozent als Einheit der Dehnung sehr beliebt. In der Messtechnik wird das Ergebnis üblicherweise zusammen mit der „Genauigkeit" in Prozent angegeben. Um Verwechslungen und Fehldeutungen zu vermeiden, sollte man deshalb Prozent (%) nicht als Einheit der Dehnung verwenden.

2.2.3 Der Thomson-Versuch

Im Jahre 1856 fand William Thomson (später geadelt als Lord Kelvin) heraus, dass ein elektrischer Leiter seinen Widerstand ändert, wenn man ihn dehnt.

Abb. 2-4:
Thomson-Versuch

Dieser Effekt ist das Grundprinzip der Dehnungsmessstreifen. Die relative Widerstandsänderung $\Delta R/R$ ist proportional zur Dehnung ε. Fügt man einen Proportionalitätsfaktor k ein, erhält man die Grundgleichung der Dehnungsmessstreifen.

$$\frac{\Delta R}{R} \sim \frac{\Delta l}{l}$$

$$\frac{\Delta R}{R} \sim \varepsilon$$

Abb. 2-5:
Grundgleichung der DMS

$$\frac{\Delta R}{R} = k \cdot \varepsilon$$

Der Proportionalitätsfaktor k ist vom Material des elektrischen Leiters und dessen Vorbehandlung abhängig. Deshalb wird bei der Herstellung von DMS für jedes Fertigungslos der k-Faktor experimentell bestimmt und auf der Verpackung angegeben.

2.2.4 Die Erfindung des DMS

Im Jahre 1938 fasste Prof. Ruge am MIT die bekannten Effekte zusammen und erfand den Dehnungsmessstreifen. Für seine Forschungstätigkeit musste er dynamische Messungen an Modellen auf einem Rütteltisch durchführen. Für diese Art der Messung war keine der bereits vorhandenen Dehnungsmesseinrichtungen geeignet, und so musste er einen neuen Weg suchen. So entstanden die ersten DMS.

Mit dem freien Draht (Thomson-Versuch) ließen sich nur positive Dehnungen messen. Mit dem angeklebten DMS lassen sich positive und negative Dehnungen erfassen. Bei Untersuchungen mit DMS findet man eine durchgängige gerade Kennlinie für den positiven und den negativen Dehnungsbereich.

Abb. 2-6:
Kennlinie eines DMS mit Konstantan-Messgitter

$\frac{\Delta R}{R}$ (in mΩ/Ω) vs. Dehnung ϵ (in µm/m)

2.2.5 Folien-DMS

Heute enthalten DMS üblicherweise eine Metallfolie als Messelement. Diese Metallfolie wird auf eine Schichtstärke von 3 bis 5µm ausgewalzt. Eine Seite der Folie wird mit einem flüssigen Kunststoff beschichtet. Dieser wird fest und bildet die Trägerfolie für den DMS.

Kapitel 2

15 bis 40 µm je nach Typ

Abdeckung — Träger — Messgitter — Anschlüsse

aktive Messgitterlänge

Abb. 2-7:
Aufbau eines Folien-DMS

Die andere Seite der Metallfolie wird mit einer lichtempfindlichen Schicht versehen und diese unter einem fotografischen Negativ belichtet. An den Stellen, an denen Licht durch das Negativ tritt, wird die lichtempfindliche Schicht gehärtet. Im Entwicklungsvorgang wird alle nicht gehärtete Schicht entfernt. Anschließend wird eine Ätzflüssigkeit aufgebracht und alles freiliegende Metall weggeätzt. Nach dem Entfernen der gehärteten Teile der lichtempfindlichen Schicht ist der DMS prinzipiell fertig, er kann noch mit Anschlussbändchen und einer Schutzabdeckung versehen werden.

Mit DMS können statische Signale gemessen werden (Thomson-Versuch) aber auch dynamische (Ruge). Mehrfach wurde versucht, die maximale mit DMS messbare Signalfrequenz zu bestimmen. Dazu wollte man mechanisch ein Dehnungssignal erzeugen, dass für den DMS nicht mehr korrekt messbar war. Aus dem Unterschied zwischen mechanischem Signal und DMS-Signal hätte man dann die Grenzfrequenz bestimmen können. Für diese Untersuchungen hat man Stoßwellen verwendet. Um die Stoßzeit und damit die Signalanstiegszeit möglichst kurz zu halten, hat man extrem glatt polierte Oberflächen aneinander stoßen lassen, um mechanisch Signalfrequenzen von 4 bis 6MHz zu erzeugen. Die angebrachten DMS haben diese Signale korrekt gemessen.

Bis heute hat niemand mechanische Signale erzeugt, die für DMS zu schnell waren. Daher ist die Grenzfrequenz für DMS noch nicht bekannt.

Grundlagen und Anwendung der Dehnungsmessstreifen-Technik

Abb. 2-8:
Messung der Stoßwelle im Stahlstab

Auch Dauerschwinguntersuchungen wurden für DMS durchgeführt. Das Ergebnis zeigt einen typischen Kurvenverlauf, wie er auch bei anderen Bauteilen auftritt. Wenn eine bestimmte Größe der Dauerschwingamplitude nicht überschritten wird, sind DMS dauerfest.

Abb. 2-9: Dauerschwingdiagramm von DMS

2.3 Die Wheatstone-Brücke

Die Brückenschaltung wurde 1843 durch Sir Charles Wheatstone erfunden. Sie erlaubt den Vergleich unbekannter Widerstände mit bereits bekannten. Zusätzlich

45

bietet sie die Möglichkeit, sehr kleine Widerstandsänderungen zu messen. Dies ist für die DMS-Technik von großer Bedeutung. Ein Beispiel soll dies verdeutlichen: Wenn ein DMS mit einem Widerstand von 120 Ω und mit dem k-Faktor 2,00 um 1 µm/m gedehnt wird, entsteht eine Widerstandsänderung von 0,24 Milliohm. Eine derartige Widerstandsänderung ist ohne Brückenschaltung praktisch nicht messbar.

2.3.1 Darstellung und Wirkungsweise

Die Rhombus-Form (links) ist die übliche Darstellung der Brückenschaltung, die auch in der Literatur meist zu finden ist. Die Abbildung daneben ist die gleiche elektrische Schaltung, für manche jedoch leichter durchschaubar.

Abb. 2-10: *Darstellungsweisen der Wheatstone-Brücke*

Die Brückenarme, auch Zweige genannt, werden durch die Widerstände R_1 bis R_4 gebildet. Für die Benennung der Brückeneckpunkte gibt es keine Norm. Die Bezeichnung mit den Zahlen 1 bis 4 oder mit den Farben Weiß, Schwarz, Blau, Rot entspricht einer Vereinbarung bei HBM. In der Literatur findet man die unterschiedlichsten Bezeichnungen. Wichtig ist, dass sie immer im Zusammenhang mit den dazugehörigen Brückengleichungen gesehen werden.

Die Brücke kann sowohl mit Gleichspannung als auch mit Wechselspannung gespeist werden.

Legt man an die Brückenpunkte 2 und 3 eine Spannung an, die so genannte Eingangsspannung U_B, so entsteht zwischen den Punkten 1 und 4 eine Brückenausgangsspannung U_A, deren Größe von den Widerstandswerten ab-

Grundlagen und Anwendung der Dehnungsmessstreifen-Technik

hängt. Zusätzlich hängt die Höhe der Ausgangsspannung von der Speisespannung ab. Man erhält ein Signal in mV pro Volt Speisung, mV/V, siehe dazu auch Abschnitt 1.6.2 in Kapitel 1 auf Seite 19. Es gilt:

$$\frac{U_A}{U_B} = \frac{k}{4}(\varepsilon_1 - \varepsilon_2 + \varepsilon_3 - \varepsilon_4) \qquad (2\text{-}1)$$

Aus der Formel der Wheatstone-Brücke wird ersichtlich, dass Widerstandsänderungen, bzw. die sie verursachenden Dehnungen benachbarter DMS sich subtrahieren, wenn sie gleiches Vorzeichen haben, und sich addieren bei ungleichen Vorzeichen.

2.3.2 Anwendungsformen

Je nachdem, wie viele und welche Widerstände in der Brückenschaltung durch die zu messende Größe verändert werden, unterscheidet man folgende Schaltungen:

– Viertelbrücke
 1 Widerstand ändert sich um ΔR

– Halbbrücke
 2 benachbarte Widerstände ändern sich

– Zweiviertel- oder Diagonalbrücke
 2 gegenüberliegende Widerstände ändern sich

– Vollbrücke
 4 Widerstände ändern sich

Man beachte: *Es wird immer eine vollständige Brückenschaltung benutzt.*

Die Bezeichnung Halbbrücke heißt, dass zwei aktiv messende DMS, die sich am Messobjekt befinden, durch zwei Festwiderstände ergänzt werden. Diese Festwiderstände sind oft in den Geräten enthalten.

2.3.3 Kompensation von Störgrößen

Mit der Wheatstone-Brücke lassen sich unerwünschte Größen eliminieren. Dies soll durch einen einfachen Versuch verdeutlicht werden. An einer Biegefeder aus Aluminium ist ein DMS auf der Oberseite angebracht und im Brückenarm 1 verschaltet. Die anderen Brückenarme sind durch Festwiderstände ergänzt. Bei Belastung durch ein Biegemoment entsteht ein positives Ausgangssignal. Wird das Metall erhitzt, entsteht eine thermische Dehnung, die ebenfalls ein positives Signal erzeugt. Es entsteht eine deutliche Nullpunktverschiebung.

Kapitel 2

Abb. 2-11: *Nullpunktverschiebung durch thermische Dehnung*

Wird nun ein zweiter DMS, der auf der Unterseite der Biegefeder angebracht ist, in den Brückenarm 2 geschaltet, so verdoppelt sich das Ausgangssignal für eine Biegebelastung. Bei Erwärmung erhalten beide DMS die gleiche thermische Dehnung, und es entsteht kein Nullversatz.

Abb. 2-12: *Temperaturkompensation mit Halbbrückenschaltung*

In diesem Fall wird also der Einfluss einer Temperaturänderung kompensiert. Würde man dieses Bauteil auf Zug belasten, so entstände auf Ober- und Unterseite die gleiche positive Dehnung. Auch diese würde durch die Brückenschaltung kompensiert. Für die praktische Anwendung kann man sich für jede Aufgabenstellung aus Tabellen eine geeignete Anbringung und Verschaltung der DMS auswählen, die alle unerwünschten Größen kompensiert.

Grundlagen und Anwendung der Dehnungsmessstreifen-Technik

2.3.4 Selbstkompensierende DMS

In dem durchgeführten Versuch wurde bisher nur die thermische Dehnung angesprochen. Es gibt noch einen zweiten Effekt, der ebenfalls auftritt, und zwar eine Signaländerung des DMS infolge der Temperatureinwirkung. Dieser Temperaturkoeffizient des DMS ist negativ, seine Größe kann bei der Herstellung der DMS beeinflusst werden. Üblicherweise werden DMS so hergestellt, dass ihr Temperaturkoeffizient betragsmäßig gleich groß ist wie der (positive) Ausdehnungskoeffizient eines bestimmten Werkstoffes. Das heißt: DMS werden angepasst für bestimmte Materialien.

Im Versuch in Abschnitt 2.3.3 in diesem Kapitel hatten wir Aluminium als Bauteilwerkstoff mit einem Ausdehnungskoeffizienten von $\alpha = 23 \times 10^{-6}/K$ mit DMS, die für Stahl angepasst sind, TK = $-12 \times 10^{-6}/K$. Durch diese Fehlanpassung entstand ein großer Nullversatz. In einem weiteren Versuch soll gezeigt werden, was passiert, wenn man einen richtig angepassten DMS verwendet.

Bauteilwerkstoff: Aluminium, $\alpha = 23 \cdot 10^{-6}/K$
DMS: angepasst an Aluminium, TK = $-23 \cdot 10^{-6}/K$

Abb. 2-13: *Temperaturgang bei richtig angepasstem DMS*

Als Ergebnis erhält man einen deutlich reduzierten Nullversatz. Eine vollständige Kompensation der beiden Effekte ist leider nicht möglich, da der Temperaturkoeffizient des DMS nicht linear ist. Auf jeder DMS-Packung ist eine Restfehlerkurve angegeben, mit der man die Größe des temperaturabhängigen Nullversatzes abschätzen kann. Diese Restfehlerkurve gilt allerdings nur, wenn man einen DMS aus der Packung auf Material mit exakt dem angegebenen Ausdehnungskoeffizienten klebt.

Kapitel 2

Abb. 2-14:
Restfehlerkurve (Beispiel)

Bei genauer Betrachtung stellt man allerdings fest, dass die Ausdehnungskoeffizienten der verschiedenen Materialien nicht konstant sind, sondern sich mit der Temperatur ändern. Zusätzlich hat die Vorbehandlung einen Einfluss auf das Ausdehnungsverhalten.

Abb. 2-15:
Wärmedehnungskoeffizienten über der Temperatur

Mit der Wheatstone-Brücke kann man auch diese Effekte kompensieren. Es müssen aber einige Bedingungen erfüllt sein, damit die Kompensation funktioniert. Beide DMS müssen:

- exakt die gleiche Temperatur bekommen
- auf exakt dem gleichen Material installiert sein
- bei nicht ebenen Oberflächen genau gleich zur Wölbung gerichtet sein
- exakt gleiches physikalisches Verhalten aufweisen

2.4 Ausführungsformen von DMS

In der Vergangenheit gab es mehrere verschiedene Grundtypen von DMS. Die wichtigsten Arten waren DMS mit metallischem Messgitter und die Halbleiter-DMS, wobei die DMS mit metallischem Messgitter noch zu trennen waren in Draht-DMS und Folien-DMS.

Die ersten DMS waren ausschließlich Draht-DMS. Zur Herstellung wurde ein sehr dünner Draht zum Messgitter geformt und auf eine isolierende Schicht (anfangs Papier) geklebt. Diese Herstellung erfordert einen großen Aufwand, um gleichmäßige Qualität zu erhalten, und ist damit relativ teuer. Außerdem zeigen Draht-DMS eine relativ hohe Empfindlichkeit gegenüber Dehnungen, die quer zur Messrichtung auftreten. In der Spannungsanalyse mit Draht-DMS sind häufig ausführliche Korrekturrechnungen für diese Querempfindlichkeit erforderlich.

Abb. 2-16:
DMS mit Folien-, Draht- und Halbleiter-Messgitter

Die Anwendung von Draht-DMS beschränkt sich heute fast ausschließlich auf Messungen bei Temperaturen oberhalb von 250°C. Dazu wird die Sonderform des Freigitter-DMS (Abb. 2-16 Mitte) benutzt. Bei diesen DMS wird das Draht-Messgitter in eine keramische Masse eingebettet oder im Flammspritzverfahren befestigt. Bei der sehr zeitintensiven Installation wird der im Bild dargestellte Hilfsträger vollständig entfernt, übrig bleibt nur das Drahtmessgitter.

Halbleiter-DMS (Abb. 2-16 rechts) enthalten einen Streifen Halbleitermaterial, meist Silizium, als messendes Element. Der Vorteil dieser DMS liegt in dem erheblich höheren k-Faktor als bei Metall-DMS. Metall-DMS haben meist einen k-Faktor um 2, Halbleiter-DMS ca. 60 bis 80. Dies war besonders wichtig, als die Verstärkertechnik noch nicht den heutigen Standard hatte.

Aus heutiger Sicht überwiegen die Nachteile der Halbleiter-DMS, diese sind:

– nicht lineare Kennlinie
– Probleme bei der Temperaturkompensation
– Sprödigkeit des Halbleiters und damit Bruchgefahr
– Preis

Heute werden Halbleiter-DMS in der Spannungsanalyse nur noch in Sonderfällen eingesetzt.

Folien-DMS (Abb. 2-16 links) werden in der Spannungsanalyse dagegen fast immer eingesetzt. Bedingt durch das Herstellungsverfahren ist es möglich, jede beliebige Form des Messgitters herzustellen. Dadurch lassen sich DMS für die verschiedensten Anwendungen erzeugen, die Querempfindlichkeit kann bis zur Bedeutungslosigkeit reduziert werden, und andere Effekte wie das Kriechverhalten lassen sich wunschgemäß verändern.

2.5 Auswahl von DMS

In den Standardprogrammen der DMS-Hersteller gibt es eine Vielzahl unterschiedlicher DMS-Typen, und es ist notwendig, für eine Messaufgabe den richtigen DMS auszuwählen. Einige Auswahlkriterien können die Aufgabe erleichtern, diese sind:

– die Messaufgabe
– der Temperaturbereich
– das Material des Messobjektes
– die Form und Größe der Messstelle
– die Umgebungsbedingungen

Die Messaufgabe bestimmt, wie viele Messgitter auf dem DMS vorhanden sein müssen, z.B. drei Messgitter in verschiedenen Richtungen für die Spannungsanalyse im zweiachsigen Spannungszustand bei unbekannten Hauptrichtungen, zwei Messgitter im Winkel von 90° zueinander für den zweiachsigen Spannungszustand mit bekannten Hauptrichtungen oder nur ein Messgitter für den einachsigen Spannungszustand. Anhand der technischen Daten kann der passende DMS für den gewünschten Temperaturbereich ausgewählt werden. Hierbei ist es wichtig, den gesamten Temperaturbereich zu berücksichtigen, den der DMS durchleben soll, auch ohne Messung.

Das Material des Messobjektes beeinflusst die Auswahl der Temperaturanpassung, aber eventuell auch die Länge des Messgitters.

Form und Größe der Messstelle bestimmen auch Geometrie und Größe des DMS.

Die Umgebungsbedingungen können unter Umständen Spezial-DMS erforderlich machen.

Abb. 2-17 zeigt einige Beispiele für DMS mit *einem* Messgitter. Im Normalfall wird man sich auf die Standard-Gitterlängen beschränken, diese sind 3, 6 oder 10 mm.

Grundlagen und Anwendung der Dehnungsmessstreifen-Technik

Abb. 2-17:
Beispiele für DMS
mit einem Messgitter

An einem Objekt mit homogener Dehnung hat die Länge des Messgitters keinen Einfluss auf die Größe des Signals, da die Widerstandsänderung proportional zur Dehnung ist und nicht zur Längenänderung. Anders ausgedrückt heißt das, der k-Faktor ist unabhängig von der Messgitterlänge.

Ein inhomogenes Dehnungsfeld hat allerdings entscheidenden Einfluss auf die benötigte Messgitterlänge. Ein inhomogenes Dehnungsfeld entsteht z.B. bei einem inhomogenen Werkstoff wie Beton. DMS mit kurzem Messgitter messen in diesem Fall die Dehnung an dem Material, das sich unter dem DMS befindet, und können so sehr unterschiedliche Ergebnisse hervorrufen. Will man den Mittelwert der Dehnung des Stoffgemisches Beton bestimmen, benötigt man ein entsprechend langes Messgitter.

Abb. 2-18:
Einfluss der DMS-Länge an inhomogenem Material

Bei einem veränderlichen Querschnitt des Objektes tritt auch bei homogenem Material ein inhomogenes Dehnungsfeld auf.

Kapitel 2

Abb. 2-19:
Einfluss der Messgitterlänge bei inhomogener Dehnung

Will man die maximale Dehnung messen, um daraus die maximale Spannung zu bestimmen, benötigt man ein sehr kurzes Messgitter an exakt der richtigen Stelle.

Ist die Position der maximalen Dehnung nicht bekannt oder soll der Verlauf der Dehnung bestimmt werden, so benötigt man mehrere kurze Messgitter dicht beieinander. In diesem Falle bieten sich DMS-Ketten an, die in kleinster Bauart 10 Messgitter auf 1 cm Länge enthalten.

Abb. 2-20:
DMS-Ketten

Materialien mit einem sehr großen elastischen Dehnungsbereich können den Einsatz von Spezial-DMS für hohe Dehnungen erfordern. Abb. 2-21 zeigt einen solchen Spezial-DMS, der für Dehnungen bis zu ±100.000 µm/m (10%) spezifiziert ist.

Grundlagen und Anwendung der Dehnungsmessstreifen-Technik

Abb. 2-21:
DMS für hohe Dehnungen

Es kann passieren, dass die Trägerfolie des ausgewählten DMS größer ist als der vorhandene Platz an der Messstelle. In diesem Fall kann man die Trägerfolie beschneiden. Parallel zum Messgitter kann relativ viel Trägerfolie abgeschnitten werden, es muss nur ausreichend Isolation zwischen Messgitter und Messobjekt verbleiben. Quer zum Messgitter sollte man die Trägerfolie möglichst wenig kürzen, um die Unstetigkeiten der Dehnung an den Übergängen zwischen den verschiedenen Materialien nicht in den Bereich des Messgitters zu verschieben.

Abb. 2-22:
Einleitung der Dehnung in den DMS

Als Beispiel für besondere Umgebungsbedingungen zeigt Abb. 2-23 einen gekapselten DMS, der beständig ist gegen Feuchtigkeit und bestimmte Chemikalien.

Abb. 2-23:
Gekapselter DMS

55

2.6 Die Installation von DMS

Eine Messung mit DMS kann nur dann zu einem guten Ergebnis führen, wenn die Dehnung vom Messobjekt korrekt auf das Messgitter übertragen wird. Bei der Installation von DMS ist deshalb äußerste Sorgfalt und Sauberkeit erforderlich. Wenn die Installation nicht korrekt erfolgt ist, gibt es später keine Möglichkeit, die Ergebnisse zu korrigieren. Bei einer schlechten Installation ist es unmöglich, die Größe der Abweichung abzuschätzen und einen Korrekturfaktor zu ermitteln. Vielfach ist sogar nicht einmal das Vorzeichen der Abweichung bestimmbar.

Die beiden wichtigsten Möglichkeiten zur Verbindung des DMS mit dem Messobjekt sind Klebung und Punktschweißverfahren.

Für das Punktschweißverfahren werden Spezial-DMS benötigt, die eine schweißbare metallische Unterlage haben. Natürlich muss auch das Objekt für die Schweißung geeignet sein. Beim Schweißen darf der DMS nicht überhitzt und dadurch zerstört werden. Es sollten zwei parallele Reihen Schweißpunkte an allen vier Seiten der metallischen Unterlage entstehen, sodass sich die Punkte der zweiten Reihe mit den Lücken der ersten Reihe überdecken und von der Seite gesehen eine geschlossene Schweißlinie entsteht. Nur so ist gewährleistet, dass sowohl positive wie auch negative Dehnungen korrekt erfasst werden.

Weitaus häufiger als das Punktschweißverfahren ist die Klebung von DMS. Allerdings kann hierzu kein handelsüblicher Haushalts- oder Bastelklebstoff verwendet werden, da diese von den Herstellern so eingestellt werden, dass sie eine gewisse Elastizität behalten. Jegliche Elastizität zwischen Objekt und DMS führt zu einer Verfälschung der Dehnungsübertragung. Deshalb sind für die DMS-Installation nur spezielle starr eingestellte DMS-Klebstoffe zu verwenden.

Die DMS-Klebstoffe sind zu unterteilen in kalthärtende und heißhärtende Kleber sowie Einkomponentenklebstoffe, die gebrauchsfertig geliefert werden und Zweikomponentenklebstoffe, die vor Gebrauch gemischt werden müssen.

2.6.1 Kalthärtende Klebstoffe

Das Anwendungsgebiet der kalthärtenden Klebstoffe ist ausschließlich die experimentelle Spannungsanalyse und experimentelle Mechanik. Als Einkomponentenklebstoffe dominieren hier solche auf Cyanoacrylatbasis, die unter Druckeinwirkung bei Luftabschluss fest werden. Die Installation eines DMS mit Cyanoacrylatklebstoff benötigt den geringsten Zeitaufwand, um eine messfähige Applikation zu erhalten. Allerdings kann die Anwendbarkeit dieser Kleber bei extremen klimatischen Bedingungen (Temperatur, Luftfeuchtigkeit) eingeschränkt sein. Nähere Angaben hierzu finden sich in den technischen Angaben der Hersteller. Außerdem sind nicht alle Objektwerkstoffe für Cyanoacrylatkleber geeignet.

Grundlagen und Anwendung der Dehnungsmessstreifen-Technik

Bei ungünstigen geometrischen Bedingungen (über Kopf, senkrechte Wand) kann die Anwendung sehr stark erschwert oder unmöglich werden.

Ein Zweikomponentenkleber beruht auf einer Acrylharzbasis, wobei eine Komponente flüssig, die andere pulverförmig ist. Geringe Mengen der beiden Komponenten werden unmittelbar vor Gebrauch zu einer zähflüssigen Masse vermischt und auf die Klebestelle aufgetragen. Der Klebstoff wird dann zu einer dünnen Schicht ausgewalzt und wird in wenigen Minuten fest. Dieser Acrylharzklebstoff ist auf sehr vielen Werkstoffen einsetzbar, auch unter ungünstigen geometrischen Bedingungen.

Weiterhin gibt es kalthärtende Zweikomponentenklebstoffe auf Epoxydharzbasis. Hier bestehen beide Komponenten aus Harzen, die kurz vor Gebrauch gemischt werden. Die Aushärtung kann bei Raumtemperatur unter ständigem Anpressdruck erfolgen. Allerdings ist die Aushärtezeit bei Raumtemperatur recht lang, z.B. 8 Stunden. Falls die Aushärtung unter erhöhter Temperatur erfolgen kann, verkürzt sich die Aushärtezeit deutlich, z.B. 1 Stunde bei 90°C. Diese Klebstoffe sind auf vielen Materialien einsetzbar und sehr gut beständig gegen Feuchtigkeit.

2.6.2 Heißhärtende Klebstoffe

Die meisten heißhärtenden DMS-Klebstoffe bestehen aus Epoxydharz, das in zwei separaten Komponenten ausgeliefert wird. Die Komponenten sind nach Gebrauchsanweisung zu mischen.

Bei einer Art des Epoxydharzklebstoffes sind beide Komponenten flüssig, und auch ihre Mischung bleibt dünnflüssig. Dieser Klebstoff wird sehr dünn mit einem Pinsel auf DMS und Bauteil aufgetragen. Der Klebstoff erhält seine Konsistenz durch enthaltene Lösemittel, die nach dem Auftragen verdunsten sollen. Wird die Ausdampfzeit nicht abgewartet, entstehen während des Härteprozesses Blasen in der Klebstoffschicht.

Eine andere Art heißhärtender Epoxydharzklebstoff besteht aus einem Harz und einem pulverförmigen Härter mit Füllstoffen. Nachdem die Komponenten gemischt sind, entsteht eine zähe Paste, die mit einem Spatel extrem dünn aufgetragen wird. Eine Ausdampfzeit ist hier nicht erforderlich. Der besondere Vorteil dieses Klebstoffs liegt in seiner Klebrigkeit während der Verarbeitungszeit. Er kann sehr dünn auf die Klebeseite des DMS aufgetragen werden. Anschließend wird der DMS mit der Pinzette grob am Bauteil platziert und haftet dort von selber, kann aber noch verschoben werden. Dadurch ist es möglich, den DMS mit Hilfe einer großen Lupe exakt auszurichten.

Außerdem gibt es die Möglichkeit, DMS zu verwenden, die vom Hersteller auf der Klebeseite mit einem heißhärtenden Klebstoff beschichtet sind. Der Klebstoff ist trocken und haftet nicht von selbst. Die DMS müssen nur am Bauteil exakt platziert werden. Bei dieser Variante wird immer die richtige Schichtdicke des Klebstoffs erreicht, allerdings ist die Lagerfähigkeit dieser beschichteten DMS begrenzt.

Bei allen heißhärtenden Klebstoffen erfolgt nach der Platzierung der DMS ein Härteprozess unter erhöhter Temperatur bei gleichzeitig wirkender Anpresskraft. Genaue Angaben zu Temperatur, Härtedauer und Anpresskraft finden sich in der jeweiligen Gebrauchsanweisung.

2.6.3 Weitere Materialien

Alle Materialien, die für eine DMS-Installation benutzt werden, müssen für diese Anwendung geeignet sein.

Das Lösungsmittel, das für die Reinigung der Klebestelle benutzt wird, muss chemisch rein sein. Andernfalls bleiben nach dem Verdunsten des Lösungsmittels Reste von gelösten Fremdstoffen zurück, welche die Klebung behindern und Fehlmessungen hervorrufen können.

Die Kabel, mit denen die DMS angeschlossen werden, müssen für die Umgebungsbedingungen, z.B. Temperatur oder Feuchtigkeit, geeignet sein. Die Kabel sollten nahe der Lötstelle befestigt werden, sodass bei Zugkräften am Kabel keine Kraft auf die Lötung wirkt. Die Art der Befestigung richtet sich nach den Umgebungsbedingungen.

Das Lötzinn muss unter Berücksichtigung der Temperatur ausgewählt werden. Der Schmelzpunkt muss deutlich über der Anwendungstemperatur liegen. Besonders tiefe Temperaturen, z.B. in flüssigen Gasen, erfordern spezielle Legierungsbestandteile im Lötzinn, um Zinnpest zu verhindern.

Flussmittel ist bei der Lötung erforderlich, um die Oxydation des flüssigen Lötzinns zu verhindern. Allerdings dürfen keine aggressiven Flussmittel verwendet werden. Nach der Lötung sollte das Flussmittel vollständig entfernt werden. Nicht entferntes Flussmittel kann zu Nullpunktschwankungen führen, wenn sich während der Messung die Temperatur oder die Luftfeuchtigkeit ändert.

Jede DMS-Messstelle sollte eine Schutzabdeckung erhalten. Je nach Anforderungen können Abdeckmittel verwendet werden, die nur Schutz gegen Feuchtigkeit oder chemische Einflüsse bieten, oder solche, die auch Schutz gegen mechanische Einwirkung bieten. Gängige Abdeckmittel sind z.B. Abdecklacke, dauerelastisches Silikongummi oder dauerplastische Knetmassen.

Grundlagen und Anwendung der Dehnungsmessstreifen-Technik

2.7 Ermittlung der Spannung aus der gemessenen Dehnung

In der Spannungsanalyse will man zur Dimensionierung von Bauteilen die unter Belastung auftretenden Spannungen ermitteln. Allerdings sind die Spannungen nicht direkt messbar. Deshalb misst man die Dehnung und errechnet nach dem Hooke'schen Gesetz die Spannungen.

2.7.1 Der einachsige Spannungszustand

Im einachsigen Spannungszustand wirkt auf das Bauteil nur eine Kraft in einer Richtung. Als Beispiel dient hier ein Stab unter reiner Zugbelastung. Bei Zugbelastung tritt in Kraftrichtung eine positive Dehnung auf, gleichzeitig entsteht quer zur Kraftrichtung eine negative Dehnung. Das Verhältnis der Quer- zur Längsdehnung ist abhängig vom Werkstoff des Bauteils und wird als Querdehnzahl oder Poissonzahl bezeichnet.

Dabei ist es wichtig zu beachten, dass quer zur Kraftrichtung eine Dehnung auftritt, aber keine Spannung im Werkstoff besteht.

$\varepsilon_l = \Delta l / l_0 = \varepsilon_1$

$\varepsilon_q = \Delta q / q_0 = \varepsilon_2$

$\dfrac{\varepsilon_q}{\varepsilon_l} = \mu =$ Querdehnzahl

Hooke'sches Gesetz:
$\sigma = \varepsilon \cdot E$

$\sigma_1 = \varepsilon_1 \cdot E$

$\sigma_2 = \varepsilon_2 \cdot E$

$\sigma_2 = 0$

Abb. 2-24: Zugstab

Abb. 2-25 zeigt die Verteilung der Dehnung im Zugstab. In Kraftrichtung ist die maximale positive Dehnung, im rechten Winkel dazu die maximale negative Dehnung. Bei ca. 60 Grad existiert eine neutrale Richtung, in der keinerlei Dehnung festgestellt werden kann. Diese neutrale Richtung wird teilweise zur Installation eines DMS für die Temperaturkompensation benutzt. Die exakte Lage des Über-

59

Kapitel 2

gangs zwischen positiver und negativer Dehnung hängt von der Querkontraktionszahl des Werkstoffes ab und kann anhand der Formel berechnet werden. Mit der Formel kann ebenfalls errechnet werden, wie groß die gemessene Dehnung in einer bestimmten Richtung ist. Damit kann man die Größe des Fehlers bei nicht richtig ausgerichtetem DMS abschätzen.

Abb. 2-25:
Dehnungsverteilung
am Zugstab

$$\varepsilon_\alpha = \frac{1}{2} \varepsilon_{max} [1 - \mu + \cos 2\alpha \, (1 + \mu)]$$

Abb. 2-26 zeigt die Verteilung der Spannung im Zugstab und die Formel zur Berechnung der Spannung in einer bestimmten Richtung.

Abb. 2-26:
Spannungsverteilung
am Zugstab

$$\sigma_\alpha = \frac{1}{2} \sigma_{max} (1 + \cos 2\alpha)$$

Grundlagen und Anwendung der Dehnungsmessstreifen-Technik

2.7.2 Der zweiachsige Spannungszustand

Ein zweiachsiger Spannungszustand entsteht, wenn zwei oder mehr Kräfte in verschiedenen Richtungen an einem Flächenelement wirken. Die Dehnungen durch die verschiedenen Kräfte überlagern sich wie in Abb. 2-27 gezeigt.

Abb. 2-27:
Aufbau eines zweiachsigen Spannungszustandes

unbelastetes Flächenelement | 1-achsige Belastung | 2-achsige Belastung

Unabhängig davon, wie viele Kräfte in welchen Richtungen angreifen, entstehen immer zwei Hauptspannungs- und Hauptdehnungsrichtungen im Werkstoff, die im rechten Winkel zueinander stehen. Dabei ist per Definition die größte Spannung in Zugrichtung die erste Hauptspannung und die größte in Druckrichtung die zweite Hauptspannung. Durch diese Definition ergibt sich, dass der Betrag der ersten Hauptspannung nicht immer größer ist als der Betrag der zweiten Hauptspannung.

In bestimmten Anwendungsfällen kennt man die Richtungen der Hauptspannungen und kann direkt die Dehnungen in diesen Richtungen messen. Dazu benutzt man üblicherweise DMS mit zwei Messgittern, die im rechten Winkel zueinander stehen. Abb. 2-28 zeigt einige Ausführungsformen solcher DMS und die Formeln zur Ermittlung der beiden Hauptspannungen.

$$\sigma_1 = \frac{E}{1 - \mu^2} (\varepsilon_1 + \mu \cdot \varepsilon_2)$$

$$\sigma_2 = \frac{E}{1 - \mu^2} (\varepsilon_2 + \mu \cdot \varepsilon_1)$$

$$\sigma_3 = 0$$

Abb. 2-28:
Bekannte Hauptrichtungen

Kapitel 2

Falls die Richtungen der Hauptspannungen nicht bekannt sind, muss die Dehnung in drei verschiedenen Richtungen gemessen werden. Dazu benutzt man üblicherweise DMS mit drei Messgittern, so genannte Rosetten. Abb. 2-29 zeigt einige Ausführungsformen solcher DMS und die Formeln zur Ermittlung der beiden Hauptspannungen.

0°/45°/90°-Rosette

$$\sigma_{1,2} = \frac{E}{1-\mu} \cdot \frac{\varepsilon_a + \varepsilon_c}{2} \pm \frac{E}{\sqrt{2}(1+\mu)} \cdot \sqrt{(\varepsilon_a - \varepsilon_b)^2 + (\varepsilon_c - \varepsilon_b)^2}$$

0°/60°/120°-Rosette

Abb. 2-29:
Unbekannte
Hauptrichtungen

$$\sigma_{1,2} = \frac{E}{1-\mu} \cdot \frac{\varepsilon_a + \varepsilon_b + \varepsilon_c}{3} \pm \frac{E}{1+\mu} \sqrt{\left(\frac{2\varepsilon_a - \varepsilon_b - \varepsilon_c}{3}\right)^2 + \frac{1}{3}(\varepsilon_b - \varepsilon_c)^2}$$

Für die Ermittlung der Hauptrichtungen wird zunächst ein Zwischenwinkel ψ bestimmt. Da die Funktion „tangens" mehrdeutig ist, muss über die Betrachtung der Vorzeichen von Zähler und Nenner des Bruchs ermittelt werden, in welchem Quadranten ψ liegt.

0°/ 45°/ 90°-Rosette: $\quad \tan \psi = \dfrac{2\varepsilon_b - \varepsilon_a - \varepsilon_c}{\varepsilon_a - \varepsilon_c}$

0°/ 60°/ 120°-Rosette: $\quad \tan \psi = \dfrac{\sqrt{3}(\varepsilon_b - \varepsilon_c)}{2\varepsilon_a - \varepsilon_b - \varepsilon_c}$

Abb. 2-30:
Ermittlung des
Zwischenwinkels

Grundlagen und Anwendung der Dehnungsmessstreifen-Technik

Abb. 2-31 zeigt den Weg zum Winkel α, der die Richtung der ersten Hauptspannung angibt. Die drei Messgitter auf der Rosette sind mit den Buchstaben a, b, c beschriftet. Ausgehend von der Richtung des Messgitters a am Bauteil wird der Winkel α gegen den Uhrzeigersinn angetragen, um die Lage der ersten Hauptspannungsrichtung am Bauteil zu bestimmen.

Z	$\geq 0\,(+)$	$> 0\,(+)$	$\leq 0\,(-)$	$< 0\,(-)$
N	$> 0\,(+)$	$\leq 0\,(-)$	$< 0\,(-)$	$\geq 0\,(+)$
	I	II	III	IV
zugehöriger Quadrant				
$\alpha =$	$\frac{1}{2}\cdot(0°+\psi)$	$\frac{1}{2}\cdot(180°-\psi)$	$\frac{1}{2}\cdot(180°+\psi)$	$\frac{1}{2}\cdot(360°-\psi)$

Abb. 2-31:
Ermittlung des Winkels α

Kapitel 2

3 Aufnehmer mit Dehnungsmessstreifen

K. Gehrke

3.1 Einleitung

DMS-Aufnehmer sind für jede mechanische Größe realisierbar, die sich mit Hilfe eines Federkörpers in eine Dehnung umwandeln lässt. Häufig angewendet werden DMS-Aufnehmer für Kraft, Gewicht, Druck und Drehmoment. Die DMS können als diskret hergestellte DMS aufgeklebt sein oder – wie für viele Druckaufnehmer – mit der Dickschichttechnik oder mit der Dünnfilmtechnik aufgebracht werden. Bei der auch für Sensoren zur Kraft- und Gewichtsmessung verwendeten Dickschichttechnik werden die DMS sowie die benötigten Abgleichelemente im Siebdruckverfahren aufgebracht und nach dem Trocknen eingebrannt. Dabei werden insbesondere bei Druckaufnehmern auch nichtmetallische Werkstoffe, z.B. Keramik, für den Federkörper verwendet. Bei der Dünnfilmtechnik werden auf der polierten Oberfläche des Federkörpers zunächst Isolation und danach die DMS-Leiterbahnen durch Aufdampfen oder durch Sputtern (Zerstäuben unter Hochspannung) aufgebracht. Beim Aufdampfen werden die aufzubringenden Stoffe im Vakuum erhitzt und durch ein elektrisches Feld vom Federkörper angezogen und damit aufgebracht. Eine Maske bewirkt, dass die DMS nur an den gewünschten Stellen ausgebildet werden. Hierbei lassen sich insbesondere kleine Aufnehmer (also Aufnehmer für kleine Nennlasten) in größeren Stückzahlen fertigen. Nachteilig ist, dass keine Kriechkompensation erfolgen kann, d.h., das Kriechen des Federkörpers kann durch die DMS nicht kompensiert werden. Dafür können höhere Temperaturbereiche realisiert werden. Die Dickschichttechnik bietet den Vorteil, in wenigen Arbeitsgängen und sehr homogen die gesamte Beschaltung aufbringen zu können. Bei keramischen Trägermaterialien sind allerdings die unterschiedlichen Ausdehnungskoeffizienten von Träger und (metallischem) Gehäuse problematisch.

Die meisten DMS-Aufnehmer werden als passive Elemente ausgeführt, das heißt, sie benötigen eine Speisespannung und geben ein analoges Signal ab, welches in einer nachgeschalteten Elektronik (Messverstärker) verarbeitet wird. Es ist jedoch möglich, den Messverstärker im Gehäuse des Aufnehmers zu integrieren und dann ein bereits verstärktes Spannungs- oder Stromsignal abzugeben. Seit einigen Jahren gibt es zusätzlich die Möglichkeit, einen Analog-Digital-Wandler und digitale Signalverarbeitung im oder am Aufnehmer zu platzieren. Der Ausgang erfolgt dann über eine Schnittstelle zur Einbindung der Signale in digitale Prozesssteuerungen oder zur Übernahme in einen Rechner.

Kapitel 3

Aufnehmer mit Dehnungsmessstreifen eignen sich zur Messung statischer und dynamischer Vorgänge.

3.2 Bauformen von Aufnehmern

Jeder Aufnehmer enthält einen Federkörper, der mit DMS versehen ist. Dieser Federkörper soll sich einerseits verformen, damit in den DMS ein Signal entsteht, andererseits soll aber die Veränderung am Aufnehmerkörper möglichst klein sein. Beispielsweise wünscht man bei Wägezellen eine möglichst geringe Einsenkung unter Belastung. Durch richtige Konstruktion lassen sich Wägezellen realisieren, deren Einsenkung unter Nennlast kleiner ist als 0,1 mm.

Typische Werkstoffe für Federkörper sind hochlegierte Stähle, Aluminiumlegierungen oder Kupferberryllium. Rostfreier Stahl wird seltener benutzt, da er eine sehr große innere Reibung aufweist, wodurch eine größere Hysterese entsteht.

3.2.1 Kraftaufnehmer und Wägezellen

Mit DMS-Aufnehmern können Kräfte und Gewichte sehr genau gemessen werden, im Extremfall wird die Unsicherheit nicht in Prozent, sondern in ppm angegeben. Für die meisten Anwendungen ist dies jedoch nicht nötig, und daher haben Standardaufnehmer üblicherweise eine Ungenauigkeit, die kleiner als 1% ist.

Prinzipiell sind Kraftaufnehmer und Wägezellen in Aufbau und Wirkung gleich, Unterschiede gibt es lediglich in der Kalibrierung. Bei Kraftaufnehmern ist das Ausgangssignal einer Belastung in Newton zugeordnet, bei Wägezellen einer Belastung in Kilogramm. Wenn man entsprechende Umrechnungsfaktoren berücksichtigt, ist es möglich, mit einem Kraftaufnehmer Massen zu bestimmen. Ebenso kann man mit einer Wägezelle Kräfte messen. DMS-Kraftaufnehmer gibt es für Nennlasten ab ca. 5N. Nach oben gibt es praktisch keine Begrenzung, es sind schon Wägezellen mit einer Nennlast von mehr als 5000 Tonnen gebaut worden.

In Abb. 3-1 auf Seite 67 ist die Schnittzeichnung einer Wägezelle mit säulenförmigem Federkörper zu sehen. Die linke Variante ist nur für Druckbelastung geeignet, die rechte kann durch ihre Anschlussgewinde Zug- und Druckbelastungen aufnehmen. An der DMS-Applikationsstelle ist die Säule in ihrem Querschnitt reduziert. Dadurch entsteht an der eigentlichen Messstelle eine ausreichend große Dehnung, obwohl der gesamte Federweg unter Belastung sehr klein ist, bei diesem Typ üblicherweise kleiner als 0,5mm. Zusätzlich zu den zwingend notwendigen Bestandteilen (Federkörper und DMS) erkennt man ein Schutzgehäuse und Abdichtungselemente. Sie sollen den Federkörper und die DMS vor Schäden schützen.

Aufnehmer mit Dehnungsmessstreifen

Abb. 3-1:
Wägezelle mit säulenförmigem Federkörper

Durch zwei gasdicht verschweißte Membranen ist der obere Teil des Federkörpers mit dem Schutzgehäuse verbunden. Sie sind sehr steif in horizontaler Richtung und schützen so vor Beschädigung durch Querkräfte, gleichzeitig sind die Membranen flexibel in Messrichtung, um das Messergebnis nicht zu verfälschen. Die elektrischen Anschlüsse werden mit einer ebenfalls gasdichten Glasdurchführung aus dem Gehäuse geführt. Dadurch entsteht ein vollständig hermetisch gekapselter Aufnehmer, bei dem Gase oder Flüssigkeiten die DMS-Applikation nicht verändern können.

Häufig wird eine geringe Bauhöhe bei hoher Genauigkeit gefordert, zum Beispiel für den Einsatz in eichpflichtigen Waagen. Dies kann mit Federkörpern nach dem Ringtorsionsprinzip (Abb. 3-2 auf Seite 67) erreicht werden. Die Krafteinleitung erfolgt axial an der inneren Hülse, der Aufnehmer stützt sich mit der äußeren Hülse auf die Auflagefläche. Durch die Verschiebung der inneren gegenüber der äußeren Hülse wird der dazwischenliegende Ring gebogen, die DMS am Ring erzeugen das Messsignal. Kraftaufnehmer/Wägezellen nach diesem Prinzip vertragen Querbelastungen bis zu 30% der Nennlast, außerdem lassen sie sich gut abdichten.

Abb. 3-2: Ringtorsionsprinzip

Kapitel 3

Für die Messung kleiner Kräfte und Gewichte (z.B. unter 5t) ist ein Federkörper mit direkter Materialbelastung nicht geeignet. Eine Möglichkeit bieten hier Federkörperformen, die aus dem Messbügel hervorgegangen sind. Abb. 3-3 zeigt einige Modifikationen, bei denen unter entsprechender Belastung Dehnungen in ausreichender Größe auftreten.

Abb. 3-3: *Messbügel-Modifikationen*

Für noch kleinere Kräfte bietet sich der Biegebalken an. Allerdings ist dabei das Signal abhängig vom Biegemoment, sodass bei gleicher Last unterschiedliche Signale auftreten, wenn sich der Krafteinleitungspunkt ändert. Daher ist der einfache Biegebalken in Aufnehmern selten, weil besondere Maßnahmen erforderlich sind, um den Krafteinleitungspunkt konstant zu halten.

Für Lasten bis zu 1t werden häufig Doppel-Biegebalken als Federkörper benutzt. Beim Doppel-Biegebalken sind zwei (oder mehr) Biegebalken übereinander angeordnet. Sie sind an der Einspannungs- und an der Lasteinleitungsseite durch starre Bauteile gekoppelt. Die starre Koppelung erzwingt eine rein vertikale Absenkung des Lastangriffspunkts und eine S-förmige Deformation der beiden Balken.

Abb. 3-4:
Prinzip des Doppel-Biegebalkens

Aufnehmer mit Dehnungsmessstreifen

Dieses System ist weniger empfindlich gegen Änderungen in der Lasteinleitung als ein einfacher Biegebalken. Durch die S-förmige Deformation treten an den Oberflächen Zonen positiver und negativer Dehnung dicht beieinander auf, was die Anbringung und Verschaltung der DMS vereinfacht. Abb. 3-5 zeigt verschiedene Ausführungsformen von Doppel-Biegebalken, die z.T. aus produktionstechnischen Gründen entwickelt wurden.

Abb. 3-5: *Doppel-Biegebalken-Federkörper*

Bei der Verwendung hermetisch gekapselter Aufnehmer zur Messung kleiner Kräfte und Gewichte können Schwankungen des Luftdrucks zu Änderungen des Messsignals bei konstanter Belastung führen. Um dieses Problem zu vermeiden, können Abhilfemöglichkeiten benutzt werden, wie z.B. in Abb. 3-6 gezeigt. Hier wird die Wirkung des atmosphärischen Drucks eliminiert, weil sie von oben und von unten gleichmäßig auf das starre Teil der Lasteinleitung wirkt.

Kapitel 3

Abb. 3-6:
Wägezelle mit Druckausgleich

Eine Weiterentwicklung aus dem Doppel-Biegebalken ist der Multi-Biegebalken. Abb. 3-7 zeigt das Prinzip und eine mögliche Ausführungsform.

Abb. 3-7: Multi-Biegebalken-Federkörper

Der Multi-Biegebalken wird vor allem für Präzisionskraftaufnehmer benutzt, allerdings erfordert er große Genauigkeit in der Herstellung. In der Abbildung erkennt

Aufnehmer mit Dehnungsmessstreifen

man, dass in jedem Brückenarm der Wheatstone'schen Vollbrücke mehr als ein DMS benutzt wird. Dies ist notwendig, um die hohe Genauigkeit zu erreichen. Die zur Zeit genauesten Kraftaufnehmer sind mit einem Multi-Biegebalken-System ausgestattet und enthalten bis zu 32 DMS, ihre zusammengesetzte Ungenauigkeit ist kleiner als 20 ppm. Sie werden als Referenzaufnehmer für internationale Vergleichsmessungen zwischen der Physikalisch Technischen Bundesanstalt und anderen Staatsinstituten benutzt, um die Kraft- und Massenormale in den verschiedenen Ländern zu vergleichen.

Der größte Nachteil des einfachen Biegebalkens liegt darin, dass sein Signal abhängig vom Biegemoment und damit vom Krafteinleitungspunkt ist. An einem einseitig eingespannten Balken treten neben dem Biegemoment auch Scherkräfte und dadurch hervorgerufene Dehnungen auf.

Abb. 3-8:
Spannungsverteilung am Kragbalken

Diese sind im Gegensatz zu den Biegedehnungen konstant vom Krafteinleitungspunkt bis zur Einspannstelle. An der biegeneutralen Faser treten die Scherdehnungen unter ±45 Grad auf und sind dort nicht von Biegedehnungen überlagert, siehe Abb. 3-8. Dieser Effekt wird ausgenutzt bei Scherstab-Aufnehmern; Prinzipzeichnungen sind in Abb. 3-9 zu sehen. Um ausreichend große Scherdehnungen zu erhalten, ist der Querschnitt an der Applikationsfläche der DMS reduziert zu einem Doppel-T-Profil. Diese Form bietet gute Stabilität gegen Seitenkräfte, einige Aufnehmer haben bis zu 100 % der Nennkraft als zulässige Seitenkraft. In der Abbildung ist zu sehen, dass sich die Scherdehnungen nicht ändern, wenn sich der Lasteinleitungspunkt innerhalb eines gewissen Bereichs bewegt. Dadurch wird das Signal unabhängig vom Lasteinleitungspunkt. Allerdings gilt dies nur in einer groben Betrachtung, da auch Sekundäreffekte das Ergebnis beeinflussen können.

Kapitel 3

Abb. 3-9:
Scherstab-Federkörper

Kraftaufnehmer/Wägezellen mit Membran-Federkörper (Abb. 3-10) erlauben eine sehr kleine Baugröße und werden oft eingesetzt, wenn andere Typen aus Platzgründen nicht benutzbar sind. Die Einfederung bei Nennlast ist sehr klein, daraus folgend die Eigenfrequenz sehr hoch, bei einigen Aufnehmern über 20 kHz. Sie lassen sich kostengünstig herstellen und sind gut hermetisch verschließbar.

Abb. 3-10:
Membran-Federkörper

3.2.2 Druckaufnehmer

Generell haben sich zwei Typen von Federkörpern für die Druckmessung durchgesetzt:

- rohrförmige Federkörper
- Membran-Federkörper.

Aufnehmer mit Dehnungsmessstreifen

Bei Aufnehmern mit rohrförmigem Federkörper wird der zu messende Druck in das Innere eines Hohlkörpers geleitet, dessen Deformation z. B. mit DMS gemessen wird. Der Hohlkörper kann unterschiedliche Querschnittsformen haben (Abb. 3-11). Dadurch lassen sich verschiedene Effekte realisieren, z. B. einfache Herstellung, großes Signal, Kompensation von Störgrößen.

Abb. 3-11: *Druckaufnehmer mit rohrförmigem Federkörper*

Bei Druckaufnehmern mit Membran-Federkörper (Abb. 3-12) wirkt der zu messende Druck auf eine Seite der Membran und verformt sie elastisch. Diese Deformation wird durch Dehnungsmessstreifen erfasst. Meist wird hierzu eine spezielle DMS-Membranrosette auf der druckabgewandten Seite der Membran angebracht.

Druckaufnehmer mit Membran-Federkörper werden zur leichteren Montage häufig mit einem Anschlussstück versehen, das für die Membran als vorgeschalteter rohrförmiger Totraum wirkt. Für den Einbau ohne Totraum gibt es Aufnehmer mit Frontmembran, wie in Abb. 3-12 rechts zu sehen.

Kapitel 3

Abb. 3-12: Druckaufnehmer mit Membran-Federkörper

In einigen Fällen wird die Deformation der Membran auf ein anderes Element, an dem die DMS angebracht sind, übertragen, z.B. für besonders kleine Messbereiche oder für Messungen mit erhöhter Genauigkeit (bis zu ±0,05%) auf einen Biegebalken. Letztere können als Referenzaufnehmer oder Transfernormale benutzt werden. Bei ihnen wird die Deformation der Membran auf einen Multi-Biegebalken übertragen (Abb. 3-13).

Abb. 3-13:
Membran mit
Multi-Biegebalken

Durch die Konstruktion eines Aufnehmers ist normalerweise vorgegeben, welche Druckart (Absolut-, Über- oder Differenzdruck) mit ihm gemessen werden kann.

Aufnehmer mit Dehnungsmessstreifen

Absolutdruckaufnehmer messen den am Federkörper anliegenden Druck unabhängig vom Umgebungsdruck (atmosphärischen Druck). Dazu benötigen sie eine Vakuum-Referenzkammer auf der anderen Seite des Federkörpers. Das Ausgangssignal eines Absolutdruckaufnehmers ist null, wenn auf der Messseite des Federkörpers ebenfalls Vakuum anliegt.

Abb. 3-14: *Absolutdruckaufnehmer mit rohrförmigem Federkörper*

Abb. 3-15 zeigt einen besonders kleinen Absolutdruckaufnehmer für totraumfreien Einbau mit Membran-Federkörper. Die DMS-Applikation befindet sich bei beiden Aufnehmerarten in der hermetisch dicht gekapselten Vakuum-Referenzkammer und ist so gegen Beschädigung und Feuchtigkeit geschützt.

Der Einbau ohne Totvolumen erleichtert die Reinigung und ist für bestimmte Anwendungen (z. B. in der Lebensmittelindustrie) zwingend vorgeschrieben. Auch für die Messung dynamischer Druckverläufe ist diese Einbauform besser geeignet als ein Aufbau mit Totvolumen.

Abb. 3-15:
Miniaturaufnehmer mit Frontmembran

Abb. 3-16 zeigt das Schnittbild eines Absolutdruckaufnehmers mit Membran-Federkörper und vorgeschaltetem Totraum. Bei dieser Bauform wurde auf die Vorteile der Frontmembran verzichtet, um den Aufnehmer leichter montieren zu können. In diesem Fall kann eine handelsübliche Klemm- oder Schneidringverschraubung benutzt werden.

Kapitel 3

Abb. 3-16: Aufnehmer mit Membran-Federkörper und Anschlussstück

3.2.3 Drehmomentaufnehmer

Drehmomentaufnehmer bestehen in der Regel aus einem Federkörper mit Dehnungsmessstreifen, einem Übertragungsteil und einem Gehäuse. Zusätzlich können weitere Bestandteile auftreten, wie z.B. Lager.

Es kann sich hierbei um eine Torsionswelle handeln. Bei einem konstanten Drehmoment ist die Größe des Messsignals abhängig von der Torsionssteifigkeit der Welle. Durch Auswahl des Materials und des Querschnitts der Welle kann daher die Größe des Ausgangssignals beeinflusst werden. Dieses Verfahren wird benutzt, um ein ausreichend großes Messsignal bei anliegendem Nenndrehmoment zu erhalten. Leider sind nicht alle Materialien für den Aufnehmerbau geeignet, außerdem sind der Verkleinerung des Querschnitts aus Stabilitätsgründen Grenzen gesetzt. Deshalb wird als Federkörper für Drehmomentaufnehmer oft eine Hohlwelle benutzt.

Abb. 3-17:
Federkörper des
Wellen-Typs

Aufnehmer für besonders kleine Drehmomente enthalten häufig einen Federkörper des Käfig-Typs (Abb. 3-18). Hierbei wird das Drehmoment von der Welle über eine Scheibe auf vier Biegebalken übertragen, von dort auf eine zweite Scheibe und die Ausgangswelle. Die DMS erfassen die Biegedehnung an den Biegebalken und erzeugen so das Messsignal.

Aufnehmer mit Dehnungsmessstreifen

Abb. 3-18:
Federkörper des Käfig-Typs

Beim Scherstab-Federkörper (siehe Abb. 3-19 auf Seite 77) wird das Drehmoment durch 4 Stäbe vom Innenring zum Außenring übertragen. Die DMS messen die Scherdehnungen an den Stäben. Dieser Typ wird beispielsweise für Referenz-Drehmomentmessscheiben benutzt.

Abb. 3-19:
Scherstab-Federkörper

Messungen an ruhenden oder nur in einem eng begrenzten Bereich drehbaren Wellen stellen einen Sonderfall dar. Hierbei ist es möglich, die Wheatstone-Brücke auf der Welle durch normale Kabel mit dem Messgerät zu verbinden. Speise- und Signalspannung können problemlos auf diesem Weg zu- bzw. abgeführt werden.

Dieser Anwendungsfall tritt auf, wenn z. B. mit einer besonders genauen Referenz-Drehmomentmessscheibe andere Drehmomentaufnehmer oder Drehmomentschlüssel kalibriert werden sollen. Ein weiteres Anwendungsbeispiel ist die Dauerschwingprüfung von Bauteilen unter Torsionsbelastung.

Bei rotierenden Wellen kann eine Kabelverbindung normalerweise nicht benutzt werden.

Kapitel 3

Die Übertragung von Speise- und Signalspannung kann z.B. durch Bürsten und Schleifringe erfolgen. Bei diesem System rotieren üblicherweise die Schleifringe mit der Welle und die stillstehenden Kontaktbürsten werden durch Federkraft angepresst. Die Gleitgeschwindigkeit zwischen Bürste und Schleifring begrenzt die Anwendbarkeit dieses Systems. Auch bei besonders gut geeigneten Werkstoffkombinationen lässt sich eine höhere Drehzahl als ca. 6.000 U/min nicht erreichen, da die zuverlässige Übertragung dann nicht mehr gewährleistet werden kann.

Eine zweite Möglichkeit stellt die berührungslose Übertragung von Speise- und Signalspannung dar. Dies kann auf kapazitivem oder induktivem Wege erfolgen. Bei diesem System sind höhere Drehzahlen möglich, z.B. mit der Drehmomentmesswelle T34FN bis zu 40.000 U/min.

Abb. 3-20: *Drehmomentaufnehmer mit Schleifringen*

Abb. 3-20 zeigt die Schnittzeichnung eines Drehmomentaufnehmers mit Schleifringen und Bürsten zur Übertragung von Speise- und Signalspannung. Als Federkörper dient eine Vollwelle, die im Bereich der DMS einen reduzierten Querschnitt aufweist. Diese Form wurde gewählt, um ausreichende Steifigkeit zu erhalten und gleichzeitig an den DMS die erforderliche Dehnung bei Nenndrehmoment zu erreichen. Auf der Welle ist die mitrotierende Hülse mit fünf Schleifringen befestigt, zwei für die Speisespannung, zwei für die Signalspannung und einer als Massekontakt.

Ein Lüfterrad auf der Welle erzeugt einen stetigen Luftstrom durch das Aufnehmergehäuse. Dieser dient einerseits zur Kühlung, andererseits soll er Abrieb von Schleifringen und Bürsten entfernen.

Die Lagerung des Stators auf dem Rotor erfolgt durch zwei Wälzlager, die auf einer Seite des Aufnehmers angeordnet sind. Dadurch kann der Aufnehmer so eingebaut werden, dass die Lagerreibung keinen Einfluss auf das Messergebnis hat.

Aufnehmer mit Dehnungsmessstreifen

Abb. 3-21 auf Seite 79 zeigt eine Querschnittszeichnung durch den Übertragungsteil dieses Aufnehmers. Hier ist erkennbar, dass jeweils zwei Bürsten auf einem Schleifring laufen. Wenn durch eine kleine Abweichung von der idealen Kreisform des rotierenden Schleifrings eine Bürste abhebt, sorgt die zweite für unterbrechungsfreie Übertragung. Die Wahrscheinlichkeit, dass beide Bürsten gleichzeitig den Kontakt verlieren, ist sehr gering. Die maximal zulässige Dauerdrehzahl für solche Drehmomentaufnehmer richtet sich nach Bauart und Größe, maximal können 6.000 U/min erreicht werden. In Messpausen können die Bürsten mit einem Hebel von den Schleifringen abgehoben werden, um den Verschleiß zu verringern und dadurch die Wartungsintervalle zu verlängern.

Abb. 3-21:
Übertragung mit Schleifring und Bürsten

Die Übertragungseinrichtung in Aufnehmern mit berührungsloser Signalübertragung unterliegt keinerlei Verschleiß, deshalb sind diese Drehmomentaufnehmer auch für den Dauerbetrieb geeignet. Außerdem erlauben sie Messungen bei höheren Drehzahlen, je nach Bauart bis zu 40.000 U/min.

Die Speisung wird als Wechselspannung induktiv auf den Rotor übertragen. Für die Wheatstone-Brücke wird die Frequenz in eine stabilisierte Gleichspannung umgesetzt. Die Brücke gibt eine Signalspannung ab, die in eine Frequenz umgesetzt und kapazitiv oder induktiv zum Stator übertragen wird.

Durch zwei induktive oder zwei optische Aufnehmer werden Impulse proportional zur Drehzahl berührungslos erfasst, durch die Anordnung der Aufnehmer ist auch die Drehrichtung erkennbar. Mit entsprechenden Geräten lassen sich Drehrichtung, Drehzahl, Drehmoment und Leistung anzeigen.

Kapitel 3

Abb. 3-22:
Prinzipschaltbild einer Drehmomentmesswelle mit berührungsloser Übertragung

Die Schnittzeichnung eines Drehmomentaufnehmers, der die angegebenen Möglichkeiten enthält, ist in Abb. 3-23 zu sehen. Die mitrotierenden Teile der Elektronik sind im Inneren der Hohlwelle untergebracht. Dort sind sie einerseits gut geschützt, andererseits sind die auftretenden Fliehkräfte geringer als außen.

Abb. 3-23:
Schnittbild Drehmomentaufnehmer mit Lagern

Bei dieser Bauart ist der Stator durch zwei Wälzlager mit dem Rotor verbunden. Die Lager bestimmen die maximal zulässige Drehzahl, bei der hier gezeigten Messwelle sind bis zu 10.000 U/min erreichbar.

Die in Abb. 3-24 gezeigte Drehmomentmesswelle bietet ebenfalls alle vorgenannten Möglichkeiten, sie ist jedoch lagerlos aufgebaut, sodass keinerlei Berührungspunkte zwischen Stator und Rotor existieren. Mit diesem Typ sind Drehzahlen bis

Aufnehmer mit Dehnungsmessstreifen

zu 40.000 U/min erreichbar. Natürlich müssen bei einer lagerlosen Messwelle Rotor und Stator innerhalb der angegebenen Toleranzen positioniert sein.

Abb. 3-24:
Schnittbild lagerloser
Drehmomentaufnehmer

3.3 Eigenschaften von DMS-Aufnehmern

Aufnehmer mit Dehnungsmessstreifen als Messsystem enthalten generell eine Wheatstone'sche Vollbrücke, um ein möglichst großes Messsignal und gute Temperaturkompensation zu erhalten. Zusätzlich können eine ganze Reihe anderer Kompensations- oder Abgleichelemente enthalten sein. Abb. 3-25 zeigt das Schaltbild eines Präzisionsaufnehmers.

Abb. 3-25:
Schaltbild eines
DMS-Aufnehmers

81

Kapitel 3

Die Genauigkeit der Aufnehmer richtet sich nach der vorgesehenen Anwendung, üblich sind Genauigkeiten zwischen 2% und 0,015% der Nennlast. In Sonderfällen können auch noch genauere Kraftaufnehmer oder Wägezellen gebaut werden, so wurden z.B. Referenzaufnehmer gebaut mit einem zusammengesetzten Fehler von weniger als 20ppm. Je höher die gewünschte Genauigkeit ist, desto mehr Aufwand ist bei Herstellung und Abgleich des Aufnehmers erforderlich, was sich natürlich im Preis bemerkbar macht.

Der Federkörper im Aufnehmer wird unter Belastung elastisch deformiert, dadurch entsteht eine Verschiebung des Kraftangriffspunktes, der Messweg. Dieser Messweg ist bei DMS-Aufnehmern sehr klein, üblich sind Messwege bei Nennlast zwischen 0,05 und 0,5mm.

Der elektrische Widerstand der meisten DMS-Aufnehmer beträgt jeweils 350Ω zwischen den beiden Eingangs- und den beiden Ausgangsleitungen. Bei besonders preisgünstigen Aufnehmern kann er in einem gewissen Streubereich um diesen Wert liegen. Neuerdings werden auch verstärkt Aufnehmer mit einem Brückenwiderstand von einigen Kiloohm gebaut; ihre DMS sind meist in Aufdampftechnik hergestellt.

Viele Aufnehmer haben ein normiertes Ausgangssignal von z.B. 2mV/V bei Nennlast. Das heißt, sie geben bei Nennlast ein Signal von 2mV pro Volt Brückenspeisespannung ab. Ein normiertes Ausgangssignal erlaubt den problemlosen Austausch von Aufnehmern, außerdem wird das Kalibrieren der Messkette erheblich erleichtert. Sollen mehrere Aufnehmer parallel geschaltet werden, wie z.B. zur Behälterverwiegung üblich, so sind gleiches Ausgangssignal bei Nennlast und gleicher Brückenwiderstand zwingend notwendig. Für besonders preisgünstige Anwendungen gibt es auch Aufnehmer ohne normiertes Ausgangssignal, dann ist auf dem Aufnehmer das bei Nennlast gemessene Ausgangssignal angegeben.

Bei Aufnehmern, die in 4-Leiterschaltung kalibriert sind, gilt das angegebene Ausgangssignal am Ende des Originalaufnehmerkabels. Auch bei der Temperaturkompensation des Aufnehmers ist das Kabel mit einbezogen. Aus diesen Gründen sollte man das Originalkabel eines Aufnehmers in 4-Leiterschaltung niemals kürzen. Bei Anwendung der 6-Leiterschaltung mit Aufnehmern, die in dieser Technik kalibriert sind, ist die Kabellänge ohne Bedeutung, da alle Einflüsse des Kabelwiderstands durch eine automatische Regelung eliminiert werden.

Mit dem Aufnehmer erhält man eine Bedienungsanleitung. In ihr stehen technische Daten und andere wichtige Informationen, die man vor Inbetriebnahme kennen sollte. Abb. 3-26 erläutert die angegebenen Laststufen für Aufnehmer.

Aufnehmer mit Dehnungsmessstreifen

```
                              Nennlast
                                 ↓
┌─────────────────────────┬─ Gebrauchslast
│ Messbereich             │       ↓
│ die angegebenen Fehler- │
│ grenzen werden          │       Grenzlast      Bruchlast
│ eingehalten             │          ↓              ↓
│ Gebrauchsbereich        │
│ die angegebenen Fehler- │
│ grenzen können          │
│ überschritten werden    │
├─────────────────────────┼──────────────────┬──────────────
│ maximaler Belastungs-   │ Zerstörungsbereich
│ bereich                 │ bleibende Veränderungen
│ angegebene Fehlergrenzen│ am Aufnehmer
│ werden nicht eingehalten│
│ keine Beschädigung des  │
│ Aufnehmers              │
└─────────────────────────┴──────────────────────────────────
```

Abb. 3-26: Laststufen für Kraftaufnehmer/Wägezellen

Die Nennlast bezeichnet den Aufnehmer, sie begrenzt den spezifizierten Messbereich. Alle anderen Laststufen sind in Prozent der Nennlast angegeben. Bis zur Grenzlast treten keine Schädigungen auf, erst wenn sie überschritten wird, entstehen bleibende Veränderungen. Die Größe der Grenzlast hängt vom Typ des Federkörpers ab, in vielen Fällen beträgt sie 150%, manchmal auch bis zu 2000% der Nennlast. In den meisten Schadensfällen tritt eine plastische Verformung des Federkörpers auf, hierzu reicht bereits eine einmalige kurzzeitige Überlastung. Eine plastische Verformung des Federkörpers erzeugt eine bleibende Veränderung des Nullsignals des Aufnehmers. Um prüfen zu können, ob ein Aufnehmer beschädigt wurde, ist es daher zweckmäßig, das Nullsignal eines jeden neuen Aufnehmers zu messen und zu registrieren. Das Nullsignal eines neuen Aufnehmers sollte ungefähr im Bereich von ± 1% des Nennsignals um den Wert Null liegen.

Bei Kraftaufnehmern/Wägezellen, die für Zug- und Druckbelastung konzipiert sind, ist zu beachten, dass zwei verschiedene Nullsignale auftreten können, abhängig davon, in welcher Richtung zuletzt belastet wurde. Wird bei einer späteren Nachmessung eine deutliche Änderung des Nullsignals festgestellt, so wird in den meisten Fällen eine vorhergegangene Überlastung die Ursache sein.

Eine weitere Angabe ist die zulässige Dauerschwingamplitude, sie wird ebenfalls in Prozent der Nennlast angegeben. Abb. 3-27 zeigt als Beispiel einen Aufnehmer für Zug- und Druckbelastung mit einer maximalen Dauerschwingbreite von 80% der Nennlast. Dabei kann die Schwingamplitude an beliebiger Stelle zwischen positiver und negativer Nennlast liegen. Die gesamte Spanne zwischen positiver und negativer Nennlast entspricht 200%, daher kann es vorkommen, dass für bestimmte Aufnehmer die maximale Dauerschwingbreite mit mehr als 100% angegeben wird.

Kapitel 3

Abb. 3-27:
Zulässige Dauerschwingbelastung

Die Eigenfrequenz von Kraftaufnehmern/Wägezellen liegt meist über 1 kHz, allerdings wird sie kleiner, sobald eine Masse angekoppelt wird. Um Störungen, z. B. durch Resonanzschwingungen, zu vermeiden, muss die Eigenfrequenz des gesamten Systems, Aufnehmer mit Masse, beachtet werden.

Der zusammengesetzte Fehler (siehe Abb. 3-28 auf Seite 84) berücksichtigt Nichtlinearitäten und Hysterese der Aufnehmer. Der zusammengesetzte Fehler gibt also die Breite des Toleranzbandes an, in dem jeder Punkt der Aufnehmerkennlinie liegt.

Abb. 3-28:
Zusammengesetzter Fehler

Aufnehmer mit Dehnungsmessstreifen

Sehr häufig soll Druck bei erhöhter Temperatur gemessen werden. In den technischen Daten der Druckaufnehmer finden sich verschiedene Temperaturangaben, Abb. 3-29 erläutert diese.

Abb. 3-29:
Temperaturbereiche für Druckaufnehmer

Nenntemperatur
Einhaltung der technischen Daten

Gebrauchstemperatur
Abweichung von technischen Daten möglich

Medientemperatur
Aufnehmer wird gekühlt

Maximaltemperatur
für Kurzzeitmessungen, bei denen Nullpunktdrift nicht stört

Bis zur Nenntemperatur gelten die angegebenen Genauigkeiten. Darüber hinaus können Messungen bis zur Gebrauchstemperatur durchgeführt werden. Allerdings können dabei die Ungenauigkeiten größer werden als in den technischen Daten angegeben.

Das zu messende Druckmedium kann maximal die Medientemperatur aufweisen, wenn der Aufnehmer selbst gekühlt wird. Im jeweiligen Datenblatt ist angegeben, welche Temperatur für den Aufnehmer selbst eingehalten werden muss.

Kurzzeitmessungen können bis zur Maximaltemperatur durchgeführt werden. Allerdings kann dabei eine Nullpunktdrift auftreten.

Die Überschreitung der Temperaturgrenzen kann zur Zerstörung des Druckaufnehmers führen. Von bestimmten Typen gibt es Hochtemperaturversionen.

Als besondere Einsatzbedingung soll hier die Messung in explosionsgefährdeten Bereichen angesprochen werden. Zu diesem Zweck wird eine Anzahl von Aufnehmern in einer EExi-Version angeboten. Das heißt, sie können (mit geeigneten Vorschaltgeräten) als eigensichere Betriebsmittel im Ex-Bereich eingesetzt werden.

3.4 Hinweise zum Einbau von Aufnehmern

Bei Messungen mit Aufnehmern können viele unterschiedliche Störeinflüsse auftreten. In diesem Abschnitt werden einige Beispiele angesprochen und mögliche Abhilfemaßnahmen aufgezeigt.

Kapitel 3

Abb. 3-30:
Mögliche Störeinflüsse

Mechanische Einflüsse haben die größte Bedeutung und werden deshalb im folgenden Kapitel ausführlich behandelt.

Chemische Einflüsse können den Aufnehmer bzw. die DMS verändern, z.B. durch Einwirkung von Feuchtigkeit oder Angriff aggressiver Medien. Eine Abhilfemöglichkeit liegt im Einsatz hermetisch gekapselter Aufnehmer. Es kann manchmal notwendig werden, einen Aufnehmer aus Material mit besonderen Eigenschaften zu wählen, z.B. aus säurebeständigem Stahl.

Thermische Einflüsse, die einseitig auf einen Aufnehmer wirken, können das Messergebnis verändern. Falls sich ungleichmäßige Umgebungstemperaturen nicht verhindern lassen, müssen Aufnehmer durch eine isolierende Ummantelung geschützt werden. Langsame gleichmäßige Temperaturänderungen haben keinen oder nur einen sehr kleinen Einfluss auf das Messergebnis, da die Aufnehmer üblicherweise Elemente zur Kompensation des Temperaturgangs enthalten. Bei Aufnehmern, die in 4-Leiterschaltung kalibriert sind, muss auch das Originalkabel des Aufnehmers die gleiche Temperatur haben wie der Aufnehmer selbst, andernfalls entstehen Messfehler. Bei Aufnehmern in 6-Leiterschaltung wird der Temperatureinfluss auf das Kabel durch die Elektronik im Messgerät ausgeregelt.

Ionisierende Strahlung hat bei normalen Umgebungsbedingungen keinen Einfluss auf DMS-Aufnehmer. In Zonen konzentrierter Strahlung, z.B. in einem Kernreaktor, kann jedoch jede Messung mit DMS unmöglich werden, weil die Strahlung die Metallstruktur des Messgitterwerkstoffs verändert und dadurch eine Widerstandsänderung erzeugt. Es ist unmöglich, die Widerstandsänderungen durch Strahlung von denen zu unterscheiden, die durch die zu messende Größe im DMS entstehen. Notfalls muss man auf ein anderes Messsystem ausweichen, z.B. induktive Aufnehmer.

Magnetische Felder haben keinen Einfluss auf DMS mit Konstantan-Messgitter, da dieses Material nicht magnetisch ist. Falls der Aufnehmer aus magnetischem oder ferritischem Material besteht, kann durch die Wirkung des Magnetfeldes auf den Federkörper ein Messfehler entstehen. Die Wirkung elektrischer oder magneti-

Aufnehmer mit Dehnungsmessstreifen

scher Felder auf das Anschlusskabel führt zu Messfehlern, falls dies nicht durch das angeschlossene Messgerät verhindert wird.

3.4.1 Störungen für Kraft- und Gewichtsmessungen

Fehler in der Krafteinleitung, z.B. nicht zentrische oder nicht axiale Einleitung oder überlagerte Störkräfte, können die Messergebnisse verfälschen.

Abb. 3-31:
Fehler in der Krafteinleitung

Wenn die eingeleiteten Querkräfte oder Momente die zulässigen Werte überschreiten, kann zusätzlich das Messelement beschädigt werden. Eine nicht axial eingeleitete Kraft kann zerlegt werden in einen Anteil in Messrichtung und einen Seitenkraftanteil. Abb. 3-32 zeigt die Komponenten und ihre Berechnungsformeln.

$F_M = F \cdot \cos \alpha$

$F_S = F \cdot \sin \alpha$

α	$\cos \alpha$	$\sin \alpha$
1°	0,99984	0,01745
2°	0,99939	0,03489
3°	0,99862	0,05234
4°	0,99756	0,06976
5°	0,99619	0,08716

F = aufgebrachte Kraft
α = Winkel der Kraft
F_M = Kraft in Meßrichtung
F_S = Seitenkraft

Abb. 3-32:
Schräglast bei Kraftaufnehmern/ Wägezellen

Aus den angegebenen Werten erkennt man, dass bei einem Winkel von 5° in Messrichtung noch 99,6% der Kraft wirken, die Seitenkraft aber bereits 8,7% der Kraft beträgt. Eine Seitenkraft dieser Größe kann, bei Belastung nahe der Nennlast, einige Aufnehmer bereits zerstören. Beispielsweise kann die statische Grenz-

Kapitel 3

querbelastung für Wägezellen mit säulenförmigem Federkörper weniger als 10% der Nennlast betragen. Andere Typen können erheblich unempfindlicher sein, so haben Doppel-Biegebalken meist eine relative statische Grenzquerbelastung zwischen 50 und 200%.

Auch eine fehlerhafte Auflagefläche kann zu Messfehlern bzw. zur Zerstörung des Aufnehmers führen. Jeder Aufnehmer soll mit seiner gesamten Grundfläche auf der Stützfläche stehen, um örtliche Überlastungen zu vermeiden. Eine Auflagefläche, die sich unter Belastung durchbiegt, verfälscht zusätzlich das Messergebnis bei dynamischen Messungen.

Abb. 3-33:
Fehlerhafte Auflageflächen

Auflagefläche zu klein   Auflagefläche uneben   Auflagefläche biegt sich durch

Bei Schwingbelastung ist, wie bereits erwähnt, die maximale Dauerschwingbreite zu berücksichtigen. Die in Abb. 3-34 dargestellte Dauerschwingung zwischen positiver und negativer Nennlast wird in der Regel zur Zerstörung des Aufnehmers führen.

Abb. 3-34:
Dynamische Störeinflüsse

Wechsellast zu hoch   Störschwingungen von Objekt oder Unterbau   Überlastung durch Impulskräfte

Aufnehmer mit Dehnungsmessstreifen

Störschwingungen, die vom Objekt oder vom Unterbau eingeleitet werden, stellen meistens keine Gefahr für den Aufnehmer dar, weil sie von ihrer Größe her gegenüber der Last relativ klein sind. Eine Messung können solche Störschwingungen jedoch empfindlich stören oder gar unmöglich machen. Falls ein deutlicher Unterschied zwischen Stör- und Signalfrequenz besteht, kann die Störung unterdrückt werden, z.B. durch Auswahl eines Trägerfrequenzverstärkers mit geringer Bandbreite, durch ein Tiefpassfilter oder durch integrierende Anzeiger.

Sehr häufig wird die Wirkung von fallenden Massen auf einen Aufnehmer unterschätzt. Zur Demonstration dient der in Abb. 3-35 gezeigte Versuch. Bei diesem Versuch fällt eine Stahlkugel mit 135g Masse aus 30cm Höhe auf den Lastknopf einer Wägezelle, Nennlast 1000kg. Über einen Gleichspannungsverstärker ist ein Speicheroszilloskop angeschlossen, mit dem der Signalverlauf aufgezeichnet werden kann. Durch die Kalibrierung wird der Kraftverlauf des Stoßvorgangs wie eine Gewichtskraft dargestellt.

Die Fragestellung ist nun, welche Masse erzeugt im Erdschwerefeld eine Gewichtskraft, die der Maximalkraft beim Stoßvorgang entspricht? Das Ergebnis kann rechnerisch bestimmt werden nach der Formel:

$$m \cdot g \cdot h = 1/2 \, F \cdot s \tag{3-1}$$

Hierbei ist m die Masse der Kugel = 0,135kg, g die Erdbeschleunigung, h die Fallhöhe = 0,3m, s der Bremsweg (angenommen für die Einfederung der Wägezelle unter Nennlast) = 0,0001m. Damit ergibt sich eine Kraft F = 7946N. Die gleiche Kraft entsteht als Gewichtskraft bei einer Masse von 810kg.

Abb. 3-35:
Kugelfallversuch — Wägezelle 1 t — DC-Verstärker — Speicheroszilloskop

Das Experiment wird ein etwas geringeres Resultat ergeben, weil die Elastizität der Stahlkugel und des Untergrunds unter der Wägezelle den Bremsweg s vergrößert. Mit diesem Ergebnis ist leicht erkennbar, dass eine Wägezelle durch fallende Massen sehr schnell überlastet und damit zerstört werden kann. Unter ungünstigen Bedingungen kann eine Wägezelle bereits dadurch zerstört werden, dass sie auf den Boden fällt. Um einer Schädigung vorzubeugen, muss der Bremsweg vergrößert werden, z.B. durch geeignete Transportverpackung bzw. im Betrieb durch elastische Zwischenlagen zwischen der Wägeplattform und dem Lastknopf der Wägezelle.

3.4.2 Störungen bei Druckmessungen

An einigen Beispielen sollen nun mögliche Störeinflüsse bei Druckmessungen gezeigt werden.

Ein Fremdkörper, der die Druckeinleitung behindert, führt in jedem Fall zu einem Messfehler. Geeignete konstruktive Maßnahmen (z.B. vorgeschaltetes Sieb) können derartige Fehler verhindern.

Eine Membran stellt ein Feder-Masse-System dar, das durch äußere Beschleunigungen (z.B. Gehäusevibration) in Schwingung versetzt werden kann. Dynamische Messungen können dadurch unmöglich werden, statische Messungen können z.B. durch Filter oder integrierende Anzeiger ermöglicht werden.

Die Eigenfrequenz ist vom Messbereich und von der Dämpfung abhängig. Die in den technischen Daten genannte Eigenfrequenz gilt für Messungen in Luft, wenn die Strömungsverhältnisse an den Anschlüssen des Aufnehmers nicht gestört werden. Für die Auslegung einer Messeinrichtung ist die Eigenfrequenz des gesamten Systems (mit Rohrleitungen und Messmedium) entscheidend. Wenn die Messfrequenz größer als 10% der Eigenfrequenz ist, kann es zu Messfehlern kommen. Dabei können die Signale zu groß oder zu klein werden. Im Extremfall kann auch der Aufnehmer zerstört werden.

Abb. 3-36 und Abb. 3-37 auf Seite 91 zeigen verschiedene Messaufbauten mit Absolutdruckaufnehmern.

Will man den „Schaltschlag" in einer Flüssigkeit messen, so ist die Anordnung des Aufnehmers direkt vor dem Ventil richtig. Soll jedoch nur der normale Betriebsdruck in der Rohrleitung gemessen werden, besteht die Gefahr, dass der Aufnehmer überlastet wird, falls er für den Betriebsdruck und nicht für die Druckspitze des Schaltschlages ausgelegt wurde. Im Extremfall kann sogar der Aufnehmer aus der Verschraubung gerissen werden. Einen Eindruck von der Höhe einer solchen Druckspitze soll die Berechnung für ein sehr einfaches Beispiel geben. Die Höhe der Druckspitze (p_2) errechnet sich nach der Formel:

$$p_2 = p_1 + \rho \cdot l \cdot v_0/\Delta t \qquad (3\text{-}2)$$

Zum Beispiel sei der Betriebsdruck (p_1) 10bar, die Dichte (ρ) 1000kg/m^3, die Rohrlänge (l) vor dem Ventil 20m, die Strömungsgeschwindigkeit (v_0) 5m/s und die

Aufnehmer mit Dehnungsmessstreifen

Schließzeit des Ventils (Δt) 0,01 s. Dann entsteht eine Druckspitze in Höhe von 110 bar. Bei anderen Bedingungen können noch erheblich höhere Werte erreicht werden.

Abb. 3-36:
Störeinflüsse bei Druckmessungen

Die Anordnung des Aufnehmers hinter Drosselstellen und einem Totvolumen ist geeignet für statische Messungen. Bei dynamischen Messungen, insbesondere in kompressiblen Medien, wird der Druckverlauf nicht korrekt erfasst. Es kann notwendig sein, einen Aufnehmer mit Frontmembran totraumfrei einzubauen, um dynamische Vorgänge mit hinreichender Genauigkeit messen zu können.

Abb. 3-37:
Störeinflüsse durch Elastizitäten

Elastische Zwischenglieder (Luftblase oder Schlauch) verringern die Wirkung von Druckspitzen auf den Aufnehmer. Für statische Messungen ist dies ohne Bedeutung, dynamische Messungen können jedoch stark gestört werden, da Druckspitzen niedriger erscheinen, als sie sind. Luftblasen im Totraum lassen sich vermeiden, wenn man den Aufnehmer von unten einbaut, siehe Abb. 3-36 oben.

3.4.3 Störungen bei Drehmomentmessungen

Einbau und Anwendung von Drehmomentaufnehmern sollte mit besonderer Sorgfalt erfolgen, um Fehlmessungen oder Schäden zu vermeiden. Im Idealfall befinden sich Antriebs- und Abtriebswelle und der Drehmomentaufnehmer exakt auf einer Achse.

Abb. 3-38: Mögliche Fehler beim Einbau eines Drehmomentaufnehmers

Auftretende Richtungs- oder Fluchtungsfehler führen zu einer zusätzlichen Biegebeanspruchung für den Federkörper des Aufnehmers. Bei rotierender Welle entsteht so eine umlaufende Biegung, die zu Materialermüdung und Bruch führen kann.

Abstandsfehler beim Einbau führen zu einer axialen Zug- oder Druckbeanspruchung. Axialkräfte und Biegungen werden durch die Wheatstone-Brückenschaltung kompensiert und erscheinen nicht im Messergebnis, können aber im Extremfall den Aufnehmer beschädigen.

In der Praxis lassen sich auch bei sorgfältiger Arbeit gewisse Restfehler beim Ausrichten der Wellen und Aufnehmer nicht vermeiden. Durch Verwendung geeigneter Kupplungen lassen sich solche Restfehler kompensieren. In Abb. 3-39 sind Bogenzahnkupplungen zu sehen, mit denen Axialabstände, Richtungs- und Fluchtungsfehler ausgleichbar sind. Allerdings sind die zulässigen Fehler relativ klein (*einige Winkelminuten für Richtungsfehler*), und es ist trotz Verwendung dieser Kupplungen ein sorgfältiges Ausrichten erforderlich.

Aufnehmer mit Dehnungsmessstreifen

Abb. 3-39:
*Bogenzahn-
kupplungen*

Ein besonders wichtiger Punkt ist die Auswahl des Drehmomentaufnehmers und seiner Nennlast. In Abb. 3-40 sind einige Fehler bei der Auslegung einer Messeinrichtung angedeutet.

Abb. 3-40:
*Mögliche Fehler
bei der Auswahl
des Aufnehmers*

- Überlastung durch Torsionsschwingungen in kritischen Drehzahlbereichen
- Überlastung beim Anlauf

Ein Punkt ist die Torsionssteifigkeit des Antriebsstrangs in Verbindung mit der angetriebenen Masse. Da jede Welle als Torsionsfeder wirkt, liegt hier ein Feder-Masse-System mit einer bestimmten Eigenfrequenz vor. In ungünstigen Fällen können in bestimmten Drehzahlbereichen Torsionsschwingungen auftreten, welche den Drehmomentaufnehmer durch Resonanz zerstören. Im Zweifelsfall muss ein Drehmomentaufnehmer mit höherem Nennmoment und dadurch anderer Eigenfrequenz gewählt werden.

Sehr häufig wird der Fehler gemacht, den Aufnehmer nach dem Nenndrehmoment des Antriebsmotors zu dimensionieren. Wie man in Abb. 3-41 sehen kann, treten beim Anlauf eines Motors erheblich höhere Drehmomente als das Nennmoment auf. Wurde die Messwelle für das Nenndrehmoment ausgelegt, führt in diesem

Kapitel 3

Fall der erste Start zur Zerstörung des Drehmomentaufnehmers. Es müssen also die *maximal auftretenden* Drehmomente bei der Auswahl berücksichtigt werden.

Abb. 3-41:
Anlaufvorgang eines Elektromotors

Bei einigen Untersuchungen ist der Anlaufvorgang unwichtig für die eigentliche Messaufgabe, nur das Drehmoment im normalen Betrieb soll möglichst genau erfasst werden. Legt man den Drehmomentaufnehmer mit seinem Nennmoment nach den Anlaufspitzen aus, steht für die Messung nur ein sehr kleines Signal zur Verfügung, da der Aufnehmer nur zu einem Bruchteil seines Nennmomentes belastet wird. Dieses Problem kann man umgehen, wenn man den Drehmomentaufnehmer mit seinem Grenzmoment nach den Anlaufspitzen auslegt. Dann kann der Anlaufvorgang zwar nicht genau gemessen werden, aber für die eigentliche Messung erhält man ein größeres Signal.

4 Piezoelektrische Sensoren

B. Bill

4.1 Einleitung

Piezoelektrische Sensoren eignen sich zum Messen mechanischer Größen wie beispielsweise Druck, Kraft oder Beschleunigung. Sie geben eine der mechanischen Einwirkung proportionale elektrische Ladung ab. Die erzeugte elektrische Ladung wird über einen so genannten Ladungsverstärker in eine proportionale Spannung umgewandelt, welche dann beliebig weiterverarbeitet werden kann.

Die wesentlichen Merkmale einer piezoelektrischen Messkette, bestehend aus dem Sensor und dem Verstärker, sind

- Geringe Rückwirkung auf das Messobjekt
- Hohe Steifigkeit
- Großer nutzbarer Frequenzbereich

Deshalb eignen sich piezoelektrische Messverfahren besonders gut zum Messen zeitlich schnell veränderlicher Vorgänge.

4.2 Die piezoelektrischen Effekte in Quarzkristall

Der erste Teil des Ausdrucks „piezo-elektrisch" stammt aus dem Griechischen und heißt soviel wie „drücken". Piezoelektrisch bedeutete demnach, dass durch Drücken ein elektrisches Signal erzeugt wird. Setzt man einen Quarzkristall einer mechanischen Druckkraft aus, wird an bestimmten Oberflächen des Quarzkristalls elektrische Ladung frei. Die Menge der Ladung ist proportional zur aufgebrachten Druckkraft; sie kann durch Elektroden abgenommen und mit geeigneten Instrumenten gemessen werden. Die piezoelektrischen Effekte wurden im Jahr 1880 von den Gebrüdern Curie entdeckt.

Quarz, dessen chemische Formel SiO_2 (Siliziumdioxyd) lautet, kommt in der Natur in Form von Kristallen vor. Durch unvermeidliche Einschlüsse und Verunreinigungen des naturgewachsenen Quarzes, der lange Zeit im Sensorenbau verwendet wurde, ergab sich in der Serienfertigung eine geringe Ausbeute und großer Ausschuss. Deshalb verwendet man heute gezüchtete Quarze mit wesentlich größe-

Kapitel 4

rer Reinheit und erhält dadurch gleich bleibende Qualität und niedrige Ausschussquoten.

Quarzkristall besitzt – im Gegensatz zu den piezoelektrischen Keramikmaterialien – bereits als Rohprodukt die Eigenschaft, bei mechanischer Beanspruchung an bestimmten Kristallflächen elektrische Ladung zu erzeugen. Dieser physikalische Effekt wird als der direkte piezoelektrische Effekt bezeichnet. Man unterscheidet je nach Lage der Quarzkristallachsen zur einwirkenden Kraft zwischen dem direkten Longitudinal-, dem Transversal- und dem Schubeffekt.

Beim Longitudinaleffekt werden die negativen Gitterpunkte im Kristallgitter durch die Krafteinwirkung gegenüber den positiven Gitterpunkten so verschoben, dass das Gleichgewicht der Ladungen gestört wird und an den Oberflächen der Kristallscheiben Ladungsunterschiede messbar sind. Kennzeichnend für den Longitudinaleffekt ist, dass die Ladung an den Angriffsflächen der Kraft abgenommen wird (Abb. 4-1).

Abb. 4-1:
Prinzip des longitudinalen Piezoeffektes und schematische Anordnung in einem Sensor

Die Größe der entstehenden Ladung hängt beim longitudinalen Piezoeffekt nicht von den geometrischen Abmessungen der Quarzscheiben ab, sondern allein von der aufgebrachten Kraft F_x. Die einzige Möglichkeit, die Ladungsausbeute zu er-

Piezoelektrische Sensoren

höhen, besteht darin, mehrere Scheiben kraftmäßig in Reihe und elektrisch parallel zu schalten. Die Größe der Ladung einer Anordnung nach Abb. 4-1 beträgt:

$$Q_x = d_{11} \cdot F_x \cdot n \qquad (+F_x \text{ für Druckkraft, } -F_x \text{ für Zugkraft}) \qquad (4\text{-}1)$$

Dabei ist d_{11} der so genannte piezoelektrische Koeffizient ($d_{11} = -2{,}3\,\text{pC/N}$), F_x die aufgebrachte Kraft in x-Richtung und n die Anzahl der Quarzscheiben.

Beim Transversaleffekt entsteht durch Einwirkung einer Kraft F_y in Richtung einer der neutralen Kristallachsen y eine elektrostatische Ladung auf den Flächen der dazu senkrechten polaren Achse x (Abb. 4-2). Im Gegensatz zum longitudinalen Piezoeffekt ist die Größe dieser ebenfalls in x-Richtung auftretenden Ladung abhängig von den geometrischen Abmessungen des Quarzes. Sie beträgt bei den auf Abb. 4-2 dargestellten Abmessungen:

$$Q_y = -d_{11} \cdot F_y \cdot b/a \qquad (+F_y \text{ für Druckkraft, } -F_y \text{ für Zugkraft}) \qquad (4\text{-}2)$$

Es ist also möglich, bei der Ausnutzung des Transversaleffektes durch geeignete Formgebung und Anordnung der Quarzelemente eine größere Ladungsausbeute zu erreichen.

Abb. 4-2:
Prinzip des transversalen Piezoeffektes und dessen praktische Ausnutzung

Kapitel 4

Abb. 4-3 zeigt in analoger Form den Schubeffekt in stark vereinfachter Darstellung. Die Schubkraft erzeugt eine Verschiebung der elektrisch geladenen Atome in der dargestellten Art. Wiederum wird die Ladung auf derselben Fläche abgenommen, auf welcher auch die Schubkraft eingeleitet wird. Die abgegebene Ladung pro Krafteinheit beträgt -4,6pC/N und ist von der Geometrie des Quarzes unabhängig.

Abb. 4-3:
Prinzip des piezoelektrischen Schubeffekts

Da es nicht ganz einfach ist, kleine elektrische Ladungen zu messen (z.B. mit einem Volt- oder Amperemeter), wurden sogenannte Ladungsverstärker entwickelt, die Ladung in Spannung umwandeln. Zur weiteren Signalverarbeitung oder Registrierung können dann übliche Spannungsmessgeräte bzw. Registriergeräte oder Computer verwendet werden.

4.3 Die Eigenschaften der piezoelektrischen Messtechnik

4.3.1 Quasistatisches Verhalten

Ein belasteter Quarzkristall gibt entsprechend der aufgebrachten Kraft eine bestimmte Ladungsmenge ab. Die Einheit der Ladung Q ist das Coulomb (C). Die

Piezoelektrische Sensoren

Ladung 1 C wird von einem Strom I der Stärke 1 Ampere transportiert, der 1 Sekunde lang fließt:

$$Q = I \cdot t \qquad 1\,C = 1\,As \qquad (4\text{-}3)$$

Es ist bekannt, dass sich ein aufgeladener Kondensator mit der Zeit entlädt. Wie rasch er sich entlädt, hängt von seiner Größe C und vom Entladewiderstand R ab. Ist kein externer Verbraucherwiderstand angeschlossen, wirkt nur der Isolationswiderstand als Entladewiderstand.

Die Entladezeitkonstante τ berechnet sich aus C und R:

$$\tau = C \cdot R \qquad 1\,s = 1\,F \cdot 1\,\Omega \qquad (4\text{-}4)$$

Wäre der Isolationswiderstand unendlich groß, würde die Zeitkonstante unendlich lang, d. h., der Kondensator würde sich nicht entladen. Moderne Isolierstoffe erreichen beispielsweise $10^{15}\,\Omega m$; damit lassen sich Kondensator-Zeitkonstanten bis zu einigen 100.000 s erzielen. Eine Zeitkonstante von 100.000 s bedeutet beispielsweise, dass eine Spannung nach 1.000 s um 1% abgefallen ist. Dieses Verhalten erklärt die Tatsache, dass es nicht möglich ist, eine Kondensatorspannung über beliebig lange Zeit aufrechtzuerhalten. In der Praxis bedeutet dies, dass es nicht möglich ist, Ladungen statisch über beliebig lange Zeit zu messen.

Ein piezoelektrischer Sensor bzw. sein Quarzkristall-Messelement kann als Kondensator betrachtet werden. Es gelten daher dieselben Möglichkeiten und Einschränkungen, mit dem einzigen Unterschied, dass dieser „Kondensator" nicht durch einen Strom von außen aufgeladen wird, sondern dass die Ladung durch die auf den Kristall wirkende Kraft erzeugt wird.

Mit piezoelektrischen Sensoren lassen sich daher nur Veränderungen einer mechanischen Größe wie z. B. Druck, Kraft oder Beschleunigung messen. Weiß man, dass zu Beginn einer Druckmessung Atmosphärendruck herrscht, und misst man dann eine Druckveränderung von beispielsweise +12 bar, weiß man, dass der Enddruck 12 bar Überdruck oder 13 bar Absolutdruck beträgt. Würde der Anfangsdruck dagegen 100 bar betragen, so würde das Messergebnis „+12 bar" einen Enddruck von 112 bar darstellen.

Die Zeitdauer, über welche man messen kann ohne zu viel „Ladung" zu verlieren, hängt von der vorhandenen Ladungsmenge, vom Isolationswiderstand und vom zulässigen Messfehler ab. Es ist klar, dass die Messunsicherheit mit fortschreitender Zeit größer wird. Auf die praktische Messtechnik bezogen, können beispielsweise folgende zeitbedingte Messfehler erwartet werden:

– bei einem Standard-Kraftsensor (z. B. bei einer Messunterlegscheibe):
0,01 N/s

Kapitel 4

- bei einem Standard-Drucksensor (z.B. mit einem Messbereich von 250 bar):
0,001 bar/s

Der angegebene Wert bedeutet dann Folgendes:

Wird in einem Druckbereich von 100 bar 15 Minuten lang gemessen (900 s), bleibt der Messfehler unter 1%.

Allgemein ausgedrückt kann man die Eigenschaften eines piezoelektrischen Messsystems mit den Eigenschaften einer Wechselstromkopplung (RC-Hochpass) mit einer unteren Grenzfrequenz im Bereich von mHz bis pHz vergleichen. Das ist ein sicher recht ungewöhnlicher, aber sehr zutreffender Vergleich.

4.3.2 Temperaturverhalten, Betriebstemperaturbereich

Quarzkristall lässt sich in einem sehr weiten Temperaturbereich verwenden. Er behält seine piezoelektrischen Eigenschaften im Bereich von ungefähr -270°C bis 573°C. Bei 573°C (Curie-Punkt) findet eine Umwandlung von α-Quarz in β-Quarz statt, wobei Letzterer bei Druckbeanspruchung keine Ladung mehr abgibt (d_{11} = 0). Durch die Wahl geeigneter Quarzschnitte kann erreicht werden, dass sich die Empfindlichkeit eines Quarzkristall-Drucksensors über den Temperaturbereich von -270°C bis 400°C nur um wenige Prozente ändert. Diese speziellen Quarzschnitte werden vorwiegend für Hochtemperatur-Drucksensoren eingesetzt.

Standard-Drucksensoren weisen üblicherweise einen Betriebstemperaturbereich von -196°C bis 240°C auf. Bei Temperaturen unter -196°C arbeiten die Sensoren meist einwandfrei, werden aber nicht speziell getestet. Bei Temperaturen über 240°C bis 400°C steigen die Schwierigkeiten exponentiell. Die Herstellung von Hochtemperatur-Drucksensoren ist daher sehr aufwändig.

4.3.3 Dynamisches Verhalten, Messen von Impulsen

Zum Messen rasch veränderlicher Vorgänge benötigt man Messsysteme, die in der Lage sind, diesen raschen Änderungen der Messgröße zu folgen. Unter „rasch veränderlich" versteht man in der piezoelektrischen Messtechnik z.B. Anstiegszeiten bis in den Bereich einer Mikrosekunde. Wenn das Messsystem dem Vorgang nicht mehr folgen kann, wird nicht mehr der Vorgang selbst gemessen, sondern vielmehr das dynamische Eigenverhalten des Messsystems.

Piezoelektrische Sensoren

Mathematisch lässt sich das dynamische Verhalten in erster Näherung wie ein schwach gedämpfter linearer Schwinger behandeln. Die Dämpfung δ beträgt ungefähr 0,01...0,05. Dies entspricht einer Resonanzüberhöhung von 10...50-fach.

Das dynamische Verhalten wird jedoch viel anschaulicher durch ein messtechnisches Beispiel illustriert, das gleichzeitig die Notwendigkeit einer hohen Eigenfrequenz des Messsystems für die Messung von kurzzeitigen Druckstößen beweist. Abb. 4-4 zeigt die Wiedergabe einer Druckspitze in einem hydraulischen System (Wasser), Basisbreite 80 µs, in Abhängigkeit von der Resonanzfrequenz des Sensors. Die Diagramme zeigen, dass mit einer Systemfrequenz von 100 kHz die Druckspitze recht gut wiedergegeben wird (Abb. 4-4a). Die Ausschwingfrequenz entspricht der Resonanzfrequenz des Messsystems. Bei einer Systemfrequenz von 10 kHz hat die erste positive Halbwelle zufällig ungefähr die Form des zu messenden Druckimpulses. Das gemessene Signal zeigt den Ausschwingvorgang des Messsystems (Abb. 4-4b). Bei einer Systemfrequenz von 1 kHz wird das Messsystem lediglich noch zur Eigenschwingung angeregt. Die Druckspitze kann mit einem 1 kHz-System nicht gemessen werden (Abb. 4-4c).

a) 100 kHz   b) 10 kHz   c) 1 kHz

Abb. 4-4: *Wiedergabe eines Druckimpulses in Abhängigkeit von der Eigenfrequenz des Messsystems*

4.4 Konstruktive Ausführungen von Sensoren

4.4.1 Drucksensoren

Wie funktionieren Quarzkristall-Drucksensoren? Quarzkristall gibt bei Belastung durch hydrostatischen Druck keine Ladung ab. Ein Quarzkristall-Messelement misst immer nur Kraft. Um Druck zu messen, muss dieser zuerst proportional in eine Kraft umgewandelt werden. Dies geschieht üblicherweise durch eine Membrane, die – entsprechend ihrem aktiven Durchmesser – den auf sie wirkenden

Kapitel 4

Druck proportional in eine Kraft umwandelt. Die Kraft wird im Quarzkristall in eine elektrische Ladung (in Coulomb) umgewandelt. Die Kalibrierung eines Drucksensors erfolgt in pC/bar und schließt sowohl die Empfindlichkeit des Quarzkristall-Messelements als auch die Eigenschaften der Membrane mit ein.

Im Gegensatz zu Drucksensoren auf der Basis von Dehnungsmessstreifen oder piezoresistiven Elementen, bei denen Oberflächenspannungen das gewünschte Messsignal erzeugen, ist bei Quarzkristall-Drucksensoren die mechanische Spannung im gesamten Quarzkörper dafür maßgebend. Ungleichmäßige Krafteinleitung wird durch Mittelwertbildung ausgeglichen.

4.4.1.1 Standard-Drucksensoren für allgemeine Anwendungen

Für Quarzkristall-Drucksensoren werden heute fast ausschließlich Systemanordnungen nach dem Transversaleffekt verwendet, d.h., die Quarz-Messelemente haben die Form von Stäben. Dadurch ergeben sich in Bezug auf Ladungsausbeute, Linearität und Temperaturempfindlichkeit optimale Werte. Im Prinzip ist ein Drucksensor dieser Bauart (Abb. 4-5) aus drei Quarzsäulen Q aufgebaut, die durch eine Vorspannhülse H über den Temperaturkompensationskörper T mit dem Gehäuse G fest verbunden sind.

Abb. 4-5:
Aufbau des Drucksensors Typ 601A mit 3 Quarzsäulen Q unter Ausnutzung des transversalen Piezoeffektes. Frontdurchmesser 5,5mm

Piezoelektrische Sensoren

Der Druck wirkt auf die Membrane M (Wandlerelement) und wird entsprechend ihrer aktiven Fläche in eine Kraft umgewandelt. Die Kraft wirkt auf das eigentliche Messelement und wird durch die drei Quarzstäbe Q in eine Ladung umgewandelt. Über die Elektrode S wird die Ladung auf den Anschlussstecker übertragen und gelangt über hochisolierende Verbindungskabel an den Eingang eines Ladungsverstärkers.

Die Polarität ist so gewählt, dass der auf die Membrane wirkende Druck eine negative Ladung erzeugt. Diese wird im Ladungsverstärker (Umkehrverstärker) in eine positive Spannung umgewandelt.

Mit der beschriebenen Anordnung lassen sich bei Drucksensoren Linearitäten von 0,2 bis 0,3% für Drücke bis 250 bar erreichen (z.B. Aufnehmer Typ 601A). Eingebaut wird der Sensor so, dass er zwischen den beiden Schultern Sch eingespannt ist. Die Abdichtung gegen den Messraum erfolgt durch eine Dichtung D an der unteren Schulter.

Abb. 4-6 zeigt das Kalibrierblatt eines Quarzkristall-Standard-Drucksensors in Miniaturausführung (es handelt sich um den in Abb. 4-5 dargestellten Sensor) und beweist seine außergewöhnlichen Eigenschaften.

Besonders beachtenswert ist das Ergebnis der Kalibrierung des Sensors über drei Zehnerpotenzen. Abb. 4-6 zeigt die drei Kalibrierkurven 0...250 bar, 0...25 bar und 0...2,5 bar. Erst wenn man sich vor Augen führt, dass die dritte Kurve für den Teilbereich 0...2,5 bar eine 100fache Vergrößerung des ersten Prozentes der Kalibrierkurve für den vollen Bereich 0...250 bar darstellt, kann man die Qualität des Sensors entsprechend würdigen. Es gilt zu beachten, dass die 1%-Kalibrierkurve nicht nur eine Linearitätsabweichung von <0,3% von 1%, also <0,003% FSO aufweist, sondern auch praktisch dieselbe Neigung (d.h. dieselbe Empfindlichkeit) wie die 100%-Kalibrierkurve aufweist. Das Auflösungsvermögen dieses Sensors liegt in der Größenordnung von wenigen Millibar. Das Verhältnis von Spanne zu Auflösung beträgt also etwa 1:100.000.

Abb. 4-6: Typisches Kalibrierblatt eines Drucksensors Typ 601A

4.4.1.2 Drucksensoren für die Motorenindizierung

Die Motorenindizierung war lange Zeit das Hauptanwendungsgebiet für Quarzkristall-Drucksensoren. Die Messung des Verbrennungsdruckes stellt an den Drucksensor außerordentlich hohe Anforderungen: Im Brennraum von Verbrennungsmotoren treten Temperaturschwankungen bis 1800°C auf und die Strahlungstemperatur kann sogar 3000°C erreichen. Speziell bei schnell laufenden Motoren treten sehr hohe Lastwechselzahlen auf. Die dynamische Beanspruchung durch Stoß und Vibration ist sehr groß. Unter den verschiedenen bekannten physikalischen Prinzipien konnte sich deshalb bisher nur das piezoelektrische für diese Anwendung durchsetzen.

Der ideale Sensor für die Motorenindizierung müsste etwa folgende Eigenschaften aufweisen:

- hohe Genauigkeit und Linearität
- statische Messeigenschaften und große Nullpunktstabilität
- großen Temperaturbereich
- große Temperaturunempfindlichkeit (d.h., der Sensor dürfte selbst bei Temperaturschwankungen von 1800°C kein Fehlersignal erzeugen)
- vernachlässigbare Beschleunigungsempfindlichkeit
- lange Lebensdauer bei hohen Lastwechselzahlen
- kleine Dimensionen
- bescheidenen Preis

Es ist klar, dass ein solcher Idealsensor nicht herstellbar ist. In der Praxis muss der beste Kompromiss gesucht werden. Aus diesem Grunde gibt es nicht einen, sondern viele so genannte Motoren-Drucksensoren mit unterschiedlichen Eigenschaften für unterschiedliche Messaufgaben.

Dies soll an ein paar Beispielen erläutert werden:

- Routinemessungen auf Abnahmeprüfständen bei kurzen Betriebszeiten: Dafür eignen sich Standard-Drucksensoren in wassergekühlten Adaptern oder Hochtemperatur-Drucksensoren (max. 400°C).
- Für die Verbrennungsforschung und für die Berechnung des indizierten Druckes müssen Spezial-Drucksensoren verwendet werden, bei denen die Temperatureffekte möglichst klein sind. Genauigkeit und Linearität müssen groß sein; dafür werden an Lebensdauer, anspruchsvolle Handhabung und Preis Zugeständnisse gemacht.
- Für die Motorenüberwachung wird beispielsweise eine Lebensdauer von 8.000 Stunden verlangt (etwa 1 Jahr Nonstop-Tag-und-Nacht-Betrieb). Der Sensor muss ohne Kühlung brennraumbündig eingebaut werden können. Andererseits werden an die Genauigkeit weniger große Anforderungen gestellt.
- Für die Untersuchung der Gaswechselvorgänge, beispielsweise zur Optimierung der Ventilsteuerzeiten bei Viertaktmotoren, können Standardsensoren verwendet werden. Wegen den besonderen Anforderungen: Auswertung des Niederdruckteiles (z.B. 5 bar) des Verbrennungsdruckes (z.B. 140 bar) müssen jedoch besondere so genannte Umschaltadapter verwendet werden.

Kapitel 4

- Ein automatischer Umschaltadapter enthält ein 3-Weg-Ventil, das durch den Verbrennungsdruck automatisch umgeschaltet wird. Überschreitet der Kompressionsdruck den Steuerluftdruck (z.B. 5bar), wird das Ventil automatisch umgeschaltet, wonach der Drucksensor nur noch den Steuerluftdruck misst. Fällt der Expansionsdruck unter den Umschaltdruck, schaltet das Ventil wieder um, und es wird der Niederdruckteil (Gaswechseldruck) des Verbrennungsdruckes gemessen.

4.4.1.3 Beschleunigungskompensierte Drucksensoren hoher Eigenfrequenz

Jeder massebehaftete Sensor wird ein Signal abgeben, wenn er eine Geschwindigkeitsänderung erfährt. Entsprechend dem zweiten Newton'schen Gesetz: „Kraft = Masse x Beschleunigung" wird – entsprechend der beschleunigten Masse – eine Massenkraft erzeugt. Da ein Drucksensor auch Kraft misst, erzeugt die Massenkraft von Membrane und Quarzelement ebenso elektrische Ladung wie die Druckkraft, kann jedoch von dieser nicht unterschieden werden.

Beim beschleunigungskompensierten Drucksensor wird – zusätzlich zum Druckmesselement – ein Beschleunigungsmesselement eingebaut. Die Abstimmung erfolgt derart, dass die Beschleunigungssignale beider Messelemente umgekehrt gleich groß sind und sich so bei Parallelschaltung zu null summieren. Abb. 4-7 zeigt einen beschleunigungskompensierten Drucksensor in Miniaturausführung mit hoher Eigenfrequenz (ca. 500kHz) und einer Beschleunigungsempfindlichkeit von weniger als 10^{-4} bar/g.

Abb. 4-7:
Schnitt durch den Drucksensor für hohe Frequenzen Typ 603B, mit patentierter Beschleunigungskompensation.
1 Gehäuse
2 druckempfindliches Quarzpaket
3 Membranpartie
4 Kompensationsmasse
5 Kompensationsquarz

Piezoelektrische Sensoren

Abb. 4-8 zeigt den Einfluss von Eigenfrequenz und Montageart. Diagramm (a) zeigt den Druckverlauf in einem Stoßrohr sehr unvollkommen. Die Eigenfrequenz des verwendeten Standardsensors (130 kHz) tritt stärker störend in Erscheinung. Durch Körperschall-Anregung erscheint die Störfrequenz vor dem Drucksprung (die Wellenfortpflanzungsgeschwindigkeit ist im Stahlrohr größer als in der Luft). Im Diagramm (b) dagegen wird dank der hohen Eigenfrequenz des Sensors und dank der Verwendung eines Kunststoffadapters die Eigenfrequenz des Aufnehmers nicht mehr angezeigt. Das Ergebnis ist ein einwandfrei gemessener Druckverlauf.

(a)   (b)

Abb. 4-8: *Einfluss von Beschleunigungskompensation, Sensoreigenfrequenz und Art des Montageadapters bei einem Drucksensor:*
(a) Sensor ohne Kompensation in Stahladapter, 130 kHz Eigenfrequenz
(b) Sensor mit Kompensation in Kunststoffadapter, 500 kHz Eigenfrequenz

4.4.1.4 Hochdrucksensoren für Hydraulik und Ballistik

Bei Hochdrucksensoren muss zwischen den Anwendungsgebieten Hydraulik und Ballistik unterschieden werden. Hohe Drücke bewirken auf jeden Fall hohe Materialbeanspruchung, speziell an der Membrane. Hohe Materialbeanspruchung bedeutet – wegen der begrenzten Wechselfestigkeit – eine begrenzte Lebensdauer.

Hochdrucksensoren für innenballistische Messungen sind grundsätzlich gleich konstruiert wie die bereits besprochenen Standard-Drucksensoren, jedoch anders dimensioniert. Die Lebensdauer von mehreren tausend Schüssen genügt für die vorgesehene Anwendung, würde aber beim Einsatz in Hydraulikpumpen (beispielsweise Einspritzpumpen von Dieselmotoren) als absolut ungenügend betrachtet.

Hochdrucksensoren für hydraulische Applikationen erfordern andere konstruktive Lösungen. Zum Ziel führte, nach vielen Versuchen, die membranlose Sensorkonstruktion gemäß Abb. 4-9.

Kapitel 4

Abb. 4-9:
Schematischer Schnitt durch die Frontpartie eines membranlosen Hochdrucksensors für Hydraulik

(Beschriftung: Körper, Elektrode, Quarzkristall-Messelement, Dichtfläche, Totvolumen, Membranhülse, Membrane)

Das Quarzkristall-Messelement wird bei dieser Lösung in ein geschlossenes Rohr eingebaut (Membranhülse), welches bei der Messung auf Außendruck belastet wird. Es muss sichergestellt werden, dass der Messdruck auf das ganze rohrförmige Messelement wirken kann. Diese Forderung ist bei der gewählten Konstruktion erfüllt. Durch Vergleichsversuche wurde ferner nachgewiesen, dass durch diese Konstruktionsart selbst sehr steile Druckanstiege, wie sie in Einspritzpumpen von Dieselmotoren vorkommen, praktisch unverfälscht wiedergegeben werden.

Hochdrucksensoren für ballistische Applikationen bis zu Drücken von 5.000 bar (in Einzelfällen bis zu 7.000 bar) sind grundsätzlich gleich aufgebaut wie der auf Abb. 4-9 gezeigte Sensor für Hydraulik, haben aber eine Membrane, die den zylindrischen Spalt abschließt. Die Wandstärke der erwähnten Membranhülse ist in diesem Falle wesentlich dünner. Abb. 4-10 zeigt einen Hochdrucksensor für 10.000 bar und mit so genannter Frontdichtung.

Abb. 4-10:
Hochdrucksensor für 10.000 bar mit Frontdichtung

4.4.1.5 Spezialsensoren für die Forminnendruckmessung beim Spritzgießen

Als Grundlage für eine verbesserte und automatisierte Prozesslenkung beim Spritzgießen von Plastomeren wurde Ende der 60er Jahre am Institut für Kunststoffverarbeitung in Aachen damit begonnen, die Formteilbildung von den Vorgängen im Werkzeug bis zum Hydraulikantrieb zu analysieren.

In die Untersuchung einbezogen waren mehrere Betriebe der plastikverarbeitenden Industrie, so dass es möglich war, ein breites Spektrum von Formteilen, Werkstoffen und Produktionsbedingungen in die Versuche einzubeziehen.

Für die ersten Versuche wurden die bekannten Drucksensoren mit Membrane verwendet (siehe Abb. 4-5 auf Seite 102), die sich jedoch im Verlauf der Untersuchungen als zu wenig geeignet erwiesen.

Die Lösung des Problems brachte das auf Abb. 4-11 gezeigte Konstruktionsprinzip. Die membranlosen Druckaufnehmer für plastische Formmassen bestehen aus drei Hauptelementen: dem Oberteil *a* mit integriertem Anschlusskabel, einem piezoelektrischen Messelement *c* und der äußeren Schutzhülse *b* von 4, 6 oder 8 mm Durchmesser, je nach Typ.

Abb. 4-11:
Drucksensor für plastische Formmassen

Der Ringspalt *d*, welcher bei einem Drucksensor klassischer Bauart mit einer dicht verschweißten Membrane abgedeckt ist, wird hier beim Einspritzen der Masse von einer Plastikschicht überzogen, wobei durch seine geringe Breite von weniger als einem Hundertstel Millimeter dafür gesorgt ist, dass auch niedrigviskose Massen wie Duroplaste oder Gummi nicht eindringen können. Das Plastikformteil bildet

Kapitel 4

also quasi eine Membrane, welche mit jedem „Schuss" erneuert wird. Die Lebensdauer eines derart konzipierten Drucksensors ist daher praktisch unbegrenzt. Seine Quarze liefern auch bei hohen Formtemperaturen (200°C) und Ausnützung des gesamten Messbereiches (0...2000bar) zuverlässige Signale. Das Spritzgut darf Temperaturen bis zu 300°C aufweisen.

4.4.2 Kraft- und Momentsensoren

Die folgenden Betrachtungen über Quarzkristall-Kraftsensoren sind zunächst auf die Messung einer Kraftkomponente gerichtet. Daran anschließend wird auf Mehrkomponenten-Kraftmesselemente und -Dynamometer eingegangen. In einem weiteren Kapitel werden Sensoren für Momente vorgestellt.

4.4.2.1 Messung einer Kraftkomponente

Piezoelektrische Kraftsensoren sind für das Messen von Kräften wegen ihrer kalibrierten Ausführung, kleinen Bauweise und grossen Steifigkeit einfach in der Anwendung. Bei sachgemäßem Einbau sind sehr schnell Messergebnisse mit guter Genauigkeit erzielbar.

Eine für die praktische Anwendung sehr geeignete Form ist die so genannte Messunterlegscheibe, wie auf Abb. 4-12 gezeigt. Die ringförmige Grundplatte 1 hat angedrehte, dünne zylindrische Wände. Zwei Quarzplatten 3 werden über die ringförmige Deckplatte 2 unter leichter Vorspannung gehalten, weil die Deckplatte unter Vorspannung mit den Gehäusewänden verschweißt wird. Das Ausgangssignal wird durch die zwischen den Quarzplatten liegende Elektrode 4 aufgenommen und auf den Stecker 5 geleitet.

Abb. 4-12:
Messunterlegscheibe

Die Quarzplatten für Messunterlegscheiben werden für den Longitudinaleffekt geschnitten. Die nominelle Kraftempfindlichkeit beträgt daher -2,30pC/N. Weil die Gehäusewände einen Kraftnebenschluss darstellen und wegen der Wechselwirkung zwischen der Quarzplatte und den krafteinleitenden Flächen, ist die typische Empfindlichkeit einer eingebauten Quarzplatte für den Longitudinaleffekt etwa

Piezoelektrische Sensoren

-2pC/N. Da zwei Quarzplatten elektrisch parallel geschaltet sind, ergibt dies für den Sensor eine typische Empfindlichkeit von -4pC/N.

Messunterlegscheiben werden meist zwischen zwei geschliffenen Stahlplatten eingebaut und mit einem zentralen Vorspannbolzen je nach Bedarf vorgespannt. Sollen nur Druckkräfte gemessen werden, hält man die Vorspannung klein, d.h. nur gerade so groß, wie es die mechanischen Gegebenheiten für die Festigkeit der Anordnung erfordern. Sollen auch Zugkräfte gemessen werden können, wird eine höhere Vorspannung gewählt. Messunterlegscheiben, die bereits zwischen zwei Stahlmuttern vorgespannt sind, ergeben so genannte Kraftmesselemente (engl. force link), siehe Abb. 4-13. Damit können sowohl Druck- wie auch Zugkräfte gemessen werden. Weil diese Sensoren nach dem Vorspannen kalibriert werden, gilt die so ermittelte Empfindlichkeit auch nach dem Einbau in eine Messanordnung.

Abb. 4-13:
Piezoelektrisches Kraftmesselement für Druck- und Zugkraft.
M: Messunterlegscheibe
B: Spezialmuttern
Db: Dehnbolzen

Messunterlegscheiben und Kraftmesselemente haben dank ihrer großen Steifigkeit eine hohe Eigenfrequenz und somit einen weiten nutzbaren Messfrequenzbereich. Je nach der Masse und den elastischen Eigenschaften des Messaufbaus sind Eigenfrequenzen von mehreren kHz bis weit über 10kHz hinaus erreichbar.

4.4.2.2 Mehrkomponenten-Kraftmesselemente und -Dynamometer

Mehrkomponenten-Kraftsensoren werden vorwiegend mit Sensorelementen aus Quarz gebaut. Der Aufbau ist gleich wie bei den im vorhergehenden Kapitel beschriebenen Einkomponenten-Kraftsensoren, nur werden entsprechend der Anzahl der zu messenden Komponenten mehr Quarzscheiben eingebaut.

Kapitel 4

Dreikomponenten-Kraftsensoren enthalten ein für den Longitudinaleffekt geschnittenes Quarzplattenpaar für die Normalkomponente und je ein für den Schubeffekt geschnittenes Quarzplattenpaar für die beiden Schubkomponenten. Weil die Schubkräfte durch Reibung übertragen werden, müssen diese Sensoren immer unter genügender mechanischer Vorspannung eingebaut werden. Abb. 4-14 zeigt den Aufbau eines Dreikomponenten-Kraftsensors, mit dem die drei Komponenten einer beliebig angreifenden Kraft gemessen werden können.

Abb. 4-14:
Aufbau eines Dreikomponenten-Kraftsensors

Mehrkomponenten-Kraftsensoren werden meist nicht einzeln, sondern in Gruppen zu drei oder vier Sensoren in so genannte Dynamometer oder Messplattformen eingebaut. Dabei wird von der Eigenschaft piezoelektrischer Sensoren Gebrauch gemacht, dass Sensoren gleicher Empfindlichkeit direkt elektrisch parallel geschaltet werden können und dass das erhaltene Ausgangssignal der algebraischen Summe der einzelnen Kräfte entspricht. Abb. 4-15 zeigt ein Dreikomponenten-Dynamometer, das auf vier Dreikomponenten-Sensoren aufgebaut ist. Die Ausgänge für die jeweiligen x- bzw. y- bzw. z-Achsen der vier Sensoren sind elektrisch parallel geschaltet. Die Sensoren werden so ausgewählt, dass ihre Empfindlichkeiten in den je drei Achsen innerhalb enger Toleranzen gleich sind. Deshalb wirkt das Dynamometer als ein einziger Dreikomponenten-Kraftsensor, der die drei Komponenten der angreifenden Kraft unabhängig von ihrem Angriffspunkt misst.

Zweikomponenten- und Dreikomponenten-Kraftmesselemente für Axialkräfte von ±2,5 kN bis 120 kN, Querkräfte in x- und y-Richtung (senkrecht zur Axialkraft) von ±2,5 kN bis 100 kN finden Anwendung bei der Schnittkraftmessung an Werkzeugmaschinen, bei Untersuchungen von Handwerkszeugen und bei biomechanischen Untersuchungen in Sport und Medizin.

Abb. 4-15:
Drei-Komponenten-Schnittkraftdynamometer

Rotierende Schnittkraftdynamometer werden zum Forschen und Optimieren in der zerspanenden Metallbearbeitung eingesetzt. Rotierende Radkraftdynamometer, die ohne Änderungen am Fahrzeug montiert werden können, messen die Kräfte und Momente beim Abrollen des Reifens auf der Fahrbahn in bzw. um drei Achsen. Piezoelektrische Kraftsensoren werden auch eingesetzt, um Verkehrsströme zu erfassen und statistisch auszuwerten. Mehrkomponenten-Kraftsensoren werden erfolgreich auch in so genannten Prall- oder Crashwänden in der Automobilindustrie eingesetzt.

Eine weitere Anwendung von Kraftsensoren sind Impulshämmer, die beispielsweise in der experimentellen Frequenz- und Modalanalyse zum Anregen von Strukturen verwendet werden. Dabei ist im Hammerkopf ein einachsig messender Kraftsensor eingebaut, der mit verschieden harten Schlagspitzen versehen werden kann, um die spektrale Anregung an das jeweilige Messproblem anpassen zu können.

4.4.2.3 Sensoren für Momente

Momente können mit einer auf Abb. 4-16 gezeigten Anordnung gemessen werden. Quarzscheiben, welche für den Schubeffekt geschnitten sind, werden in einem Kreis so angeordnet, dass die schubempfindliche Achse jeder Quarzscheibe tangential zum Kreis liegt. Dieser Sensor muss wiederum unter hoher Vorspannung eingebaut werden, damit die Schubkräfte durch Reibung übertragen werden können.

Ein auf den Sensor wirkendes Moment erzeugt in den Quarzscheiben Schubspannungen. Weil alle Quarzscheiben elektrisch parallel geschaltet sind, ist das totale Ausgangssignal proportional zum wirkenden Moment.

Kapitel 4

Abb. 4-16:
Anordnung von Quarzplatten für den Schubeffekt zum Messen eines Momentes

4.4.3 Beschleunigungssensoren

4.4.3.1 Prinzipieller Aufbau von Beschleunigungssensoren

Piezoelektrische Beschleunigungssensoren bestehen im Wesentlichen aus drei Elementen: dem Sensorgehäuse, dem piezoelektrischen Messelement und der seismischen Masse. Als Sensorelemente werden für Beschleunigungssensoren vor allem Quarz und piezoelektrische Keramiken verwendet. Für Vibrationsmessungen bei hohen Temperaturen (bis über 600 °C) werden auch Turmalin und Lithiumniobat benützt. Abb. 4-17 zeigt diesen prinzipiellen Aufbau eines modernen Beschleunigungssensors mit Sensorelementen für den Schubeffekt.

Abb. 4-17:
Schematischer Aufbau eines Beschleunigungssensors mit einem Sensor-Element für den Schubeffekt

Da die seismische Masse m konstant ist, entspricht – gemäß dem zweiten Newton'schen Gesetz $F = m \cdot a$ – die auf das Messelement wirkende Kraft der Beschleunigung. Das piezoelektrische Element gibt eine der Kraft und damit auch der Beschleunigung proportionale elektrische Ladung ab.

Piezoelektrische Sensoren

Bedingt durch die hohe Steifigkeit c des Messelements sowie dessen geringe seismische Masse m weisen piezoelektrische Beschleunigungssensoren relativ hohe Eigenfrequenzen f_0 auf, gemäß

$$f_0 = \frac{1}{2\pi} \cdot \sqrt{\frac{c}{m}} \tag{4-5}$$

Dabei werden für einfache Betrachtungen die Dämpfungsterme nicht berücksichtigt – piezoelektrische Sensoren weisen eine sehr geringe Dämpfung auf und beeinflussen obige Formel nur unwesentlich.

4.4.3.2 Beschleunigungssensoren für allgemeine Anwendungen

Das Hauptanwendungsgebiet piezoelektrischer Beschleunigungssensoren sind Schwingungsmessungen an Maschinen und Strukturen. Die primären Kriterien für die Wahl eines Beschleunigungssensors sind dabei Bereich, Empfindlichkeit, Masse, Resonanzfrequenz und Betriebstemperaturbereich.

Vom Bereich und vom Betriebstemperaturbereich her gesehen kommt für normale Anwendungen eine große Zahl verschiedener Sensoren in Frage, es sei denn, dass Schockmessungen über 10.000 g oder Messungen bei Temperaturen über etwa 250 °C durchgeführt werden sollen.

Neben Beschleunigungssensoren, welche direkt an einen Ladungsverstärker angeschlossen werden, ist vor allem für Vibrationsmessungen auch eine sehr große Zahl von Sensoren mit eingebautem Impedanzwandler erhältlich. Solche Sensoren haben den Vorteil, dass anstelle eines hochisolierenden und rauscharmen Kabels ein völlig unkritisches Kabel verwendet werden kann, da das Ausgangssignal niederohmig als Spannungsänderung zur Verfügung steht. Der Nachteil von Sensoren mit Spannungsausgang besteht darin, dass der Bereich durch den eingebauten Impedanzwandler festgelegt ist und daher nachträglich nicht mehr nach Bedarf geändert werden kann. Zudem ist die untere Grenzfrequenz durch die Zeitkonstante des eingebauten Impedanzwandlers gegeben. Wegen der eingebauten Elektronik wird der Betriebstemperaturbereich auf etwa -40 bis 120 °C eingeschränkt; spezielle Sensoren sind bis 165 °C einsetzbar.

Beschleunigungssensoren für allgemeine Anwendungen sind oft hermetisch dicht, so dass sie auch bei rauen Umgebungsbedingungen eingesetzt werden können. Sensoren mit einer zusätzliche Masseisolation, welche die elektrische Verbindung zwischen dem Sensorgehäuse und dem Messobjekt unterbricht, verhindert so genannte Erdschlaufen und die damit verbundenen Probleme erfolgreich.

Kapitel 4

Neben den Beschleunigungssensoren für allgemeine Anwendungen gibt es zahlreiche Spezialsensoren zum Messen von Schocks, Vibrationen bei hohen Temperaturen oder für die experimentelle Modalanalyse.

4.5 Verstärker für piezoelektrische Sensoren

Da die vom piezoelektrischen Sensor erzeugte Ladung einer Messung nur schwer zugänglich ist, wird diesem eine Elektronik nachgeschaltet, die das Ladungssignal in ein der gemessenen physikalischen Größe proportionales Spannungssignal umwandelt. Dieses Umwandeln geschieht entweder mit einem Ladungsverstärker oder einem Impedanzwandler mit Kuppler. Bei den Ladungsverstärkern handelt es sich meist um separate Geräte, während Impedanzwandler häufig im Sensor eingebaut sind.

4.5.1 Ladungsverstärker

4.5.1.1 Allgemeines

Der Ladungsverstärker besteht im Wesentlichen aus einem invertierenden Spannungsverstärker mit hoher innerer Verstärkung und kapazitiver Gegenkopplung. Der Eingang ist mit einem MOSFET oder JFET bestückt, um den notwendigen hohen Isolationswiderstand und geringsten Leckstrom sicherzustellen. Der Verstärker wirkt als Integrator für die Eingangsströme bzw. Ladungsänderungen, die durch Belastungsänderungen am Sensor erzeugt werden. Durch die kapazitive Gegenkoppelung wird die Ladung des piezoelektrischen Sensors durch eine Ladung gleicher Größe, aber umgekehrten Vorzeichens kompensiert. Über dem Bereichskondensator C_r entsteht dadurch ein Spannungssignal U_o, das der Gesamtbelastung des Sensors proportional ist und sich problemlos weiterverarbeiten lässt. Abb. 4-18 auf Seite 117 zeigt die vereinfachte Schaltung des Ladungsverstärkers.

Im Grunde genommen ist der hier verwendete Ausdruck „Ladungsverstärker" physikalisch nicht korrekt, denn Ladung kann nicht verstärkt werden, nur Spannung. Richtigerweise müsste man vom „Ladungswandler" sprechen, dieser Begriff wird aber nur selten verwendet.

Piezoelektrische Sensoren

Abb. 4-18:
Prinzipschaltbild des
Ladungsverstärkers

4.5.1.2 Zeitkonstante und Drift

Zwei für die Praxis wichtige Eigenschaften des Ladungsverstärkers sind die Zeitkonstante und die Drift.

Die Zeitkonstante τ charakterisiert das Entladeverhalten des Bereichskondensators; sie gibt an, nach welcher Zeit die Spannung auf etwa 37% des Anfangswerts abgesunken ist. Grafisch lässt sie sich aus dem Schnittpunkt der Anfangstangente der Entladekurve des Kondensators mit der Zeitachse ermitteln, rechnerisch wird ihre Größe durch das Produkt der Kapazität C_r und des Zeitkonstantenwiderstands R_t bestimmt:

$$\tau = R_t \cdot C_r \qquad (4\text{-}6)$$

Um quasistatische Messungen durchführen zu können, wählt man den Widerstand R_t und damit die Zeitkonstante τ sehr groß; in der Praxis wird dem Bereichskondensator in diesem Fall kein Widerstand parallel geschaltet (Einstellung *Long*). Bei vielen Ladungsverstärkern kann man darüber hinaus durch Zuschalten entsprechender Zeitkonstantenwiderstände R_t auch eine mittlere (Einstellung *Medium*) oder kurze Zeitkonstante (Einstellung *Short*) gewählt werden. Diese Einstellungen ergeben eine AC-Kopplung, d.h., der Verstärker wirkt dann als Hochpassfilter. Die Zeitkonstante bestimmt in diesem Fall die untere Grenzfrequenz f_u, für die gilt:

$$f_u = \frac{1}{2\pi\tau} \qquad (4\text{-}7)$$

Die untere Grenzfrequenz ist definiert durch die Amplitudenabschwächung, die für sinusförmige Signale 3dB (etwa 30%) beträgt. Allerdings ist zu beachten, dass sich f_u beim Umschalten auf einen anderen Messbereich ändert. Angaben über die einstellbaren Zeitkonstanten und die entsprechenden unteren Grenzfrequen-

Kapitel 4

zen finden sich in den Betriebsanleitungen. Die kurzen Zeitkonstanten werden dann gewählt, wenn dynamisch gemessen wird, also beispielsweise beim Messen von Vibrationen. Bei langsamen Vorgängen müssen die Zeitkonstanten Medium oder Long gewählt werden, je nachdem, welche Signalabschwächung akzeptiert werden kann.

Am leichtesten verständlich wird das Verhalten eines Ladungsverstärkers durch den Vergleich mit dem Kathodenstrahloszilloskop: Die Einstellungen Medium und Short entsprechen der AC-Kopplung, während die Einstellung Long der DC-Kopplung entspricht – mit der Einschränkung, dass Drift auftritt.

Als Drift bezeichnet man eine unerwünschte Änderung im Ausgangssignal, die bei einer Messung über einen längeren Zeitraum auftritt. Diese Änderungen sind allerdings nicht von der Messgröße abhängig, sondern werden durch Leckströme verursacht, welche durch Differenzspannungen am Eingang des Ladungsverstärkers entstehen und selbst bei den besten MOSFETs und JFETs auftreten (MOSFET: <10fA, JFET: <100fA). Ein zu geringer Isolationswiderstand R_i am Eingang kann diesen Effekt verstärken. Solange der Isolationswiderstand im Gegenkopplungskreis ausreichend groß ist (>10TΩ) und kein zusätzlicher Zeitkonstantenwiderstand R_t parallel geschaltet ist, driftet der Ladungsverstärker nur langsam in die positive oder negative Begrenzung (MOSFET: <±0,03pC/s, JFET: <±0,3pC/s). Diese Drift, die unabhängig vom gewählten Messbereich ist, bestimmt daher auch die mögliche Dauer quasistatischer Messungen.

4.5.2 Sensoren mit Spannungsausgang

Sensoren mit eingebautem, miniaturisiertem Impedanzwandler werden als Sensoren mit Spannungsausgang bezeichnet. Sie verwenden die gleichen piezoelektrischen Messelemente wie Sensoren mit Ladungsausgang.

Die Schaltung besteht aus einen MOSFET mit hohem Isolationswiderstand (R_i > 100TΩ) und geringem Leckstrom (I_l < 100fA) am Eingang, sowie einem bipolaren Transistor (Verstärkung = 1) mit kleinem Ausgangswiderstand (≈ 100Ω). Sie funktioniert als Elektrometerverstärker. Die Schaltung wird mit einem konstanten Strom gespeist; ist das Eingangssignal gleich null, entsteht über dem Sensorausgang die so genannte Ruhespannung.

Die Ausgangsruhespannung ergibt sich als das Produkt aus dem konstanten Speisestrom und dem inneren Widerstand der Sensorschaltung. Die Empfindlichkeit eines piezoelektrischen Sensors mit Spannungsausgang beträgt näherungsweise

$$U_0 \approx \frac{1}{C_t + C_r + C_g} \qquad (4\text{-}8)$$

Piezoelektrische Sensoren

Der Bereichskondensator C_r wird so gewählt, dass man die gewünschte Spannungsempfindlichkeit in [mV pro mechanische Einheit] erhält. Der Zeitkonstantenwiderstand R_t bestimmt, zusammen mit der gesamten Kapazität am Eingang, die untere Grenzfrequenz, während die obere Grenzfrequenz von der Resonanzfrequenz des Sensors abhängt.

Wirkt auf den Sensor eine Belastung, erzeugt die vom Messelement abgegebene elektrische Ladung am Kondensator eine Spannung, die in eine dazu proportionale Widerstandsänderung am Ausgang umgewandelt wird. Da der Speisestrom konstant bleibt, ändert sich die Spannung proportional zur Messgröße. Ein solcher Sensor verhält sich also wie ein elektrischer Widerstand, der seinen Wert abhängig von der Messgröße ändert.

Die beschriebene Schaltung wurde rasch zu einem weitverbreiteten Standard bei Beschleunigungssensoren. „Sensoren mit Spannungsausgang", auch als „niederimpedante Sensoren" bezeichnet (vgl. Kapitel „Kuppler"), werden von einer Reihe von Herstellern unter dem jeweils eigenen Markennamen angeboten.

4.5.3 Kuppler

Sensoren, in die der Impedanzwandler integriert ist, benötigen zur Aufbereitung des Signals zusätzlich noch einen Kuppler. Dieser hat die Aufgabe, den Sensor mit einem Konstantstrom zu speisen und das Messsignal von der Ausgangsruhespannung zu entkoppeln. Damit der volle Bereich des Sensors ausgenutzt werden kann, muss die Speisespannung für den Kuppler ausreichend hoch sein.

Es empfiehlt sich daher, abgestimmte Kuppler zu verwenden, denn durch extreme Werte des Speisestroms (z. B. 20 mA) und zu niedrige Speisespannung (z. B. 18 VDC) kann der nutzbare Betriebstemperaturbereich oder der Messbereich des Sensors eingeschränkt werden.

Der Kuppler enthält eine Stromdiode, welche den Speisestrom konstant hält (je nach Sensortyp liegt dieser im Bereich zwischen 2 und 18 mA), und einen Kondensator, der die Ruhespannung vom Messsignal entkoppelt. Eine zusätzliche Diode schützt die Sensor-Schaltung vor falscher Polarität der Versorgungsspannung (20 bis 30 VDC) des Kupplers. Sensor und Kuppler können durch ein gewöhnliches, fast beliebig langes zweiadriges Kabel verbunden sein. Da der Widerstand in diesem Kreis sehr gering ist ($\approx 100\,\Omega$), werden solche Sensoren auch als „niederimpedant" bezeichnet. Dieses System ist praktisch unempfindlich gegen den Einfluss elektrischer und magnetischer Störfelder.

Kapitel 4

5 Induktive Aufnehmer

M. Laible

5.1 Einleitung

Bei den induktiven Aufnehmern gibt es nicht nur zahlreiche verschiedene Ausführungen auf dem Markt, es werden auch ganz unterschiedliche Verfahren verwendet: So gibt es Aufnehmer mit einer, zwei oder drei Spulen, es gibt berührungslose Aufnehmer, die mit niedrigen Trägerfrequenzen und solche, die mit hohen (über 500 kHz) Frequenzen betrieben werden. Weiter gibt es die magnetostriktiven Aufnehmer, die sich in den letzten Jahren ebenfalls ihren Platz erobert haben usw. In diesem Kapitel werden die am häufigsten verwendeten Systeme beschrieben.

5.2 Aktive induktive Aufnehmer

Aktive induktive Aufnehmer arbeiten nach dem elektrodynamischen Prinzip und erzeugen eine geschwindigkeitsproportionale Messspannung (Abb. 5-1).

Abb. 5-1:
Aktiver induktiver Aufnehmer (Prinzip)

Vom Aufbau her unterscheidet man elektrodynamische und Induktionsaufnehmer: Bei den Induktionsaufnehmern wird ein stabförmiger Permanentmagnet in der Spulenachse bewegt, bei den elektrodynamischen Aufnehmern dagegen bewegt sich eine Induktionsspule in dem Luftspalt eines Magnetssystems. Wie alle aktiven induktiven Messgrößenaufnehmer sind auch diese Geschwindigkeitsaufnehmer unmittelbar nur zum Messen einer Zustandsänderung, d.h. der Wegänderung pro Zeiteinheit (mm/s), und nicht des Weges selbst geeignet. Durch Nachschalten von integrierenden oder differenzierenden Verstärkerstufen können jedoch in einem relativ großen Frequenzbereich auch mit aktiven induktiven Aufnehmern Schwingungsamplituden und Schwingbeschleunigungen gemessen werden. Die wichtigsten Anwendungsgebiete solcher Schwingungsmessgeräte sind Maschinen- und

Fahrzeugschwingungen sowie Boden- und Gebäudeerschütterungen. Häufig werden aktive induktive Messgrößenaufnehmer in Form von Drehzahlsensoren auch für Winkelgeschwindigkeits- bzw. Drehzahlmessungen eingesetzt.

5.3 Passive Mehrspulensysteme mit Kern

Im Gegensatz zu den aktiven Aufnehmern müssen die passiven Induktivaufnehmer gespeist werden, und zwar mit Wechselspannung. Dafür sind diese Aufnehmer sowohl für statische als auch für dynamische Messungen geeignet. Das primäre Anwendungsgebiet der passiven Induktivaufnehmer ist die Wegmessung. Es werden vorwiegend Aufnehmer eingesetzt, die nach dem Differentialtransformator- oder dem Differentialdrossel-System arbeiten. Beide Systeme sind messtechnisch einander gleichwertig.

Abb. 5-2: *Differentialtransformator- (LVDT) und Differentialdrossel-Systeme*

Wegaufnehmer in Differentialtransformatorschaltung, so genannte LVDTs, (links in Abb. 5-2) stellen elektrisch einen Transformator mit einer Primärwicklung und zwei lose angekoppelten Sekundärwicklungen dar. Die Sekundärwicklungen sind räumlich auf gemeinsamer Achse hintereinander liegend angeordnet, die mit der Wechselspannung U_e gespeiste Primärspule kann entweder zwischen oder über den Sekundärspulen angeordnet sein. In Mittelstellung des Tauchankers ist die in beiden Sekundärspulen erzeugte Spannung gleich groß. Da beide Spulen elektrisch gegeneinander geschaltet sind, ist in dieser Kernstellung die Ausgangsspannung null. Durch Verschieben des Tauchankers wird die in den Sekundärspulen erzeugte Spannung ungleich und am Aufnehmerausgang eine der Verschiebung des Ankers proportionale Spannung U_a abgegeben, deren Höhe in weiten Bereichen durch Ändern der Windungszahlen einstellbar ist.

Induktive Aufnehmer

Wegaufnehmer nach dem Differentialdrossel-System (rechts in Abb. 5-2) stellen elektrisch eine Wheatstone'sche Halbbrücke mit veränderlichen, komplexen Widerständen dar, die durch eine ohmsche Halbbrücke im Verstärker ergänzt wird. Die Ausgangsspannung U_A der Brückenschaltung ist proportional der Kernverschiebung, die Ausgangsspannungen sind allerdings geringer als bei den Transformatorsystemen. Die elektrischen Daten sind meist so gewählt, dass ein Trägerfrequenz-Messverstärker für induktive Differentialdrossel-Aufnehmer durch einfaches Umschalten auch für Dehnungsmessstreifen verwendet werden kann. Es liegt daher nahe, dass in Anlagen mit wahlweisem oder gemischtem Einsatz von induktiven und ohmschen Aufnehmern bevorzugt mit dem Differentialdrossel-System gearbeitet wird.

Die typische Kennlinie eines induktiven Aufnehmers zeigt Abb. 5-3.

Abb. 5-3:
Kennlinie induktiver Wegaufnehmer

I_k = Kernlänge

Das Auflösungsvermögen induktiver Aufnehmer ist nahezu unendlich groß, sie wird theoretisch nur durch die Rauschspannung des Aufnehmers und der Elektronik begrenzt. Die kleinste noch messbare Bewegung liegt bei 10^{-5} mm. Allerdings treten bei solchen Messungen Probleme durch kleinste Temperaturänderungen auf (durch die Wärmeausdehnung der Werkstoffe). Als Trägerfrequenz werden für die unterschiedlichen Aufnehmer Wechselspannungen mit einer Frequenz zwischen 1 kHz und 500 kHz verwendet, verbreitet sind Aufnehmer für 5 kHz Trägerfrequenz.

Elektrisch wird die Messfrequenz meist auf weniger als 30% der Trägerfrequenz begrenzt. Zusätzlich sind der Messfrequenz durch die an dem bewegten Tauchanker auftretenden Beschleunigungskräfte Grenzen gesetzt. Besonders leichte und stabile Tauchanker können mechanisch für eine Beschleunigung bis zu 1000g ausgelegt werden, bei höheren Beschleunigungen besteht die Gefahr, dass Störungen durch Veränderungen der Magnetstruktur im Kern des Aufnehmers auftreten.

Kapitel 5

Der Arbeitstemperaturbereich induktiver Wegaufnehmer reicht je nach Bauart von tiefsten Temperaturen bis zu +150°C. In Sonderausführung können hermetisch dicht verschweißte Ausführungen bis zu Betriebstemperaturen von +300°C oder für den Einsatz in Druckwasser bis zu 500 bar gefertigt werden. Eine typische Kennlinie für die Linearitätsabweichung zeigt das Kalibrierprotokoll in Abb. 5-4.

Abb. 5-4:
Kennlinie eines typischen Wegaufnehmers

In der Praxis wird von den Herstellern zur Verbesserung der Linearität ein mechanischer Abgleich des Kerns durch Verdrehen vorgenommen. Abb. 5-5 links und rechts zeigt die Linearitätsabweichungen vor und nach einer solchen Korrektur.

Abb. 5-5: *Linearitätsabgleich eines Kerns (vorher/nachher)*

Induktive Aufnehmer

Daraus folgt, dass *Kerne niemals vertauscht werden dürfen*, da nur die originale Paarung von Kern und Gehäuse (= Spulen) die in den technischen Daten spezifizierten Kennwerte besitzt. In der Regel sind bei Vertauschungen starke Änderungen der Kennwerte die Folge!

5.3.1 Wegaufnehmer mit Tauchanker

Bei induktiven Aufnehmern mit Tauchanker ist der verschiebbare Tauchanker mit einer speziellen Beschichtung versehen, um die Reibung zwischen Kern und Kernkanal zu verringern; er wird oft lose mitgeliefert und fest mit dem bewegten Messobjekt verbunden. Derartige Wegaufnehmer werden serienmäßig für Nennmesswege von ±0,1mm bis zu ca. ±0,5m, also 1m Gesamthub, gefertigt. Durch den Einbau induktiver Empfindlichkeitstrimmer können die Aufnehmer abgeglichen werden.

Abb. 5-6: *Induktiver Aufnehmer mit Tauchanker*

5.3.2 Wegtaster

Eine wichtige Ergänzung der Wegaufnehmer mit losem Tauchanker stellen die Taster dar, bei denen der Tauchanker mittels Blattfeder in Kugellagern oder Gleitbuchsen axial geführt und durch eine Feder gegen das Messobjekt gedrückt wird.

Derartige Taster sind meist einfacher zu handhaben und einzubauen als Wegaufnehmer mit lose mitgeliefertem Tauchanker. Zu beachten ist jedoch, dass bei dynamischen Messungen eventuell ein Abheben der Tastspitze eintritt (Abb. 5-22 auf Seite 137).

Kapitel 5

Abb. 5-7: Wegtaster von HBM im offenen Zustand und zusammengebaut

5.4 Passive Einspulensysteme mit Kern

Nachteil aller Systeme mit zwei oder drei Spulen ist, dass die Kennlinie mehrdeutig ist: Sobald der Kern so weit herausgezogen bzw. hineingeschoben wird, dass das Ausgangssignal über das Minimum wieder ansteigt bzw. nach dem Maximum wieder fällt, existiert ein und dasselbe elektrische Signal für zwei verschiedene Wege. Einige Hersteller begrenzen daher den Verfahrweg des Kerns mechanisch, sodass dieser Fall nicht ohne Zerstörung des Aufnehmers eintreten kann. Eine andere Lösungsmöglichkeit ist die Verwendung nur einer Spule und eines Endanschlages (Abb. 5-8). Dadurch wird das Signal bei herausgezogenem Kern null und kann andererseits nie über den Maximalpegel ansteigen. Problematisch ist bei dieser Lösung, dass das Ausgangssignal in diesem Falle stark nichtlinear wird. Dem muss mit einer entsprechenden nichtlinearen Wicklung entgegengewirkt werden. Fertigungstechnisch ist dies jedoch heute leicht möglich, da entsprechende Maschinen erhältlich sind, die ein Aufwickeln des Kerns in nichtlinearer Form nach einer vorgegebenen Funktion durchführen können.

Induktive Aufnehmer

Abb. 5-8: *Induktiver Aufnehmer mit nur einer Spule*

Um den Einfluss der Temperatur zu kompensieren, werden allerdings auch bei dieser Ausführungsform de facto zwei Spulen auf den Kern gewickelt, eine davon (R_E) wird bifilar gewickelt und hat daher keinen Einfluss auf die Messung. Da beide Spulen auf dem gleichen Träger sitzen, ist die Temperaturkompensation in der Praxis sogar noch besser als bei konventionell ausgeführten induktiven Aufnehmern. Darüberhinaus ist für den Hersteller der Abgleich des Aufnehmers einfacher, da das Ausgangssignal in weiten Grenzen durch die zwei Widerstände R_1 und R_2 eingestellt werden kann.

5.5 Berührungsfreie Wegaufnehmer

Eine weitere Möglichkeit der Wegmessung mit induktiven Aufnehmern ist die berührungsfreie oder tastlose Messung, wobei keinerlei mechanische Verbindung zwischen Messgrößenaufnehmer und Messobjekt besteht. Solche berührungsfreien Messungen sind besonders für dynamische und rückwirkungsfreie Messungen an kleinen oder in mehreren Richtungen gleichzeitig bewegten Objekten geeignet. Bei 5kHz Trägerfrequenz muss der abgetastete Teil des Messobjektes aus magnetisierbarem Stahl bestehen. Dagegen sprechen Aufnehmer mit höheren Trägerfrequenzen von 50kHz bis 500kHz auf alle elektrisch gut leitenden Metalle an.

Kapitel 5

5.5.1 Berührungsfreie Aufnehmer für niederfrequente Speisung

Berührungsfreie Aufnehmer, die nach dem Differentialdrossel-Verfahren arbeiten, sind insbesondere für kleine Wege ab 0,1 mm und je nach Aufnehmergröße bis zu ca. 3 mm Messweg geeignet. Die Linearität zwischen Messweg und Ausgangssignal wird entscheidend verbessert, wenn eine beidseitige Anordnung der Geber gewählt wird (Abb. 5-9).

Abb. 5-9:
Berührungsloser induktiver Aufnehmer mit beidseitiger Anordnung

Die zunächst sehr nichtlineare Kennlinie jeder einzelnen Spule enthält durch die Zusammenschaltung in der Wheatstone'schen Brücke einen linearen Abschnitt in der Mittelstellung des Objekts. Dieser lässt sich jedoch durch den Einsatz von Mikroprozessoren mit Linearisierungsrechnung deutlich vergrößern.

Abb. 5-10:
Kennlinie berührungsloser Wegaufnehmer mit zwei Spulen

— = Spule 1
— = Spule 2
--- = beide
–·– = Ideallinie

128

5.5.2 Induktive Aufnehmer nach dem Wirbelstromprinzip

Wird ein elektrisch leitendes Material vor eine Spule gebracht, so entsteht in diesem durch das elektromagnetische Feld der Spule ein Wirbelstrom. Dieser muss dem Feld Energie entziehen, um fließen zu können. Der Energieentzug bewirkt eine Vergrößerung des Wechselstromwiderstandes der Spule, der erfasst werden kann und damit ein Maß für den Abstand bildet: je größer der Abstand, desto schwächer der Effekt.

Abb. 5-11:
Wirbelstromprinzip

elektrisch leitendes Material

Leider ist die Funktion nicht linear, daher muss hier immer mit speziellen Verstärkern gearbeitet werden, die eine Linearisierungsrechnung vornehmen.

Abb. 5-12:
Messverstärker für Wirbelstromsensoren

Kapitel 5

In der Praxis wird dabei auch gleich eine Kompensation von Temperatureffekten vorgenommen, indem einmal der reine Wechselstromwiderstand zur Bestimmung des Abstandes gemessen wird und in einem zweiten Messkreis der Gleichstromwiderstand der Spule, der aufgrund des Temperaturverhaltens von Kupfer ein Maß für die Temperatur liefert. Die Speisung erfolgt hier mit Frequenzen im Bereich von 1 bis 2 MHz, der Messbereich beträgt ca. 0,5 mm bis über 10 mm bei einer Auflösung im µm-Bereich. Durch die hohe Messfrequenz sind hier auch hohe Messbandbreiten möglich, typisch sind 100 kHz.

5.5.3 Vor- und Nachteile berührungsfreier Systeme

So zweckmäßig und überzeugend die berührungsfreien Wegmessungen in zahlreichen Fällen sind, gegenüber Tauchankersystemen ist mit zusätzlichen Fehlermöglichkeiten zu rechnen. Dies liegt zum großen Teil daran, dass das nicht nach messtechnischen Gesichtspunkten ausgelegte Messobjekt in die elektrische Aufnehmerfunktion einbezogen wird. Ganz allgemein ist mit etwas größeren Linearitätsfehlern sowie temperaturbedingten Empfindlichkeitsveränderungen und Nullpunktdriften zu rechnen, was insbesondere präzise statische Messungen erschwert. Berührungsfreie Wegmessungen sind daher in erster Linie für Anwendungsfälle gedacht, in denen Tauchankersysteme von ihrer Technik her nicht eingesetzt werden können.

5.5.4 Anwendungen

Zu den zahlreichen Anwendungen zählen das Erkennen von Bauteiltoleranzen, Abständen oder Dicken, die Überwachung von Positioniervorgängen, von Verkippungen, Spaltdicken etc. in der Fertigung. Aber auch die Überwachung des Rundlaufs von Wellen, deren Verformung oder Schlag, sowie die Messung von Vibrationen ist eine Domäne dieses Aufnehmertyps.

5.6 Magnetostriktive Wegaufnehmer

Ein neueres induktives Verfahren verwenden die magnetostriktiven Aufnehmer. Bei diesem Sensor wirken mehrere Komponenten so zusammen, dass über die Messung einer Laufzeit der Weg bestimmt wird.

Induktive Aufnehmer

Abb. 5-13: Prinzip eines magnetostriktiven Aufnehmers (MTS-Sensor Technologie)

Das Prinzip zeigt Abb. 5-13: Der Impulsgeber im Sensorelement erzeugt einen Stromimpuls, dessen Magnetfeld durch den Wellenleiter im Inneren des Sensors läuft. Sobald dies auf den Positionsmagneten trifft, erzeugt das Aufeinandertreffen der Felder eine kurzzeitige Deformation der Molekularstruktur des Wellenleiters: einen (mechanischen) Dreh- bzw. Torsionsimpuls. Da dieser auf dem Wellenleiter zurückläuft, muss nur die Zeit bis zum Eintreffen gemessen werden, um den Abstand des Positionsmagneten zu bestimmen. Das magnetostriktive Verfahren ist deshalb eine Kombination aus berührungslosem induktiven Verfahren und einer Laufzeitmessung wie z.B. beim Ultraschallverfahren.

Vorteile

Selbst bei großen Messwegen ist eine hohe Auflösung erreichbar, die im Wesentlichen nur durch mechanische Änderungen des Aufnehmers unter Temperatureinfluß begrenzt wird. Es sind Aufnehmer für große Verfahrwege von bis zu 10 Metern erhältlich. Da es sich um ein absolutes Verfahren handelt, sind keine Referenzfahrten notwendig. Die Messung erfolgt berührungslos und verschleißfrei, zum Messen sind lediglich Kräfte zur Verschiebung des Magneten notwendig. Insgesamt handelt es sich um ein robustes System, das auch hohen Drücken widerstehen kann und bei dem das Ausgangssignal sowohl analog als auch direkt digital ausgegeben werden kann.

Kapitel 5

Nachteile

Die maximal mögliche Schockbelastung ist deutlich geringer als bei normalen induktiven Aufnehmern (typ. 20 g), evtl. können je nach Ausführung auch starke Vibrationen die Messung behindern. Da die gesamte Auswerteelektronik im Kopf des Aufnehmers untergebracht werden muss, ergibt sich ein gegenüber konventionellen Aufnehmern relativ hoher Preis und ein eingeschränkter Temperaturbereich.

5.7 Induktiv-potentiometrische Aufnehmer

Von verschiedenen Herstellern wird immer wieder versucht, unterschiedliche Prinzipien zu kombinieren, um die Vorteile in einem Aufnehmer zu realisieren, möglichst ohne die Nachteile der jeweiligen Verfahren zu übernehmen. So ist auch der induktiv-potentiometrische Sensor aus dem Bestreben entstanden, die Vorteile des potentiometrischen Verfahrens (einfach, preiswert) mit denen des induktiven (berührungslos, robust) zu kombinieren. Das Prinzip des Sensors ist aus Abb. 5-14 ersichtlich: In einem Aluminium-Ring werden von den Teilspulen Wirbelströme induziert. Diese Beeinflussung wird vom Verstärker erkannt und daraus die Position ermittelt.

Abb. 5-14:
Induktiv-potentiometrischer
Sensor von Micro-Epsilon

Vor-/Nachteile

Es handelt sich um ein preiswertes verschleißfreies Messprinzip, bei dem auch keine Verschmutzung der Leiterbahnen, kein Abheben des Kontaktes etc. auftreten kann. Allerdings kann der Aufnehmer nur mit dem dazugehörigen Spezialmessverstärker und auch nur mit kurzen Leitungen betrieben werden.

5.8 Beschleunigungsaufnehmer

Ein weiterer interessanter Aufnehmer mit induktivem Prinzip ist der Beschleunigungsaufnehmer. Obwohl in diesem Gebiet die piezoelektrischen Aufnehmer dominieren, haben induktive Systeme einen großen Vorteil: Sie können auch rein statisch eingesetzt werden. Die obere Grenzfrequenz der induktiven Systeme liegt allerdings bei nur einigen hundert Hertz. Das Prinzip zeigt Abb. 5-15, die Anordnung wird unterhalb der Eigenfrequenz betrieben. Wird das System oberhalb der Eigenfrequenz betrieben, erhält man einen Schwingwegaufnehmer; diese Art der Aufnehmer wird allerdings heute kaum noch verwendet.

Abb. 5-15:
Prinzip eines induktiven Beschleunigungsaufnehmers

Damit der Beschleunigungsaufnehmer einen möglichst hohen Frequenzbereich abdecken kann, werden alle Komponenten so klein wie möglich ausgeführt. In der Regel werden daher Spulen eingesetzt, die die Stellung einer (kleinen) Masse berührungslos erfassen. Die Aufnehmer erreichen dadurch Längen von nur zwei bis drei Zentimeter (Abb. 5-16).

Abb. 5-16:
Induktiver Beschleunigungsaufnehmer

Zur optimalen Dämpfung dieses Systems wird ein spezielles Öl eingefüllt. Deshalb ist die Temperaturabhängigkeit der Dämpfung gegebenenfalls zu beachten. Da die Aufnehmer auch rein statisch einsetzbar sind, können sie leicht mit Hilfe der Erdbeschleunigung (±1 g je nach Stellung des Aufnehmers) kalibriert werden.

Kapitel 5

5.9 Aufnehmer mit magnetoelastischem Prinzip

Ein ebenfalls induktives System, dass sich die Änderung der Permeabilität eines Werkstoffes zu Nutze macht, ist das in Abb. 5-17 gezeigte.

Abb. 5-17:
Aufnehmer mit magnetoelastischem Prinzip

Der Sensor wird zunächst wie ein DMS auf das Bauteil aufgeklebt. Bei einer Dehnung des Bauteils ändert sich die Permeabilität des Bändchens und damit das auf die zweite Spule übergekoppelte Signal. Der Vorteil des Systems liegt im hohen Ausgangssignal bei kleinen Dehnungen im Vergleich zum DMS. Die thermische Stabilität ist nicht ganz so gut wie bei DMS, allerdings besser als bei vergleichbaren piezoelektrischen Aufnehmern. Eine Anwendung in einem Kraftaufnehmer zeigt Abb. 5-18. Mit diesem Prinzip können Aufnehmer mit Nennlasten von 20 mN gebaut werden, z.B. zum Erfassen taktiler Kräfte von Robotergreifern. Das System erlaubt die Auflösung von Kräften bis herunter zu 10^{-5} N.

Induktive Aufnehmer

Abb. 5-18: Kraftaufnehmer mit ME-DMS

5.10 Weitere induktive Aufnehmer

Da induktive Prinzipien mit kleinen Kräften auskommen, finden sich verschiedene Aufnehmer für andere physikalische Größen als dem Weg auf dem Markt. So werden sowohl Kraftaufnehmer für kleine Kräfte, Druckaufnehmer für kleine Drücke oder Differenzdrücke als auch Drehmomentaufnehmer mit induktiven Messsystemen angeboten. (Auch die hier nicht behandelten Feinwaagen arbeiten oft mit einem induktiven Prinzip, allerdings in anderer Form als hier vorgestellt.)

Abb. 5-19:
Induktiver Differenzdruckaufnehmer (Prinzip)

Kapitel 5

Abb. 5-20:
Induktiver Kraftaufnehmer (Prinzip)

Da diese Aufnehmer zum einen nur für besondere Messbedingungen eingesetzt werden, z.B. für sehr kleine Drücke/Kräfte oder hohe Temperaturen, und zum anderen in ihren prinzipiellen Eigenschaften (Nichtlinearität, Einsatzbedingungen, Abgleich) den vorgestellten Wegaufnehmern sehr ähnlich sind, wird hier auf eine weitere ausführliche Behandlung verzichtet.

5.11 Einbauhinweise für Wegaufnehmer

Auch bei der Verwendung induktiver Aufnehmer müssen Sie einige Punkte beachten. Am wichtigsten ist ein sauberer mechanischer Einbau (Abb. 5-21).

Abb. 5-21: Fehler beim Einbau von Wegaufnehmern

Induktive Aufnehmer

Da bei induktiven Aufnehmern der Kern oft lose beiliegt, ist zuerst der mechanische Nullpunkt zu ermitteln, da sich die Kennlinie immer auf diesen *mechanischen Nullpunkt* und den *Nennmessweg* (oft in beiden Richtungen) bezieht. Andernfalls sind die technischen Spezifikationen bezüglich Genauigkeit und Linearität nicht mehr gültig! Da der mechanische Nullpunkt bei Systemen mit zwei bzw. drei Spulen gleichzeitig auch der elektrische Nullpunkt ist, müssen Sie zur Einstellung lediglich den Punkt finden, an dem das Ausgangssignal des Aufnehmers null beträgt. Bei allen anderen Systemen muss der Kern auf eine bestimmte Markierung gebracht werden, um den Nullpunkt am Messverstärker einstellen zu können.

Ein anderer Gesichtspunkt, der bereits genannt wurde, ist die maximale Beschleunigung (Abb. 5-22). Obwohl es Sonderausführungen für hohe Beschleunigungen bis 1000g gibt, liegt speziell bei Wegtastern die zulässige Beschleunigung des Messobjektes nur in der Gegend von einigen $10 m/s^2$, da sonst die Tastspitze abhebt. Dies ist allerdings stark von der Größe des Aufnehmers abhängig und aus den Datenblättern des Aufnehmers ersichtlich.

Abb. 5-22:
Mögliche Fehler bei hohen Beschleunigungen des Messobjektes

Insgesamt ist festzustellen, dass induktive Aufnehmer immer dann Verwendung finden, wenn hohe Anforderungen an die Robustheit des Messsystems gestellt werden. Selbst bei hohen Staub-, Schmutz- und Dampfkonzentrationen sowie in Flüssigkeiten oder bei Kernstrahlung ist ein einwandfreies Arbeiten möglich. Auch Vibrationen oder oszillierende Messgrößen bereiten den meisten Aufnehmern keine Probleme.

Nachteilig sind die prinzipbedingte erhöhte Empfindlichkeit gegenüber magnetischen Feldern und die Tatsache, dass immer Trägerfrequenzverstärker notwendig sind, je nach System auch mit unterschiedlich hohen Frequenzen und zusätzlicher Linearisierung.

Kapitel 5

6 Kapazitive Aufnehmer

M. Laible

6.1 Einführung

Kapazitive Aufnehmer zum Messen mechanischer Größen wurden schon seit Beginn der Messtechnik benutzt. Sie lassen sich anhand bekannter Formeln für den Kondensator leicht berechnen, und mögliche Störeffekte bleiben wegen des einfachen Aufbaus stets überschaubar. Sie sind vielseitig einzusetzen und lassen sich leicht speziellen Problemen anpassen. Von besonderem Vorteil ist ihre extrem große Empfindlichkeit, die Eignung für sehr schnell ablaufende Vorgänge und die Möglichkeit des Einsatzes bei hohen Temperaturen. Bei Schwingungsmessungen arbeiten kapazitive Aufnehmer meist berührungslos, wobei an den Werkstoff des schwingenden Teils lediglich die leicht erfüllbare Forderung gestellt wird, dass die Oberfläche elektrisch leitend sein sollte. Mit entsprechenden Verstärkern sind allerdings auch Messungen gegen Isolatorwerkstoffe möglich. Bei geeigneter Ausführung von Aufnehmer und Messverstärker, z.B. Verfahren mit Frequenzmodulation (Abschnitt 1.6.4 ab Seite 35), ist das Prinzip unempfindlich gegen Einstrahlungen (Zündfunken, Bürstenfeuer an Kollektormotoren, Lichtbogen an elektrischen Leistungsschaltern). Auch starke Magnetfelder oder Kernstrahlung spielen bei kapazitiven Systemen keine Rolle, das Prinzip ermöglich insgesamt sehr robuste Aufnehmer. Meist sind nur geringe Kräfte notwendig, um ein Signal zu erzeugen.

Dagegen bleibt vom Prinzip her der Nachteil bestehen, dass dieses Messverfahren empfindlich auf ungewollt in den Messkondensator eindringende Substanzen (Öl, Fett, Wasser) reagiert. Auch müssen die Zuleitungen verhältnismäßig kurz gehalten werden, damit die kapazitiven Effekte der Leitungen keine Störungen oder Verfälschungen bewirken. Darüber hinaus sind die Kabel extrem empfindlich gegen Quetschung, teilweise auch gegen Bewegung. Daher muss der Anschluss sehr sorgfältig erfolgen. Der Messbereich ist sehr klein und liegt im Bereich weniger Millimeter.

6.2 Bauformen

Für die Kapazität C eines Plattenkondensators nach Abb. 6-1 gilt

$$C = \varepsilon_{rel} \cdot \varepsilon_0 \cdot \frac{A}{d} \qquad (6\text{-}1)$$

Kapitel 6

Hierin ist ε_{rel} die Dielektrizitätszahl des zwischen den Platten befindlichen Materials (für Vakuum gilt ε_{rel} = 1, für Luft bei 0°C gilt ε_{rel} = 1,000585), ε_0 die elektrische Feldkonstante, A die Fläche einer Platte des Kondensators und d der Abstand der Platten.

Abb. 6-1:
Plattenkondensator

Bei kapazitiven Aufnehmern kann jede der drei Größen ε, A oder d veränderlich gemacht werden, um die gewünschte Umwandlung der zu messenden mechanischen Größe in eine Kapazitätsänderung zu erreichen.

Fall 1:

Zwischen den Platten des Kondensators wird ein Isolator verschoben (Abb. 6-2). Wegen der anderen Dielektrizitätskonstanten dieses Mediums ändert sich die Kapazität proportional zur Eintauchtiefe.

Abb. 6-2:
Signal durch Ändern des Dielektrikums

Das Verfahren ist zwar linear, leider jedoch schwierig zu realisieren: Die Flächen zwischen Dielektrikum und Platte müssen sehr glatt sein und dürfen nur wenig Reibung aufweisen. Dies ist in der Praxis nicht mit der erforderlichen Langzeitkonstanz zu erreichen, daher wird das Prinzip nur in Sonderfällen verwendet.

Fall 2:

Es wird der Abstand beider Platten zueinander geändert (Abb. 6-3). Nach diesem Prinzip werden die meisten kapazitiven Aufnehmer gebaut, weil sich hiermit sehr

Kapazitive Aufnehmer

einfache, berührungslos arbeitende Weg- oder Beschleunigungsaufnehmer realisieren lassen. Man kann auch die eine Platte als dünne Membran ausbilden, die sich unter der Einwirkung eines Drucks durchbiegt, um kapazitive Druckaufnehmer zu realisieren. (Dieses Prinzip verwenden auch Kondensatormikrofone.)

Abb. 6-3:
Signal durch Abstandsänderung

Die Kapazitätsänderung erfolgt *nichtlinear*, da in der hier gültigen Formel für die Kapazität die Größe Δd im Nenner steht (Gleichung 6-2).

$$C = \varepsilon \cdot \frac{A}{d + \Delta d} \qquad (6\text{-}2)$$

Es gibt jedoch viele Möglichkeiten für eine Linearisierung, sodass dieser Nachteil heute nicht überbewertet werden sollte. Wenn $\Delta d/d = 0{,}01$ ist, beträgt der Linearitätsfehler 1%; da aber die Empfindlichkeit mit dem Quadrat des Plattenabstands abnimmt, ist bei hoher Empfindlichkeit der ausnutzbare Bereich sehr klein. Dies kann man umgehen, wenn die Linearisierung durch einen nachgeschalteten Verstärker mit entsprechender Kennlinie bzw. einen Mikroprozessor vorgenommen wird.

Die Empfindlichkeit steigt umgekehrt proportional mit dem Quadrat des Plattenabstandes an. Bei kleinen Abständen lassen sich deshalb sehr große Werte erreichen.

Fall 3:

Hierbei werden die Flächen des Kondensators gegenseitig so verschoben, dass eine Änderung der wirksamen Fläche *A* zustande kommt (Abb. 6-4). Dieses Prinzip wird zur drehwinkelabhängigen Kapazitätsänderung (Drehkondensatoren) verwendet. Im Bereich der Sensortechnik ist dieses Prinzip jedoch aufgrund der mechanischen Einschränkungen nur bei Low-Cost-Aufnehmern zu finden: begrenzter Drehwinkel, bei guter Genauigkeit müssen entweder große Bauformen verwendet oder kleine Toleranzen eingehalten werden, die Verstellkräfte sind für kapazitive Aufnehmer verhältnismäßig groß.

Kapitel 6

Abb. 6-4:
Signal durch Flächenänderung

Fall 4:

Es wird die Dielektrizitätskonstante eines Mediums durch eine äußerlich einwirkende, mechanische Größe bei festen Abmessungen des gesamten Kondensators verändert.

Abb. 6-5:
Signal durch Ändern des Dielektrikums

Zum Beispiel ist für jedes Gas ε_{rel} - 1 (Suszeptibilitätszahl) proportional zum Druck und umgekehrt proportional zur absoluten Temperatur. Bei einigen Flüssigkeiten und Festkörpern (hier vor allem bei bestimmten Keramikmassen mit großer, relativer Dielektrizitätskonstante und bei bestimmten Kunststoffen) ändert sich ε_{rel} stark temperatur- und druckabhängig. Der Effekt ist leider häufig, wie schematisch angedeutet, nicht linear und noch dazu nicht hysteresefrei. Für Feuchtemessungen verwendet man ein hygroskopisches Dielektrikum. Es lassen sich so sehr kleine und zuverlässige Feuchtesensoren herstellen.

In Sonderfällen wird das Prinzip zum Messen der Schichtdicke von Kunststoffen oder Gewebebahnen sowie zur Bestimmung des Luftporenanteils von Schaumstoffen verwendet, wenn die Dielektrizitätskonstante des homogenen Materials bekannt ist.

Erwähnt sei noch, dass sich die Platten des Aufnehmers bei angelegter Spannung U mit der Kraft F anziehen (Gleichung 6-3).

$$F = \varepsilon \cdot \frac{A}{2} \cdot \frac{U^2}{d^2} \qquad (6\text{-}3)$$

Kapazitive Aufnehmer

6.3 Ausführungen kapazitiver Aufnehmer

Bei der Messung von Abständen wird deutlich, dass das Prinzipschaltbild nicht mit der Realität übereinstimmt: Durch die unterschiedlich großen Plattenflächen von Sensor und Objekt ergeben sich Randeffekte, die die Messung stören. Daher werden die Aufnehmer mit einer „Abschirmung" versehen, die in der Regel sogar eine größere Fläche einnimmt als die aktive Fläche am Aufnehmer (Abb. 6-6).

Randeffekte stören die Messung

Abb. 6-6:
Vermeidung von Randeffekten

„Abschirmung" des Messelementes

Abb. 6-7 zeigt die Realausführung eines kapazitiven Aufnehmers von Capacitec.

Sensor
Sensorisolator
Schutzring   Isolator
Arretierstift (2)
Einschraubgewinde
Isolator
Koax-Kabel

Abb. 6-7: *Capacitec HPT-Serie mit Gewinde*

Der Messbereich des Aufnehmers ist abhängig vom Durchmesser, d.h. der Plattenfläche. Bei einem Sensorkopfdurchmesser von 1 mm wird ein Außendurchmesser von ca. 4 mm und ein Messbereich von ca. 0,5 mm erreicht. Die maximalen Messbereiche liegen bei knapp 10 mm, hierbei liegen die Außendurchmesser der Aufnehmer bei 25 mm. Selbstverständlich sind auch andere Bauformen erhältlich, z. B. die in Abb. 6-8 gezeigte „Knopfzelle" mit seitlichem Kabelabgang.

Kapitel 6

Abb. 6-8:
Kapazitiver Aufnehmer als
„Knopfzelle"

Zur Messung von Luftspalten wurde von Capacitec das Messsystem Gapman entwickelt, das auf einer Kunststofffolie von nur 0,2 mm Dicke zwei gegenüberliegende kapazitive Sensoren enthält, die leicht in einen Luftspalt eingeführt werden können und so berührungslos und verschleißfrei den Abstand von z.B. Walzen messen (Abb. 6-9).

Abb. 6-9:
Messsystem Gapman
zur Messung eines
Luftspaltes

Als weiteres Beispiel sei hier ein keramischer kapazitiver Einkammer-Differenzdrucksensor (Abb. 6-10) genannt [24]. Es treten dabei Druckdifferenzen $P_2 - P_1$ von 5 mbar bis 3000 mbar auf, wobei P_1 und P_2 (Prozessdruck) mehr als 100 bar betragen können. Liegt ein Differenzdruck an, so werden die Membranen z.B. wie dargestellt nach rechts ausgelenkt und damit C_1 und C_2 verändert. Um ein möglichst großes Ausgangssignal bei kleiner Temperaturabhängigkeit zu erreichen, wird der Aufnehmer aus Keramik hergestellt, die sich fast bis zum Bruch linear elastisch verhält. Während die Druckdifferenz sich proportional zu $\frac{1}{C_1} - \frac{1}{C_2}$ verhält, ist die Summe $\frac{1}{C_1} + \frac{1}{C_2}$ ein Maß für die Temperatur und für den beidseitig anliegenden Druck am Sensor. Sie kann zur Kompensation dieser Einflüsse mittels eines Mikroprozessors ausgenutzt werden. Die Empfindlichkeit ist proportional zu den Federkonstanten der Membranen, unterschiedliche Membranen haben keinen Einfluss auf die Linearität des Sensors und seine Temperaturabhängigkeit.

Kapazitive Aufnehmer

Abb. 6-10:
Kapazitiver Differenzdrucksensor

Der Temperatureinfluss entsteht ausschließlich über Änderungen der Dielektrizitätskonstanten der Flüssigkeit, mit der der Aufnehmer gefüllt ist (bei Silikonöl ungefähr 1%/10K). Die Membranen lassen sich bis zu einer Dicke vom 150µm schleifen. Die Oxydkeramik zeigt bei mechanischer Belastung keinerlei Kriechen, sie kann Temperaturen bis ca. 1000°C widerstehen und ist zudem auch beständig gegen korrosive Flüssigkeiten. Die Elektroden werden in Dickschichttechnik mittels Siebdruckverfahren aufgebracht, die Kapazitäten betragen etwa 400pF. Die Nichtlinearität ist ca. ±0,1% vom Messbereich, es wurden aber auch schon Aufnehmer mit Nichtlinearitäten von ±0,02% realisiert. Die Temperaturabhängigkeit lässt sich mit Hilfe einer entsprechenden Auswerteschaltung auf 0,1%/10K begrenzen.

Ein anderer, von CERL-Planer entwickelter, so genannter kapazitiver Dehnungsmessstreifen [25], besteht aus zwei Stahlbändern, die mit unterschiedlichen Krümmungen übereinander befestigt sind (Abb. 6-11).

Abb. 6-11:
Kapazitiver DMS
von CERL-Planer

Kapitel 6

Die Stahlbänder sind aus Nimonic-Legierung hergestellt. Zwei Platten aus Platin sind je an einem der Bögen so befestigt, dass sie sich gegenüberstehen und einen Kondensator bilden. Der Aufnehmer wird mit Punktschweißung an den Enden der Bögen am Messobjekt befestigt. Der Aufnehmer wird mit Punktschweißung an den Enden der Bögen am Messobjekt befestigt. Durch dessen Dehnung ändert sich der Abstand der Platten und damit die Kapazität des Kondensators. Die elektrische Verbindung der Kondensatorplatten zur Messleitung ist mit dünnen Drähten aus Nichrome von 0,1mm Durchmesser ausgeführt. Der gesamte Messbereich des Aufnehmers beträgt ±0,5% seiner ungedehnten Länge. Durch Vordehnen in einer Richtung kann der Bereich auf insgesamt 1% vergrößert werden. Dieser kapazitive Dehnungsaufnehmer hat den Vorteil, dass seine Empfindlichkeit durch Temperaturänderungen nicht wesentlich beeinflusst wird. Nachteilig ist, dass Staubpartikel und Schmutz, die zwischen die Kondensatorplatten geraten, die Messergebnisse verfälschen. Es ist deshalb im Allgemeinen eine Kapselung gegen Staub erforderlich.

Eine weitere Möglichkeit ist die Verwendung des Prinzips zur Realisierung eines Beschleunigungsaufnehmers. Hierbei wird eine der Platten als bewegliche Masse konstruiert, deren Abstand von der anderen gemessen wird. Solche Aufnehmer lassen sich heute mikromechanisch fertigen (ähnlich Abb. 7-2 auf Seite 148) und zusammen mit der Elektronik in einem Gehäuse integrieren. Abb. 6-12 zeigt einen solchen Aufnehmer der Fa. Temic, der mit Messbereichen von ±1g bis ±3g erhältlich ist und eine Bandbreite von 0 bis 10kHz bei einem Gewicht von 16 Gramm aufweist.

Abb. 6-12:
Kapazitiver Beschleunigungsaufnehmer

7 Weitere Aufnehmerprinzipien

M. Laible

7.1 Einführung

In diesem Kapitel werden zunächst die piezoresistiven bzw. Halbleitersensoren behandelt. Einige Beispiele zur Anwendung erläutern dabei die Vor- und Nachteile der verschiedenen Systeme. Anschließend wird für optische Systeme ein kurzer Überblick über einige der am Markt erhältlichen Systeme gegeben, da insbesondere bei der Wegmessung optische Prinzipien verwendet werden, andererseits aber auch in anderen Bereichen optische Aufnehmer interessante Lösungsansätze bieten.

7.2 Piezoresistive Sensoren

Bei einer Dehnung wird sowohl bei Dehnungsmessstreifen als auch bei piezoresistiven Aufnehmern der k-Faktor durch Gleichung 1-4 bzw. Gleichung (Seite 9) bestimmt. Während jedoch bei DMS die geometrische Formänderung ausschlaggebend ist (80%), wird bei Halbleitern der k-Faktor durch die Änderung des spezifischen Widerstandes bestimmt. Der k-Faktor kann hier Werte von über 100 erreichen gegenüber 2 beim DMS, daher ist das Ausgangssignal wesentlich höher. Allerdings weisen Halbleiter-DMS eine starke Temperaturabhängigkeit sowie eine nur in einem kleinen Bereich lineare Kennlinie auf. Solange die Halbleiter-DMS in einer Wheatstone'schen Brückenschaltung aus einem Trägermaterial herausgeätzt werden, können durch diese Schaltung der Temperaturgang des Nullpunktes sowie kleine Nichtlinearitäten eliminiert werden. Eine weitere Verminderung der Effekte wird meist durch aktive Kompensation erreicht: So wird in der Regel die Temperatur des Substrates mit gemessen und in der Auswerteschaltung der Temperatureffekt des k-Faktors sowie weitere, von der Wheatstone'schen Brückenschaltung nicht mehr kompensierte Abweichungen unterdrückt. Mit den heute verfügbaren Methoden der Ätztechnik können auch geometrische Formen, z.B. Biegebalken aus dem Halbleiter geätzt werden, in die dann die DMS eindiffundiert werden. So lassen sich preisgünstige Aufnehmer in großen Stückzahlen herstellen.

Abb. 7-1 bis Abb. 7-3 zeigen Prinzip, Labormuster und reale Ausführung eines piezoresistiven Beschleunigungssensors.

Kapitel 7

Abb. 7-1:
Piezoresistiver Beschleunigungssensor (Prinzip)

Halbleiter-DMS
seismische Masse
Halbleiter-DMS

Abb. 7-2:
Piezoresistiver Beschleunigungssensor (Labormuster)

Abb. 7-3:
Piezoresistiver Beschleunigungssensor von EuroSensor (Computer Controls Ltd.)

Auf dem Markt finden sich auch sehr viele piezoresistive Drucksensoren. Hierbei gibt es im wesentlichen drei Ausführungsformen:

Weitere Aufnehmerprinzipien

1. "Ungeschützte" Sensoren, bei denen der Sensor nicht oder nur durch einen Schutzlack bzw. Silikongel vom Medium getrennt wird (Abb. 7-4).
2. Sensoren, bei denen eine Schutzmembran den Druck aufnimmt und über eine Ölfüllung an das eigentliche Messelement weitergibt (Abb. 7-5).
3. Sensoren, bei denen das Sensorelement auf einem Träger (Keramik, spezielle Kunststoffe oder Metall) aufgebracht ist, der mit dem Medium direkt in Kontakt steht (Abb. 7-6 auf Seite 150).

Abb. 7-4:
Piezoresistive Druckaufnehmer von EuroSensor („ungeschützt")

Abb. 7-5: Druckaufnehmer mit Halbleitersensor (Detail rechts) und Ölfüllung

Kapitel 7

Abb. 7-6:
Sensor mit Keramikmembran und Druckanschluss aus PVDF von BD Sensors

Dabei haben alle Verfahren Vor- und Nachteile aus messtechnischer Sicht:

1. Bei ungeschützten Aufnehmern dürfen nur bestimmte Medien mit dem Sensor in Kontakt kommen. Unkritisch sind z.B. Anwendungen im Windkanal, da hier „saubere" Luft vorhanden ist. In industriellen Atmosphären muss jedoch geprüft werden, ob der Schutzüberzug des Sensors den vorhandenen Gasen standhält. Dies ist für einige Gase durchaus gegeben, nähere Informationen sind vom jeweiligen Hersteller des Sensors zu erhalten. Vorteilhaft ist, dass diese Sensoren sehr preiswert herstellbar sind.

2. Durch die Ölfüllung der Druckvorlage (Silikonöl) entsteht eine zusätzliche Fehlerquelle, da die Eigenschaften des Öls (Viskosität) temperaturabhängig sind. Zu beachten ist außerdem, was bei einer Beschädigung der meist dünnen Membran mit dem Öl passiert, inwieweit nur bestimmte Ölfüllungen zulässig sind (Lebensmittelbereich, Medizintechnik) oder was aufgrund einer Verschmutzung des Mediums mit dem Öl passieren kann. Nicht zuletzt sind eine ganze Reihe dieser Aufnehmer (wie in Abb. 7-5 zu sehen) mit Dichtungen aus Gummi versehen, die je nach Medium nur begrenzte Zeit halten. Es sind allerdings auch Ausführungen ohne Dichtungen auf dem Markt (höherer Preis!), bei denen die Verbindungen z.B. mit Elektronenstrahlschweißen hergestellt wurden. Da bei aufwändigeren Sensoren auch die Signalverarbeitung in den Sensor integriert werden kann, sind komplette Messketten erhältlich, bei denen durch entsprechende Kompensation auch messtechnisch hohe Qualitäten erreicht werden.

3. Bei diesen Ausführungen liegt das Hauptproblem in der Verbindung der Membranwerkstoffe mit dem Gehäuse bzw. Anschluss. Je nach gewählten Werkstoffen und Verbindungsarten, z.B. mit Dichtungen, gilt hier Ähnliches wie unter Punkt 2. Allerdings sind hier auch Aufnehmer am Markt, bei denen durch neuere Werkstoffe (PVDF = Polyvynilidenfluorid) oder Kleben als Verbindungstechnik diese Probleme umgangen werden. Vorteilhaft ist, dass auch für hochaggressive Atmosphären oder für spezielle Anforderungen, z.B. in der

Weitere Aufnehmerprinzipien

Medizin- oder Lebensmitteltechnik, geeignete Werkstoffe als Membranwerkstoff gewählt werden können. Auch hier sind trotz dieser erhöhten Anforderungen durchaus günstige Sensoren auf dem Markt.

Zusammenfassend lässt sich festhalten, dass zwar piezoresistive Sensoren im Allgemeinen höhere Messabweichungen haben als DMS-Aufnehmer, dass aber die Preise dafür um einiges niedriger liegen als bei konventionellen DMS-Aufnehmern. Durch die Verwendung anderer Materialien können jedoch neue Anwendungsgebiete erschlossen und bei der Kombination mit aktiven Schaltungen zur Signalverarbeitung durchaus auch Messabweichungen unter 0,1% erreicht werden.

7.3 Optische Sensoren

Auch beim Messen mechanischer Größen gibt es heute eine Vielzahl von Sensoren, die mit optischen Prinzipien arbeiten. Die insbesondere im Bereich der Längenmesstechnik verbreiteten Verfahren werden im zweiten Teil dieses Abschnittes ab Seite 158 besprochen. Darüber hinaus sind auch faseroptische Sensoren für die verschiedensten Anwendungen erhältlich, von denen hier exemplarisch einige Beispiele gezeigt werden sollen.

Hauptvorteil dieses Sensortyps ist, dass er auch in explosionsgefährdeten Bereichen eingesetzt werden kann, da keine Ströme fließen.

7.3.1 Faseroptische Sensoren

Lichtwellenleiter bestehen aus einer dünnen Glasfaser mit hoher Brechzahl, die mit einem Stoff mit kleinerer Brechzahl umhüllt ist. So entsteht an der Grenzfläche zwischen beiden Totalreflexion, wodurch das Licht im Kern fortgeleitet wird. Abhängig vom Aufbau des LWL (Differenz der Brechzahlen von Mantel und Kern und dessen Durchmesser) unterscheidet man grob zwischen Monomode- und Multimode-LWL (Abb. 7-7).

Abb. 7-7: Aufbau von Lichtwellenleitern

Kapitel 7

In der Praxis werden allerdings auch andere Formen verwendet, so lässt sich z.B. der Übergang zwischen Kern und „Mantel" so gestalten, dass der Brechungsindex der Faser zunimmt. Damit wird der Lichtstrahl de facto in den Lichtleiter „zurückgebogen", nicht reflektiert. Bei Monomode-Lichtwellenleitern sind die Kerndurchmesser kleiner als 10μm, Multimode-Lichtwellenleiter haben meist Kerndurchmesser von ca. 50μm. Bei den Monomode-Fasern kann sich die Lichtwelle unterhalb der so genannten Grenzwellenlänge über mehrere Wege (Moden) ausbreiten; oberhalb der Grenzwellenlänge ist nur ein Ausbreitungsweg (eine Mode) möglich. Bei Multimode-Fasern herrscht dagegen im gesamten Spektralbereich Vielmodigkeit. Man teilt deshalb auch die faseroptischen Sensoren in Multi- und Monomod-Sensoren ein. Interferometrisch arbeitende Glasfasersensoren haben eine Empfindlichkeit, die direkt proportional der Glasfaserlänge ist, auf welche die zu messende Größe einwirkt. Es entsteht zwischen dem Licht in der Sensorfaser und in der Referenzfaser eine Phasenverschiebung. Beim derzeitigen Stand der Entwicklung lassen sich Phasenverschiebungen von 10^{-6} rad nachweisen. Das entspricht einer Längenänderung der Glasfaser von nur rund 10^{-13} m.

Eine Anwendung, bei der die Rückstreuung als Maß für den Abstand verwendet wird, zeigt Abb. 7-8. Licht, das aus der Stirnfläche eines LWL austritt, wird an einer gegenüberliegenden Fläche reflektiert, von einem zweiten LWL aufgenommen und zu einem Detektor geleitet.

Abb. 7-8:
Abstandsmessung mit Lichtwellenleiter

Das Verhältnis zwischen Aus- und Eingangsintensität ändert sich entsprechend dem auf den Durchmesser D des LWL bezogenen Abstands l.

$$\frac{I_1}{I_2} = f\left(\frac{l}{D}\right) \tag{7-1}$$

Damit lassen sich bevorzugt kleine Abstände mit hoher Empfindlichkeit messen.

Weitere Aufnehmerprinzipien

Wird die reflektierende Fläche als Membran ausgebildet, so entsteht ein Drucksensor mit hoher Steifigkeit (Abb. 7-9). Durch das verwendete Prinzip lässt sich der Sensor auch unter hohen Temperaturen (bis 600°C) einsetzen und verträgt hohe Überlasten, da die Membran für die Messung nur gering verformt und damit beansprucht wird. Von Vorteil ist weiterhin, dass keine bewegten Teile im Sensor verwendet werden und auch keine Flüssigkeiten (Silikonöl o. Ä.) verwendet werden.

Abb. 7-9:
Drucksensor von FOS Messtechnik (Prinzip)

Eine Anwendung zur Temperaturmessung zeigt Abb. 7-10.

Abb. 7-10:
Temperatursensor mit Luminiszenzschicht

153

Kapitel 7

Am Ende eines Multimode-LWL ist ein Aluminium-Gallium-Arsenid-Kristall angebracht; durch die Faser wird das Licht einer LED mit etwa 750nm zum Kristall geleitet. Das Lumineszenzlicht, dessen Zusammensetzung temperaturabhängig ist, wird über einen Koppler zu einem Detektor geführt. Hier werden durch Interferenzfilter zwei schmale Spektralbänder bei 800nm und 900nm herausgefiltert. Ihr Intensitätsverhältnis ist eine Funktion der Temperatur und damit unabhängig von Schwankungen der LED, Änderungen des Faserkabels oder der Koppelstellen. Es können Temperaturen zwischen 0°C und 200°C mit einer Auflösung von 0,1°C mit einer Genauigkeit von 1°C gemessen werden

Eine Anwendung mit Monomode-LWL ist das Faser-Bragg-Gitter aus Abb. 7-11. Hier wird zunächst ein Teil der Faser freigelegt und dann dort mittels optischer Interferenz zweier Laserstrahlen ein Gitter eingebrannt.

Abb. 7-11:
Faser-Bragg-Gitter im Lichtwellenleiter

Dadurch ändert sich der Brechungsindex dieses „Gitterabschnitts", durch den festen Abstand ergibt sich für eine bestimmte Wellenlänge eine Dämpfung des Signals (Abb. 7-12).

Abb. 7-12:
Transmissionsspektrum eines Faser-Bragg-Gitters

Weitere Aufnehmerprinzipien

Für die kritische Wellenlänge gilt:

$$\lambda_{Bragg} = 2 \cdot n_{eff} \cdot \Lambda \qquad (7\text{-}2)$$

Sensoren nach diesem Prinzip können direkt die Dehnung messen, die ein Bauteil aufgrund von Belastung erfährt. Falls unterschiedliche Gitterabstände in einer Faser verwendet werden, können auch mehrere Messstellen in einem Leiter realisiert werden. Auf dem Markt finden sich Aufnehmer in verschiedenen Ausführungen nach diesem Prinzip, einige Beispiele zeigt Abb. 7-13.

Abb. 7-13: Messverstärker mit Faser-Bragg-Sensoren der Firma Telegärtner Gerätebau GmbH

Nach einem ganz anderen Prinzip arbeiten die so genannten Faserkreisel, die ebenfalls LWL verwenden und zur Positionsbestimmung bei größeren Wegstrecken geeignet sind, wenn keine GPS-Daten verfügbar sind (Tunnel, Untertagebau). Bei diesen Aufnehmern wird der Sagnac-Effekt ausgenutzt: Ein Teil des Lichts geht *gegen* den Uhrzeigersinn durch die Glasfaserspule, ein zweiter Teil wird über den Koppler *im* Uhrzeigersinn durch die Spule geschickt (Abb. 7-14 auf Seite 156). Solange die Spule in Ruhe ist, gelangen beide Strahlen gleichzeitig zum Fotodetektor. Sobald jedoch die Glasfaserspule z.B. eine Drehbewegung im Uhrzeigersinn erfährt, ist der Lichtstrahl im Gegenuhrzeigersinn bevorzugt, da er eine kürzere Wegstrecke durchlaufen muss, es kommt zu einem Laufzeitunterschied. Dieser Unterschied ist direkt proportional zur Winkelgeschwindigkeit.

Kapitel 7

Abb. 7-14:
Sagnac-Effekt

Eine Realausführung eines solchen Wegaufnehmers zeigt Abb. 7-15, die Gehäuseabmessungen betragen nur 100 mm x 66 mm x 21 mm (Abbildung rechts).

Abb. 7-15: *Faserkreisel µFORS der Firma Litef*

Weitere Aufnehmerprinzipien

7.3.2 Längenmessung über Korrelationsverfahren

Ein Verfahren, das auf der mathematischen Analyse beruht und erst durch den Einsatz leistungsfähiger Mikroprozessoren möglich wurde, ist die Bestimmung der Geschwindigkeit und damit der Länge eines Objektes mit der Korrelation. Hierzu wird die Oberflächenstruktur des Objekts über eine Optik auf zwei versetzt angebrachte Fotodetektoren abgebildet (Abb. 7-16).

Abb. 7-16:
Prinzip der korrelierenden Längenmessung

Da die Oberflächenstruktur nie völlig gleichmäßig ist, erscheinen die Unregelmäßigkeiten als Muster im Signal beider Fotodetektoren. Die Zeitverschiebung dieses Musters, das in beiden Fällen zwar identisch, aber nicht zeitgleich an den Detektoren auftritt, wird durch Berechnung der Korrelation erfasst.

Als Beispiel ist in Abb. 7-17 der Sensor CORREVIT® L400 der CORRSYS GmbH zu sehen.

Abb. 7-17:
CORREVIT® L400,
Fahrversuch

Kapitel 7

Bei einem Arbeitsabstand (Abstand zur Optik) zwischen 270 und 530 mm und Geschwindigkeiten bis zu 10.000 m/min (600 km/h) erfasst der Sensor die gefahrene Strecke mit einer Messunsicherheit von 0,1%. Mit dem Sensor lässt sich jedoch auch die Länge von Kabeln und Profilen oder von Papier- oder Folienbahnen sowie Werte wie Schlupf und Dressiergrad beim Kaschieren von Papier und Folien messen (Abb. 7-18).

Abb. 7-18: Anwendungen des Sensors CORREVIT®

7.3.3 Sensoren mit Triangulationsprinzip

Neben der akustischen oder optischen Laufzeitmessung ist ein weiteres, weit verbreitetes Prinzip der Abstandsmessung die Triangulation. Wie Abb. 7-19 zeigt, wird ein Lichtstrahl auf ein Objekt gerichtet und von diesem diffus zurückgestreut. Dieses Streulicht wird von der Empfangsoptik eingefangen und mit einer lichtempfindlichen Fläche, meist einem CCD, wird die Einfallsrichtung detektiert. Daraus lässt sich der Abstand des Objektes berechnen.

Abb. 7-19:
Triangulationsprinzip

Weitere Aufnehmerprinzipien

Mit diesem Prinzip lassen sich durchaus Auflösungen bis zu 0,005% und Nichtlinearitäten bis zu 0,03% des Messweges erreichen, typische Messwege reichen von 1mm bis 200mm. Wie bei den berührungslosen induktiven oder kapazitiven Verfahren sind keine Kräfte zur Messung nötig, und es können hohe Messraten erreicht werden. Der Standard liegt meist bei 1kHz, es finden sich aber auch Systeme für über 10kHz auf dem Markt.

Nachteilig ist, dass das Signal nichtlinear ist, was jedoch im Sensor entsprechend korrigiert wird. Schwerer wiegt die Abhängigkeit von der Oberfläche des Messobjektes, die nur mit entsprechend aufwändigen Schaltungen im jeweiligen Sensor und entsprechender Justierung zu eliminieren ist. Vor der Verwendung eines Sensors muss daher geklärt werden, ob er mit dem vorhandenen Objektmaterial verträglich ist. Idealerweise sollte das Objektmaterial nur diffus reflektieren, nicht spiegeln. Nicht alle Sensoren decken von schwarzem Reifengummi bis zu hochglanzpolierten Metallen den gesamten Bereich ab. Auch kann Fremdlicht die Messung stören, je nach Aufnehmer sind oft nur bestimmte Lichtquellen (Tageslicht, Kunstlicht etc.) erlaubt. Vor allem bei Kunststoffen ist eine Messung problematisch, da die meisten Kunststoffe das Licht nicht an der Oberfläche reflektieren, sondern eine gewisse Eindringtiefe haben. Damit ist das Signal nicht mehr eindeutig, es ergibt sich eine (relativ) hohe Unsicherheit bei der Messung.

Selbstverständlich muss bei optischen Aufnehmern der gesamte Messweg sichtbar sein, es dürfen also keine Abschattungen auftreten, d.h., bei hohen Konzentrationen von Dampf o.Ä. ist ebenfalls keine Messung möglich.

Kapitel 7

8 Messverstärker

M. Laible

8.1 Einleitung

Alle Verfahren zum elektrischen Messen mechanischer Größen erfordern als erstes Glied der Messkette einen Messgrößenaufnehmer, der die Umformung der mechanischen Größe in ein elektrisches Signal vornimmt. Das gewonnene Signal liegt bei den meisten Aufnehmertypen in Form einer Spannung vor und ist der mechanischen Größe – innerhalb gewisser Fehlergrenzen – proportional. Allerdings ist im Allgemeinen der Pegel so gering, dass keine unmittelbare Verwertung möglich ist. Der Messverstärker als zweites Glied der Messkette hat nun die Aufgabe, diese im Millivoltbereich liegende Spannung möglichst fehlerfrei auf einen Pegel im Voltbereich zu verstärken. In welchem Maße der Verstärkungsvorgang zusätzliche Fehler bringt, geht im Wesentlichen aus den spezifizierten Daten eines Messverstärkers hervor. Zu den relevanten Daten, die bei dem später folgenden Vergleich zwischen Trägerfrequenz- und Gleichspannungs-Messverstärker noch näher erläutert werden, gehören vor allem das Übertragungsverhalten bei dynamischen Signalen, die temperaturabhängigen Änderungen sowie die Empfindlichkeit gegenüber äußeren Störeinflüssen.

Das elektrische Verfahren, nach dem eine solche Standard-Messkette arbeitet, kann sehr unterschiedlich sein und ist in erster Linie durch das physikalische Umformprinzip des Aufnehmers vorgegeben. So erfordern z.B. Aufnehmer, die nach dem induktiven Verfahren arbeiten, zwangsläufig die Nachschaltung eines Trägerfrequenz-Messverstärkers. Andere Aufnehmer, insbesondere diejenigen, die eine selbst erzeugte Spannung abgeben wie z.B. Thermoelemente, benötigen einen Gleichspannungs-Messverstärker.

Bei den resistiven Aufnehmern, deren bekanntester Vertreter der Aufnehmer mit Dehnungsmessstreifen (DMS-Aufnehmer) ist, kann sowohl ein Trägerfrequenz-Messverstärker (TF) als auch ein Gleichspannungs-Messverstärker (DC) eingesetzt werden, sodass sich die Frage stellt, welchem Verstärkerprinzip der Vorzug zu geben ist. Beide Verfahren weisen eine Reihe charakteristischer Eigenschaften auf, die sich je nach Aufgabenstellung vorteilhaft oder nachteilig auswirken.

Da diese beiden Verstärkerprinzipien in der Praxis eine sehr wichtige Rolle spielen, werden sie im Folgenden ausführlicher besprochen. Die für die piezoelektrischen Aufnehmer wichtigen Ladungsverstärker werden im Kapitel 4, *Piezoelektrische Sensoren*, ab Seite 95 erläutert. Weitere Erläuterungen dazu sowie zu

Kapitel 8

anderen Prinzipien finden sich auch in Abschnitt 1.6 in Kapitel 1 ab Seite 18. Abschnitt 8.5 ab Seite 176 beschließt dieses Kapitel mit Hinweisen zum EMV-gerechten Verschalten der Messkette.

8.2 Gleichspannungsverstärker

Die grundsätzliche Arbeitsweise eines Gleichspannungs-Messverstärkers in Verbindung mit einem DMS-Aufnehmer geht aus Abb. 8-1 hervor.

Abb. 8-1:
Prinzip eines Gleichspannungsverstärkers

Da der Aufnehmer ein passives Element ist, benötigt er zur Abgabe eines Messsignals eine Hilfsspannung, die so genannte Speisespannung. Diese Spannung, die z.B. 5 Volt beträgt, wird in einem hochstabilen Gleichspannungsgenerator erzeugt. Die Generatorspannung wird als Speisespannung der Vollbrückenschaltung des Aufnehmers zugeführt. Bei unbelastetem Aufnehmer ergibt sich als Ausgangssignal nur eine sehr geringe Spannung, die im Messverstärker elektronisch kompensiert wird (Nullsignalabgleich). Bei Belastung des Aufnehmers mit der zu messenden mechanischen Größe liefert die Brückenschaltung eine Spannung, die der mechanischen Größe proportional ist und deren Polarität wechselt, wenn das mechanische Signal seine Richtung ändert. Eine solche Richtungsänderung liegt z.B. vor, wenn bei einem Kraftaufnehmer eine Druckkraft in eine Zugkraft übergeht. Der Betrag der Spannung hängt von verschiedenen Parametern ab. Bei Verwendung eines Aufnehmers mit einem Kennwert von 2mV/V und der erwähnten Speisespannung von 5 Volt erhält man z.B. am Ausgang des Aufnehmers ein Signal von 10mV, wenn der Aufnehmer mit seiner Nennlast belastet wird.

Messverstärker

Das vom Aufnehmer abgegebene Signal wird nun der Eingangsstufe des Messverstärkers zugeführt. Die Eingangsstufe hat für drei Eigenschaften des Verstärkers eine besondere Bedeutung, nämlich für das Eingangsrauschen, die Nullpunktdrift und die Störunterdrückung. Um das Rauschen gering zu halten, werden spezielle Transistoren und Metallfilmwiderstände eingesetzt. Zur Verminderung der Nullpunktdrift werden spezielle Schaltungen mit „Differenzeingang" verwendet. Eine derartige Schaltung besitzt eigentlich *zwei* Eingänge und verstärkt nur die Differenz der beiden Eingangsspannungen, bezogen auf einen gemeinsamen, symmetrisch zu den Eingängen liegenden elektrischen Bezugspunkt. Da nun die in den beiden Eingängen entstehenden Driftspannungen die gleiche Polarität und annähernd gleiche Beträge haben, wird nur der geringe gegenseitige Unterschied verstärkt, der größere Teil der Driftspannung hingegen unterdrückt. Umgekehrt wird die Ausgangsspannung des Aufnehmers, die aus zwei symmetrisch zum Bezugspunkt liegenden gegenpoligen Teilspannungen besteht, voll verstärkt.

Diese unterschiedliche Verarbeitung von gleichphasigen Signalen einerseits und gegenphasigen Signalen andererseits bedingt allerdings auch ein gegensätzliches Verhalten bezüglich der auf den Messkreis eingekoppelten gleich- bzw. gegenphasigen Störspannungen, speziell gleichphasige werden hervorragend unterdrückt (Gleichtaktunterdrückung oder CMR, **c**ommon **m**ode **r**ejection). Mehr über die Störempfindlichkeit im Abschnitt 8.4.5 ab Seite 171.

8.3 Trägerfrequenzverstärker

Im Vergleich zur übersichtlichen Arbeitsweise des Gleichspannungs-Messverstärkers erscheint das Trägerfrequenzverfahren mit seinen mehrfachen Signalumformungen zunächst recht umständlich. Andererseits ergeben sich durch diese Umformungen eine Reihe systembedingter Vorteile.

In Abb. 8-2 auf Seite 164 ist das Blockschaltbild eines Trägerfrequenz-Messverstärkers mit angeschlossenem Aufnehmer wiedergegeben. In einem Wechselspannungsgenerator wird die Brückenspeisespannung von z.B. 5V erzeugt; Amplitude und Frequenz dieser Spannung sind hochstabilisiert, die Wechselspannung speist die Brückenschaltung des Aufnehmers. In gleicher Weise wie beim Gleichspannungs-Messverstärker beschrieben, entsteht bei Belasten des Aufnehmers mit einer mechanischen Größe am Aufnehmerausgang eine der mechanischen Größe proportionale Signalspannung in der Größenordnung von 10 Millivolt, hier allerdings eine Wechselspannung. In der Eingangsstufe des Verstärkers wird dieses Signal in den Voltbereich angehoben. Da hierbei nur eine Wechselspannung in einem relativ schmalen Frequenzbereich verstärkt werden muss, ergibt sich eine Reihe von technischen Vorteilen, auf die ich beim Vergleich der Einzeleigenschaften noch eingehe.

Kapitel 8

Abb. 8-2:
Prinzip eines Trägerfrequenzverstärkers

Die in der Eingangsstufe verstärkten Signale werden nun einem phasenkritischen Demodulator zugeführt und dort gleichgerichtet, d.h. in eine Halbwellenspannung umgewandelt. Durch einen Vergleich der Phasenlage mit derjenigen einer Referenzspannung, die entweder dem Generator – bei zeitgemäßer Technik jedoch der rückgeführten Brückenspeisung – entnommen wird, liefert der Demodulator die Halbwellen in einer bestimmten Polarität, die mit derjenigen des mechanischen Signals übereinstimmt. Die letzte Stufe besteht aus einem Tiefpass, der aus den Halbwellenamplituden eine geglättete Spannung erzeugt, die nunmehr dem Verlauf des ursprünglichen mechanischen Signals entspricht. Abb. 8-3 auf Seite 165 zeigt in schematischer Form den Gang eines Signals durch den Trägerfrequenz-Messverstärker und soll besonders die durch die phasenkritische Gleichrichtung gegebene eindeutige Polarität zwischen mechanischer Größe und Signalspannung verdeutlichen.

Zunächst eine Erläuterung von Abb. 8-3 (von links oben nach rechts unten): Die Brückenspeisespannung speist den Aufnehmer, auf den eine zeitlich veränderliche mechanische Größe einwirkt, deren Verlauf über dem Aufnehmer dargestellt ist. Die mechanische Größe bewirkt eine Verstimmung der Brückenschaltung. Bei einem Wechsel des Vorzeichens der mechanischen Größe springt die Phase des Ausgangssignals des Aufnehmers gegenüber der Speisespannung um 180° (Phasensprung). Eigentlich passiert hier genau dasselbe wie bei einem Umpolen der Speisespannung: Das Vorzeichen der Sinushalbwelle wird invertiert, das heißt, für die Wechselspannung ergibt sich ein Phasensprung.

Es lässt sich daher festhalten: Die Ausgangswechselspannung des Aufnehmers „trägt" im Verlauf der *Hüllkurven ihrer Amplituden* ein Abbild der zu messenden *mechanischen Größe* und in ihrer *Phasenlage* die Information über das *Vorzeichen*.

Messverstärker

Abb. 8-3: *Signalweg im TF-Verstärker*

Die im Millivoltbereich liegenden Aufnehmersignale werden in einem mehrstufigen Verstärker in den Voltbereich angehoben. Der Frequenzbereich des Verstärkers ist so ausgelegt, dass nur die Trägerfrequenz ± Bandbreite durchgelassen wird. Alle außerhalb dieses Bereiches liegenden Störfrequenzen – inklusive der eigenen Nullpunktdrift – werden unterdrückt (siehe auch Abb. 8-11 auf Seite 174). Im Demodulator erfolgt die phasenkritische Gleichrichtung, durch die das sinusförmige Trägerfrequenzsignal in eine Halbwellenkurve umgewandelt wird. Je nach Phasenlage gegenüber der Referenzspannung entstehen in der Gleichrichterschaltung positive oder negative Halbwellen. Der nachfolgende Tiefpass setzt die Amplituden des Trägerfrequenzsignals in geglättete Spannungssignale um, die der zu messenden mechanischen Größe entsprechen. Gleichzeitig bewirkt der Tiefpass die Aussiebung der jetzt nicht mehr erforderlichen Trägerfrequenz. Die Zeichnung in Abb. 8-3 ist in diesem Punkt stark übertrieben, der verbleibende Trägerrest

Kapitel 8

spielt für die Signalauswertung keine Rolle mehr, da typische Werte für die Trägerrestspannung unter 0,1% des Nennsignals liegen.

8.4 Vergleich der Verfahren

In den vorausgegangenen Abschnitten wurden die unterschiedlichen Arbeitsweisen der beiden Verstärkersysteme aufgezeigt. Bei einem Vergleich daraus resultierender Geräteeigenschaften und Daten müssen die Geräte in etwa den gleichen Bauaufwand aufweisen, d.h. einen vergleichbaren Preis und eine ähnliche Ausstattung haben. Bis zu einem gewissen Grade lassen sich nämlich systembedingte schwächere Eigenschaften durch einen entsprechenden Schaltungsaufwand verbessern, sodass der direkte Vergleich erschwert würde. Um jedoch auch eine Aussage über die Variationsbreite machen zu können, habe ich in einigen Beispielen verschiedene Gerätetypen – mit entsprechend unterschiedlichen Preisen – angegeben. Im Folgenden entspricht Typ I einem niedrigen Preislevel, Typ II ist ein ca. 2- bis 3-mal teurerer Laborverstärker. Die angegebenen Werte sind vorwiegend den jeweiligen Datenblättern entnommen.

Hierzu ein Hinweis: Oft finden sich Angaben wie „Werte bezogen auf das Signal am Eingang in µV/V", manchmal ergänzt durch die Indizes „SS" oder „Sp/Sp" für Spitze-Spitze. Eine solche Angabe lässt sich jedoch leicht nach Gleichung 8-1 umrechnen (Pegel für 1V Ausgangsspannung).

$$\frac{\text{angegebener Wert}}{\text{Messbereich}} = \text{Pegel}_{SS} \qquad (8\text{-}1)$$

Beispiel 8-1

Datenblattangabe: $50\,\mu V/V_{Sp/Sp}$ für den Messbereich $80\,mV/V$

$$\frac{50\,\mu V/V_{SS}}{80\,mV/V} \cdot 10V = 6,25\,mV_{SS}$$

Bezogen auf 10V Nennausgangssignal ergibt sich also ein Störpegel von $6,25\,mV_{SS}$. Dies entspricht z.B. für eine Rauschspannung einem „Band" der Größe 6,25mV, innerhalb dessen 95% der größten Spitzen der Störungen liegen; der durchschnittliche Pegel bzw. Effektivwert ist entsprechend kleiner.

8.4.1 Obere Grenzfrequenz

Die obere Grenzfrequenz eines Verstärkers ist definiert als diejenige Frequenz, bei der die Amplitude eines sinusförmigen Signals um 3dB gegenüber der Frequenz null, also einem statischen Signal, abfällt. Hier liegt einer der gravierendsten Unterschiede der beiden Systeme.

Tabelle 8-1: Obere Grenzfrequenz vergleichbarer TF- und DC-Messverstärker

Verstärker:	DC	TF: 225 Hz	TF: 600 Hz	TF: 5 kHz
f_g Typ I	10 kHz	10 Hz	80 Hz	1 kHz
f_g Typ II	100 kHz	30 Hz	200 Hz	2 kHz

Für den Gleichspannungs-Messverstärker ist auch der Wert von 100 kHz keine feste Grenze. Hinsichtlich der oberen Grenzfrequenz zeigt sich somit eine klare Überlegenheit des Gleichspannungs-Messverstärkers.

Für die messtechnische Praxis muss allerdings der Wert einer sehr hohen Grenzfrequenz relativiert werden [34]. Einmal sind mechanische Vorgänge mit sehr hohen Frequenzen äußerst selten. Sie treten z. B. auf bei Stoßwellenvorgängen in Flüssigkeiten oder bei anderen impulsartigen Abläufen. Weiterhin muss auch die obere Grenzfrequenz bzw. Kennfrequenz des verwendeten Messgrößenaufnehmers betrachtet werden. Selbst wenn sie hoch genug erscheint, muss geprüft werden, ob nicht im Einzelfall durch angekoppelte Massen diese Frequenzgrenze erheblich herabgesetzt wird. Nur bei einer Messung mit unmittelbar auf dem Messobjekt applizierten Dehnungsmessstreifen stellt sich dieses Problem nicht, da dieses Aufnehmerelement einen zu vernachlässigenden Einfluss auf die Grenzfrequenz der Messkette hat. Ein Großteil der dynamischen Vorgänge weist jedoch erfahrungsgemäß Frequenzen von maximal einigen hundert Hertz auf, sodass der 5kHz-Messverstärker fast immer ausreichend ist. Für die Messtechnik entscheidend ist auch eine andere Forderung: der Messfrequenzbereich sollte nicht wesentlich größer als der Nutzsignalbereich gewählt werden. In dem Übertragungsbereich, der *kein* Nutzsignal enthält, können schließlich nur unerwünschte Störspannungen in den Verstärker gelangen!

Das 5kHz-Verfahren bietet daher eine sehr gute Grundlage für einen Universalverstärker. Bei einer ausreichenden Grenzfrequenz gestattet es den wahlweisen Anschluss von induktiven Aufnehmern und Aufnehmern mit Dehnungsmessstreifen und weist gleichzeitig die des TF-Verfahrens auf.

Die niederfrequenten TF-Messverstärker sind aufgrund ihrer Grenzfrequenz von 10 bis 150 Hz eindeutig auf den Anwendungsbereich der statischen und quasistatischen Messprobleme begrenzt. Allerdings umfasst dieser Bereich sehr große und wichtige Bereiche der Messtechnik, in erster Linie die gesamte Wäge- und Dosiertechnik sowie statische Kraftmessungen in Prüfmaschinen und Prüfvorrichtungen aller Art. Eine Grenzfrequenz von z.B. 50 Hz ist auch völlig ausreichend, um eine Messung von Gewichtsänderungen bei Abfüllverwiegungen zu ermöglichen oder zügige Kraftänderungen in Werkstoffprüfmaschinen zu erfassen.

Kapitel 8

8.4.2 Impulswiedergabe

Bei einem schnellen Amplitudensprung des Eingangssignals von 0% auf 100% des Messbereiches folgt das Ausgangssignal nach einer gewissen Verzögerungszeit mit einer geringeren Anstiegssteilheit und benötigt anschließend noch eine gewisse Zeit, um in den vollständig eingeschwungenen Zustand zu kommen. Die Anstiegssteilheit hängt eng mit der Grenzfrequenz eines Verstärkers zusammen und ist die Zeit, die bei einem Amplitudensprung am Eingang benötigt wird, um die Ausgangsspannung von 10% auf 90% anzuheben. Tabelle 8-2 zeigt einen Vergleich der Impulsanstiegszeiten und des Überschwingens der betrachteten Messverstärker.

Tabelle 8-2: Impulsanstiegszeiten und Überschwingen

	DC	TF: 600 Hz	TF: 5 kHz
Anstiegszeit	4 µs	5 ms	0,3 ms
Überschwingen Typ I	1-5%	1-10%	5-10%
Überschwingen Typ II	0-5%	0-5%	0-5%

Die Gesamt-Einschwingzeit, also bis das Signal nach dem Überschwingen auf mindestens 99,9% eingeschwungen ist, wird von verschiedenen Faktoren beeinflusst, insbesondere von den Charakteristiken der verwendeten Filter. Abb. 8-4 zeigt Oszillogramme der Einschwingvorgänge für einen 600 Hz TF- und einen Gleichspannungs-Messverstärker. Detaillierte Informationen zum Überschwingen erhalten Sie aus den jeweiligen Datenblättern. Es hängt sehr stark von der Art und speziell Güte des verwendeten Tiefpassfilters ab, ob und wie stark ein Überschwingen auftritt.

Abb. 8-4:
Oszillogramme der Einschwingvorgänge

Messverstärker

Ähnlich wie bei der Frage der oberen Grenzfrequenz muss die längere Einschwingzeit des TF-Messverstärkers gegenüber dem Gleichspannungs-Messverstärker hinsichtlich ihrer praktischen Bedeutung bewertet werden. Die zu messenden mechanischen Systeme weisen in der Regel nämlich erheblich längere Einschwingzeiten auf, da immer Massenkräfte wirksam sind. Eine Impulsanstiegszeit von z.B. 1 ms ist bereits als sehr kurz anzusehen. Ausnahmen hiervon sind Schlagbeanspruchungen aller Art sowie Stoßvorgänge in Gasen oder Flüssigkeiten oder explosionsartige Abläufe. In gleicher Weise wie bei der oberen Grenzfrequenz einer Messkette muss jedoch auch hier der Aufnehmer mit seinem Einschwingverhalten in die Betrachtung einbezogen werden.

8.4.3 Temperatureinfluss auf Nullpunkt und Empfindlichkeit

Temperaturänderungen bewirken Parallelverschiebungen der Kennlinie des Verstärkers und damit auch Nullpunktverschiebungen, wie Abb. 8-5 schematisch darstellt.

Abb. 8-5:
Auswirkung einer Nullpunktänderung auf die Verstärkerkennlinie

Bei einer Temperaturänderung von 10K ändern sich im (unempfindlichen) Messbereich von 2mV/V die Ausgangsspannungen der verglichenen Messverstärker wie in Tabelle 8-3 in der ersten Zeile angegeben. Bei höherer Verstärkung steigt jedoch die Nullpunktdrift der Ausgangsspannung am DC-Verstärker proportional mit der Zunahme der Verstärkung an. Bei einem zehnfach empfindlicheren Messbereich mit der oberen Messbereichsgrenze von 0,2mV/V, d.h. dass ein mit 10% seiner Nennlast belasteter Aufnehmer mit Dehnungsmessstreifen den Messverstärker noch voll aussteuert, ergibt sich schon eine beachtliche Nullpunktdrift. Bei einem TF-Verstärker ist dies nicht der Fall. Daher sind hier im Allgemeinen sowohl höhere Verstärkungsfaktoren die Regel als auch kleinere Brückenspeisespannungen möglich. Letzteres ist speziell bei Messungen mit DMS an schlecht wärmelei-

Kapitel 8

tenden Materialien wichtig. Der Einfluss der Temperatur auf den Nullpunkt wird jedoch durch die *digital kontrollierten Verstärker mit Autokalibrierung* drastisch vermindert, sodass bei digitalen Messverstärkern TF- und DC-Prinzip in diesem Punkt gleichauf liegen; die Werte für digital kontrollierte Verstärker (mit Autokalibrierung) sind in Tabelle 8-3 zusätzlich aufgeführt.

Tabelle 8-3: Einfluss der Temperatur auf den Nullpunkt für $\Delta T = 10\,\text{K}$ bezogen auf ein Nennausgangssignal von 10V; MB = Messbereich

	DC	TF: 600Hz	TF: 5kHz	DC/TF digital
MB: 2mV/V	10mV	<4mV	<2mV	<1mV
MB: 0,2mV/V	100mV	<13mV	<8mV	<5mV

Der Einfluss der Temperatur auf die Empfindlichkeit würde eine Änderung der Steigung der Kennlinie bewirken (Abb. 8-6).

Abb. 8-6:
Auswirkung einer Empfindlichkeitsänderung auf die Verstärkerkennlinie

Seit der Einführung von hochintegrierten elektronischen Schaltungen ist dieser Fehler jedoch weitgehend verschwunden und liegt bei beiden Verstärkerarten in der gleichen Größenordnung. Daher kann der Fehler heutzutage meist vernachlässigt werden, er liegt in der Regel unter 0,1%.

8.4.4 Linearitätsfehler

Bei diesem Fehler gilt das Gleiche wie für den Einfluss der Temperatur auf die Empfindlichkeit: bei den heute verwendeten Schaltungstechniken kein Problem mehr. Die üblichen Linearitätsfehler liegen selbst für einfache Geräte zwischen 0,01% und 0,1%.

8.4.5 Einflüsse von elektromagnetischen Störungen

Elektromagnetische Störungen kommen über zwei Pfade in ein Messgerät: einmal über die Stromversorgung (leitungsgebundene Störungen) und zum anderen über Einstrahlungen auf die Anschlussleitungen für den Aufnehmer (strahlungsgebundene Störungen).

Die leitungsgebundenen Störungen lassen sich durch konstruktive Maßnahmen sehr stark unterbinden, indem ein sorgfältig ausgelegtes und dimensioniertes Netzteil verwendet wird. Obwohl der TF-Verstärker trotzdem weniger empfindlich ist als ein gleichartiger DC-Verstärker, ist diese Störquelle in der Praxis nicht mehr so bedeutend und kann bei Problemen durch zusätzliche Netzfilter oder USVs (unterbrechungsfreie Stromversorgungen) aus dem PC-Zubehörhandel eliminiert werden.

Strahlungsgebundene Störungen, also auf die Leitungen eingekoppelte Felder, lassen sich in so genannte „niederfrequente" (unter ca. 25 kHz) und hochfrequente Störstrahlung unterteilen. Speziell die hochfrequenten Störungen werden durch EMV-gerechten Aufbau und Verschaltung vermieden. Die Einflüsse der ersten Störart können durch Abschirmungen jedoch nur zum Teil eliminiert werden.

Zu den problematischen Anschlussleitungen zählen bei spannungsgespeisten Aufnehmern nur die Messleitungen, nicht die Speiseleitungen, da die Generatoren einen sehr niedrigen Innenwiderstand haben (nahe null Ohm) und eventuelle Störungen deshalb über den Generator abfließen. Dies ist genau umgekehrt zur Situation bei Stromspeisung: Hier hat der Generator einen sehr hohen Widerstand (er geht gegen unendlich), und alle Störungen fließen über den Aufnehmer ab, d. h., sie erscheinen im Messsignal. Dies ist der Grund, warum häufig Spannungsspeisung verwendet wird.

8.4.5.1 Einflüsse auf Gleichspannungsverstärker

Da der DC-Verstärker von null Hertz bis zu seiner Frequenzgrenze alles verstärkt, werden auch alle Störspannungen mitverstärkt, die in diesem Frequenzbereich liegen, und tauchen am Ausgang als Fehlerspannung auf. Dies fängt bei null Hertz mit der Empfindlichkeit gegenüber Thermospannungen oder galvanischen Spannungen an, die hier in voller Höhe in das Messergebnis eingehen (Abb. 8-7) und nur durch spezielle Schaltungsmaßnahmen (Umpolen der Speisespannung, Messen ohne Speisung bei Brückenschaltungen) erkannt werden können.

Kapitel 8

Abb. 8-7:
Übertragungsverhalten des DC-Verstärkers mit eingezeichneten Störungen

1 = Thermospannung
2 = Netzfrequenz
B = Bandbreite
f_g = Grenzfrequenz

Für den elektrischen Teil der elektromagnetischen Störungen liegt der Fall zunächst recht günstig: Sie werden durch eine Abschirmung des Kabels stark unterdrückt (über 100 dB, d.h. mit Faktor 1:100.000), und der verbleibende Rest kann durch die Gleichtaktunterdrückung bei *Differenzeingängen* praktisch eliminiert werden. Bei den heutigen Verstärkern liegt die Unterdrückung solcher Gleichtaktspannungen – sofern sie über Differenzeingänge verfügen – bei über 80 dB, das sind Faktoren größer als 1:10.000!

Leider ist dies für den magnetischen Anteil der elektromagnetischen Störungen nicht so. Die magnetischen Felder (speziell die „niederfrequenten") lassen sich durch eine normale Kabelabschirmung praktisch nicht beeinflussen. Lediglich teure Spezialkabel haben hier Schirmwirkungen des Mantels von ca. 40%. Es gibt aber eine andere Möglichkeit des Schutzes, den alle guten Messkabel ausnutzen: Ein Verdrillen der Leitungen bewirkt, dass das magnetische Feld aus der Sicht der Messleitungen von jeweils wechselnden Seiten kommt und somit die in die Leiterschleifen induzierten Ströme von Schleife zu Schleife entgegengesetzte Vorzeichen haben. Sind nun die Ströme jeweils eines Schleifenpaares gleich groß, so heben sie sich auf (Abb. 8-8).

Abb. 8-8:
Wirkung eines homogenen magnetischen Feldes auf Leiterschleifen

Messverstärker

Leider ist das nur der Fall, wenn das Feld homogen ist und die Schleifen alle gleich groß sind, was in der Praxis nicht gegeben ist. Daher bleibt ein Rest an Störspannung übrig, der im Messgerät u. U. verstärkt wird und dann als Fehler in Erscheinung tritt.

Einen Überblick über alle Störgrößen und ihren Einfluss zeigt Abb. 8-9.

Abb. 8-9: *Einfluss von Störungen beim DC-Verstärker*

8.4.5.2 Einflüsse auf Trägerfrequenzverstärker

Da beim TF-Verstärker nur ein bestimmtes Frequenzband für die Übertragung verwendet wird, besitzt dieser eine hervorragende Störunterdrückung. So werden Thermospannungen und ähnliche Gleichspannungsstörungen bei Trägerfrequenz völlig unterdrückt (Abb. 8-10).

Für die elektrischen Einstreuungen gilt dasselbe wie für Gleichspannungsverstärker: Durch Kabelabschirmung und geeignete Verstärkereingänge spielt dieser Einfluss in der Praxis keine Rolle mehr.

Anders als beim Gleichspannungsverstärker sieht es aber bei den Einkopplungen durch magnetische Felder aus. Unter normalen Anwendungsbedingungen machen sich bei DC-Verstärkern gerade die niederfrequenten Störungen (50Hz oder Oberwellen des Netzes) bemerkbar, während diese bei 5kHz Trägerfrequenz praktisch vollständig unterdrückt werden, da sie nicht im Übertragungsbereich lie-

173

Kapitel 8

gen (Abb. 8-10). Lediglich Störungen im Übertragungsbereich von ca. 3 bis 8 kHz wirken sich negativ aus – aber nicht mehr als beim DC-Verstärker im gleichen Frequenzbereich.

Abb. 8-10:
Übertragungsverhalten des TF-Verstärkers mit eingezeichneten Störungen

Amplitude (in %) 100

1 = Thermospannung
2 = Netzfrequenz
B = Bandbreite
f_T = Trägerfrequenz

☞ Um Störungen mehrerer TF-Verstärker untereinander durch leicht unterschiedliche 5kHz-Generatoren zu vermeiden, sollten Sie die Messgeräte synchronisieren.

Insgesamt wird der TF-Verstärker kaum oder gar nicht von Störungen beeinflusst, wie Abb. 8-11 zeigt. Dies ist der Grund, warum er so bevorzugt eingesetzt wird.

Stromleitung parallel zur Messleitung
Elektrische und magnetische Einflüsse der Stromleitung
Impulsstörung aus Netz **wenig Einfluss**

Thermospannung **kein Einfluss**

Gleichtaktstörung durch elektrische Übertragung **wenig Einfluss**
Gegentaktstörung durch magnetische Übertragung **wenig Einfluss**
Impulsstörung aus der Stromleitung **wenig Einfluss**

Abb. 8-11: *Einfluss von Störspannungen beim TF-Verstärker*

Messverstärker

Ein anderer Vorteil des Trägerfrequenz-Verfahrens liegt darin, dass das thermische Grundrauschen geringer ist als bei Gleichspannungsverstärkern. Dadurch lassen sich vor allem bei kleinen Signalbandbreiten wesentlich höhere Auflösungen erzielen (Abb. 8-12), da der Pegel der Rauschstörungen vom Prinzip her sehr klein ist.

Abb. 8-12:
Rauschspannungen bei verschiedenen Betriebsarten

Ein Nachteil der TF-Messverstärker ist, dass sich durch die Frequenzmodulation und -demodulation u. U. zusätzliche Abgleichprobleme ergeben: der kapazitive Nullabgleich und die Referenzphaseneinstellung. Dies ist durch die kapazitiven und resistiven Effekte des Kabels zwischen Aufnehmer und Verstärker bedingt. Hierdurch kommt es zu Phasenverschiebungen zwischen dem Generatorsignal und dem Signal der Messspannung. Wenn der Demodulator mit Hilfe der Phasenlage das Vorzeichen der Messgröße ermittelt, kann dies zu Problemen führen. Bei Messverstärkern in 6-Leiterschaltung wird jedoch in der Regel die rückgeführte Speisespannung und nicht die Original-Generatorspannung als Referenz zur Demodulation verwendet. Da bei der rückgeführten Speisespannung kein Phasenunterschied zur Messspannung vorhanden ist, entsteht auch kein Fehler.

8.4.5.3 Resümee

Als Konsequenz ergibt sich: Verlegen Sie nie Messkabel neben Stromkabeln! Der Mindestabstand sollte 50 cm betragen, selbst bei diesem Abstand sollte das Kabel jedoch noch magnetisch abgeschirmt werden, z. B. durch Verlegen in Stahlrohren.

Solange also der Frequenzbereich (Bandbreite) von Trägerfrequenz-Messverstärkern ausreicht, sind diese wegen ihrer geringen Störanfälligkeit zu bevorzugen.

Kapitel 8

Beispiel 8-2

Messleitung (unverdrillt) über 2 m parallel zu einer Starkstromleitung (entnommen aus [35]): Ein Motor mit einem Strom von 25 A wird in 100 µs eingeschaltet

☞ es ergibt sich eine Störspannung von 250 mV auf der Messleitung! (Aufnehmersignal bei DMS: max. 20 mV)

8.5 EMV-Schutz

Ein wichtiger Punkt für die Praxis ist jedoch nicht nur die Störunempfindlichkeit von Verstärkern, sondern auch das richtige Zusammenschalten der Messkette, um Störungen möglichst zu verhindern. Gerade in den letzten Jahren sind sowohl Störmöglichkeiten als auch Störspannungen kontinuierlich gestiegen. So sind durch den verstärkten Einsatz des PCs und anderer elektronischer Geräte wie Handys, Pager etc. eine Reihe von neuen Störquellen hinzugekommen. Um alle derartigen Einflüsse von vornherein gering zu halten und auch die von einem Gerät ausgehenden Störungen so weit wie möglich zu unterbinden, wurde die EMV-Norm geschaffen (EMV = **e**lektro**m**agnetische **V**erträglichkeit). Alle verwendeten Geräte sollten diesen Bestimmungen entsprechen, sodass weder eine Beeinflussung von außen (EMS, Störfestigkeit) noch durch die Geräte selbst (EMI, Störaussendung) erfolgen kann. Da alle in der EU seit 1996 verkauften Geräte diesen Bestimmungen entsprechen müssen, ist dies bei neueren Geräten gewährleistet (CE -Zeichen). Damit jedoch auch die Messkette EMV-fest ist, gilt es, einige Punkte zu beachten. Deshalb möchte ich das Prinzip des EMV-Schutzes hier kurz erläutern und die für die Praxis relevanten Folgerungen aufzeigen.

Die generelle Überlegung für einen wirksamen EMV-Schutz ist sehr einfach: Man nehme ein geschlossenes Gehäuse und baue alles ein! Leider ist dies für die Messtechnik etwas unbefriedigend, da ja nicht nur ein Verstärker, sondern auch Aufnehmer, Kabel, Anzeiger und weitere Auswertegeräte wie PC, Drucker etc. vorhanden sind, die sich nur schlecht oder gar nicht in ein „Gehäuse" einbauen lassen. Nun ist die Forderung auch nicht ganz wörtlich zu nehmen, sondern es ist ein elektrisch leitendes Gehäuse gemeint. Dies ist schon leichter zu realisieren, ja zum Teil bereits vorhanden: Aufnehmer sind oft in einem geschlossenen metallischen Gehäuse, das Kabel ist geschirmt, der Verstärker ist ebenfalls in einem Gehäuse etc. Damit nun diese verschiedenen Gehäuse nicht nur mehrere Einzelteile bleiben, sondern zusammenwirken und den Schutz gewährleisten, muss jedoch eine wichtige Bedingung erfüllt sein: Die Übergänge zwischen den einzelnen Teilen müssen *absolut geschlossen* sein und eine *Hülle* bilden, d.h., der Schirm des Kabels muss *flächig* aufgelegt sein und darf *auf keinen Fall* – wie früher üblich – mit einem Anschlusspin *innerhalb* des Steckers verbunden sein. Da dies auch heute noch vielfach falsch gemacht wird, ist dann eine *Änderung der Verdrahtung* oder die Verwendung anderer Stecker notwendig. Nun müssen deshalb nicht

Messverstärker

gleich alle alten Kabel weggeworfen werden, sondern es ist zunächst zu fragen, ob ein EMV-Schutz für die betreffende Messaufgabe überhaupt erforderlich ist. Wenn Sie mit einer bestimmten Anordnung bisher störungsfrei messen konnten, so ist – sofern nicht neue Störquellen in der Umgebung hinzukommen – nicht damit zu rechnen, dass Komplikationen auftreten. Oft lässt sich auch durch einen einfachen Austausch der Steckverbindungen die Forderung nach *flächig aufgelegtem Kabelschirm ohne Verbindung nach innen* erfüllen. Sollten Sie jedoch Störsignale messen, so ist auch eine Änderung der Verdrahtung oder die Anschaffung neuer, EMV-fester Messverstärker zu überlegen.

Für einen funktionierenden EMV-Schutz (Abb. 8-13) ist wichtig:

- Alle Teile der Messkette sollten sich in einem geschlossenen, EMV-festen Gehäuse befinden.
- Die Übergänge müssen eine flächenhafte Verbindung herstellen.
- Die Abschirmung darf an keiner Stelle in das Innere des Gerätes gelangen.
- Signalmasse sowie Erde/Abschirmung sollten getrennt behandelt werden.
- Bei Potentialunterschieden im Messsystem muss eine Potential-Ausgleichsleitung (PA) verlegt werden: hochflexible Litze, Leitungsquerschnitt >10 mm^2.
- Vermeiden Sie die Erdung der Signalmasse in Folgegeräten.
- Starke Netzstörungen sind durch vorgeschaltete Filter zu reduzieren; verwenden Sie möglichst getrennte Stromkreise für Messgeräte und Energieanlagen wie Schütze, Thyristorsteuerungen etc.

Abb. 8-13: EMV-Schutz an einer Messkette mit zusätzlichem Potentialausgleich

Eine in der Praxis vielfach vorhandene Einschränkung betrifft z. B. BNC-Kabel und -Buchsen: Da hier der Kabelschirm gleichzeitig als Masse fungiert, wird somit die

Kapitel 8

äußere Hülle in den Verstärker hineingebracht – eigentlich ein Widerspruch zum EMV-Prinzip. Besser wäre hier ein Kabel mit zwei Adern plus einer separaten Abschirmung als „Gehäuse". Allerdings hängt es sowohl von der Realisierung der Eingangsschaltung des Verstärkers als auch vom Pegel des Signals ab, wie stark sich Störsignale auswirken. So ergeben z.b. massefreie Differenzeingänge eine wesentlich bessere Störunterdrückung als „Single-ended"-Eingangsschaltungen, bei denen Signalmasse und Gehäuseerdung verbunden sind. Andererseits ist bei Signalspannungen von einigen Volt eine Störspannung von z.B. 50mV noch nicht gravierend. Bei einem Signal von maximal 20mV würde dieselbe Störspannung eine Messung unmöglich machen, da sie dann mehr als doppelt so groß wie das Nutzsignal ist. Für kritische Anwendungen, bei denen die Aufnehmer weit auseinander liegen und bei denen mit unterschiedlichen Potentialen zu rechnen ist, kann auch die Verwendung von potentialgetrennten Verstärkern (Trennverstärker) sinnvoll sein. Allerdings sind die Preise für solche Verstärker meist wesentlich höher, evtl. besteht jedoch die Möglichkeit, nur einige kritische Kanäle, z.B. Kanäle mit Thermoelementen, über Trennverstärker einzubinden.

Noch ein Wort zur Masseverbindung bzw. zu Erdungsproblemen. Um Masseschleifen zu vermeiden, durfte bisher eine Messkette nur an einer Stelle, nämlich am Messverstärkereingang geerdet werden. Falls Signalmasse und Abschirmung getrennt sind, kann die Abschirmung auch an mehr als einer Stelle mit Erde verbunden werden, z.B. über den Aufnehmer (metallisches Gehäuse) und den Verstärker (Gehäuse ist mit dem Schutzleiter verbunden). Um Beeinflussungen zu verhindern, sind deshalb in vielen neueren Geräten Signalmasse und Erde bzw. Abschirmung getrennt. Als weitere Maßnahme kann evtl. auch die Signalverarbeitung über Schnittstellen mit Optokopplern und/oder LWL-Übertragung realisiert werden, sodass die Weiterverarbeitung keine Rückwirkung auf die analoge Messkette haben kann. Bitte beachten Sie auch, dass eine Erdverbindung nicht – wie manchmal zu beobachten ist – durch Anschluss an einen Heizkörper, eine Wasserleitung o.Ä. herzustellen ist. Ganz davon abgesehen, dass heute vielfach wasserführende Leitungen nicht aus Metall, sondern aus Kunststoff sind, wirkt bei solchen Anschlüssen eine metallische Leitung meist noch als „Antenne" zum Einfangen zusätzlicher Störungen. Besser ist hier der Schutzleiter des Netzes, vorzuziehen ist jedoch eine separate Erdpotentialleitung, wie sie z.B. auch für den Potentialausgleich in Gebäuden verwendet wird.

Bei sehr langen Leitungen kann auch die Frage eines möglichen Potentialunterschiedes, hervorgerufen durch Gewitter oder gar Blitzeinschlag, eine Rolle spielen. Hier muss durch eine Potentialausgleichsleitung (siehe Abb. 8-13 auf Seite 177) und evtl. durch zusätzliche Blitzschutzmaßnahmen vorgesorgt werden.

Eine generelle Lösung für diese Probleme gibt es leider nicht, daher muss immer der jeweilige Einzelfall untersucht werden; eine EMV-gerechte Verschaltung reduziert jedoch die Wahrscheinlichkeit von Problemen.

9 Digitale Datenerfassung und Verarbeitung

M. Laible

9.1 Einleitung

Die meisten Aufnehmer sind analoge Sensoren, daher trifft die Bezeichnung „digital erfassen" oft nur für einen Teil der Messkette zu, sowohl Aufnehmer als auch der Eingang des Verstärkers sind häufig noch analog. Allerdings erfolgt heute meist die gesamte Signalverarbeitung (Skalierung, Filterung, Tarieren) im Messverstärker in digitaler Form. Bei der nachgeschalteten Auswertung dominiert ebenfalls eindeutig der Computer in Form eines PCs. Da zu erwarten ist, dass in Zukunft die rein analogen Verstärker immer mehr in den Hintergrund treten bzw. nur noch für ganz bestimmte Anwendungen verwendet werden, ist eine Betrachtung der digitalen Technik, ihrer Vor- und Nachteile sowie der korrekten Anwendung wichtig.

Dieses Kapitel enthält mehrere Teile, die sich mit den einzelnen Aspekten befassen. Zuerst möchte ich Ihnen eine Übersicht über verschiedene Verstärkertypen geben und Gesichtspunkte zur Auswahl aufzeigen. Danach soll in Abschnitt 9.3 ab Seite 186 der Übergang zwischen Messverstärker und PC betrachtet werden: die Schnittstelle. In Abschnitt 9.4 ab Seite 195 finden Sie eine kleine Auswahlhilfe für messtechnische Software. Die Besonderheiten der digitalen Messtechnik, also z.B. die Auswahl der Messgeschwindigkeit, bilden mit Abschnitt 9.5 ab Seite 197 den Schluss.

9.2 Ausführungen digitaler Messverstärker

9.2.1 Prinzipielle Funktionsweise

Digitale Schaltungen sind von Natur aus potentielle Störquellen für analoge Signale. Die steilen Flanken der digitalen Signale erzeugen ein breites Frequenzspektrum an Störsignalen, die auch im MHz-Bereich noch beachtliche Amplituden erreichen. (Störung eines Radiogerätes durch Computerbetrieb). Daher ist eine hervorragende Abschirmung, die nur durch konstruktive Maßnahmen beim Platinenlayout erreicht wird, unerlässlich. Besonders kritisch ist in diesem Zusammenhang auch die Art der Masseverbindung, weshalb in der Regel mit mindestens zwei entkoppelten Massen gearbeitet wird, der analogen und der digitalen Masse.

Kapitel 9

Ein Beispiel für einen digitalen Verstärker (hier zusätzlich mit Analogausgängen) zeigt Abb. 9-1.

Abb. 9-1: *Schaltung eines Messgerätes mit digitaler Messwertverarbeitung (MGCplus von HBM)*

Der – wie schon erläutert immer vorhandene – analoge Teil dient als Vorverstärker. Die zwei wesentlichen Vorteile dieses Verstärkerkonzeptes liegen in

- der digitalen Signalverarbeitung
- der reproduzierbaren und damit auch protokollierbaren Einstellung des Verstärkers

Darüber hinaus besteht auch noch die Möglichkeit, den verbleibenden analogen Teil über die CPU mit Hilfe der *Autokalibrierung* zu kontrollieren.

Mit digitaler Signalverarbeitung lassen sich z.B. variable, steilflankige Filter realisieren. Bei einem analogen Filter ist dies mit hohem Bauteilaufwand verbunden, also kostenintensiv. Sollen die Filter variabel sein, so sind veränderbare analoge Bauteile mit all ihren negativen Eigenheiten wie Absoluttoleranzen oder Gleichlaufschwankungen nötig. Aber auch die festen Bauteile wie Widerstände und Kondensatoren unterliegen der Alterung und haben Temperaturabhängigkeiten. Diese Aufzählung zeigt schon die Schwierigkeiten, denen sich der Konstrukteur von analogen Filtern gegenübersieht. Bei der digitalen Filterung müssen lediglich die Koeffizienten einer Gleichung richtig bestimmt werden, und durch „Berechnen" dieser Formel – unter Verwendung der digitalisierten Messwerte – erfolgt die Filterung. Ein einfaches Austauschen der Koeffizienten führt sofort zu einem neuen Filter mit anderer Grenzfrequenz, größerer Steilheit, anderer Filtercharakteristik bezüglich Überschwingen o.Ä. Dies geht nicht nur schneller als beim analogen Filter, alle

Digitale Datenerfassung und Verarbeitung

Einstellungen sind auch *exakt reproduzierbar* und *nicht alterungsabhängig*. Speziell die zuletzt genannten Vorteile gelten natürlich auch für die anderen Stufen: Tarierung, Skalierung etc. Zusammengefasst lässt sich festhalten, dass digitale Schaltungen gegenüber analogen folgende Vorteile haben:

- keine Fehler infolge nicht idealer Bauelemente (Toleranzen, Gleichlauf etc.)
- keine Drift bzw. Hysteresefehler
- absolut stabile Filtercharakteristik
- kein Abgleich notwendig
- Platz und Kostenersparnis insbesondere bei niedrigeren Grenzfrequenzen
- Dimensionierung einfach und schnell zu ändern

Die bei diesem Verstärkerkonzept mögliche Autokalibrierung hat zwar einige Vorteile, leider aber auch Nachteile, weshalb sie nicht in jedem digitalen Verstärker eingesetzt wird. Vorteilhaft ist ohne Zweifel die mögliche Erhöhung der Genauigkeit des Systems. Durch das regelmäßige Überprüfen von Nullpunkt und Endwert (Kalibrierwert) des analogen Verstärkers lassen sich Temperaturdriften und Alterserscheinungen praktisch vollständig kompensieren. Eine bisher selbst bei sehr teuren Verstärkern nur mit Mühe erreichbare Präzision ist damit allgemein realisierbar geworden, ohne den Nachteil eines hohen Kostenaufwandes. Nachteilig ist jedoch, dass während eines Autokalibriervorgangs keine Messwerte zur Verfügung stehen, es also zu einer Unterbrechung des Datenstroms kommt. Bei kontinuierlichen Prozessen kann dies nicht hingenommen werden, eine evtl. vorhandene Autokalibrierung ist für die Messdauer zu deaktivieren.

Durch den Einsatz von D/A-Wandlern wird der Verstärker nach außen hin wieder zum analogen Verstärker (mit digital kontrollierter Messwertverarbeitung). Über EEPROM lassen sich alle Einstellungen permanent – also ohne Batterie – speichern. Dies ermöglicht dann die automatische Einstellung des Verstärkers per Knopfdruck.

9.2.2 Parallel arbeitende Anlagen

Parallel arbeitende Vielstellenmessanlagen unterscheiden sich kaum von „normalen" Messverstärkern, lediglich am Ende der analogen Messkette wird eine digitale Weiterverarbeitung angehängt (Abb. 9-2 auf Seite 182). Charakteristisch ist, dass jeder Kanal einen eigenen Messverstärker (und einen Generator) enthält. Falls wie in Abb. 9-3 kein eigener A/D-Wandler pro Kanal zur Verfügung steht, muss zusätzlich noch für jeden Kanal ein Tiefpassfilter für das Antialiasing sowie ein Sample&Hold-Glied zur zeitsynchronen Erfassung vorgesehen werden.

Kapitel 9

Abb. 9-2: *Parallel arbeitende Vielstellenmessanlage*

Der Mehraufwand ist bei den heutigen Preisen für gute A/D-Wandler allerdings meist nicht mehr sinnvoll, daher wird bei niedrigeren Signalfrequenzen für jeden Kanal meist ein eigener A/D-Wandler eingesetzt. Da bei echten Simultananlagen (Abb. 9-2) jeder Kanal vollständig bestückt ist, bietet diese Anlagenart den Vorteil einer sehr hohen Geschwindigkeit. Bei Anlagen mit nur einem Wandler muss dieser durch Umschalten alle Kanäle abdecken, d.h., die Erfassungsrate sinkt linear mit der Anzahl der Messkanäle. Nachteilig ist der relativ hohe Preis für mehrkanalige Anlagen, der proportional zur Anzahl der Kanäle wächst.

Abb. 9-3: *Einfache Vielstellenmessanlage mit Multiplexer*

Digitale Datenerfassung und Verarbeitung

Die erreichbaren Geschwindigkeiten für die Datenerfassung speziell bei Simultananlagen, also durchgängig parallelen Anlagen, hängen davon ab, ob nur kurzfristig gemessen werden soll oder eine Langzeiterfassung geplant ist. Bei kurzzeitigen Messungen reicht es u.U., wenn alle Werte im Messgerät zwischengespeichert werden können und nach der Erfassung über die Schnittstelle ausgegeben werden. Dieser Fall ist typisch für den *Transientenrekorder*, die maximale Messzeit ist bei ihm nur durch die Speichertiefe begrenzt. Für Langzeitmessungen ist die Datenübertragungsrate über die Schnittstelle entscheidend für die erzielbare Geschwindigkeit. Die Grenze (für die parallele Schnittstelle IEEE 488.2) liegt momentan bei ca. 400.000 Messwerten pro Sekunde (bei 2 Byte pro Messwert).

9.2.3 Sequentiell arbeitende Anlagen

Sequentiell arbeitende Anlagen, so genannte Umschaltanlagen oder Scanning Systeme, sind ganz anders aufgebaut: Wie in Abb. 9-4 zu sehen, ist hier nur *ein* Verstärker und *ein* A/D-Wandler vorhanden. Dies ergibt bei vielen Kanälen eine erhebliche Einsparung. Dass dafür eine neue Komponente aufgenommen werden muss, ergibt demgegenüber zwar neue, aber oft nur geringe Kosten. Der Hauptvorteil einer solchen Anlage liegt daher auch im Preis pro Kanal.

Abb. 9-4: *Umschaltanlage (Prinzip)*

Leider muss dieser Vorteil auch mit einem Nachteil erkauft werden: Da nur noch ein Verstärker vorhanden ist, muss geschaltet werden. Unterschiede gibt es zunächst in der Art der Umschaltung, die vor allem früher mit Relais vorgenommen wurde, während heute dazu in der Regel Transistoren verwendet werden, die zusammen mit geeigneten Eingangsschaltungen bessere Eigenschaften haben:

183

Kapitel 9

- verschleißfrei
- schnell
- keine Thermospannungen
- alle Verluste werden ausgeregelt (falls gewünscht, auch die durch Leitungswiderstände bedingten)

Die Funktion des in Abb. 9-4 eingezeichneten Schalters übernehmen deshalb meist spezielle Transistorkombinationen; über die Rückführleitungen können nicht nur die Schalterübergangswiderstände ausgeregelt, sondern auch alle Spannungsabfälle auf den Zuleitungen kompensiert werden.

Ein Vorteil von Umschaltanlagen ist, dass in der experimentellen Spannungsanalyse bei mehreren Messstellen, die räumlich eng beieinander liegen, ein zur Temperaturgangkompensation benutzter DMS bei allen Messstellen verwendet werden kann, da ja während der Messung nur jeweils eine Messstelle angeschaltet ist. Dies ist bei paralleler Speisung nicht möglich, hier muss für jede Messstelle ein eigener DMS zur Temperaturkompensation vorgesehen werden oder die Kompensation rechnerisch über den PC erfolgen. Ein weiterer Vorteil der nicht kontinuierlichen Anschaltung ist, dass aufgrund der kurzen Anschaltzeiten kaum noch eine „Aufheizung" der Messstelle stattfindet. Da jedoch auch Anlagen mit Dauerspeisung aller Messstellen auf dem Markt sind, ist dies im Einzelfall zu klären. Durch Umschaltanlagen ist es möglich, eine große Anzahl von Messkanälen preiswert zu erfassen, da nicht für jeden Kanal ein separater Verstärker benötigt wird.

Aber wie schon angedeutet, gibt es auch Nachteile von Umschaltanlagen. Ihr sicherlich größter – und leider nicht vermeidbarer – ist, dass sie aufgrund des Umschaltens eine gewisse Zeit benötigen. Die entscheidende Größe dabei ist nicht die Einschaltzeit selbst, sondern die Einschwingzeit des Messverstärkers.

Abb. 9-5: *Zeitlicher Ablauf einer Messung bei einer Umschaltanlage*

Digitale Datenerfassung und Verarbeitung

Die einzelnen Zeiten in Abb. 9-5 hängen natürlich auch von der Realisierung der Anlage ab. Das Anschalten der Messstellen geht mit Transistorschaltern sehr schnell – in weniger als einer Millisekunde – vor sich. Die Einschwingverzögerung ist allerdings vom angewählten Messverstärker abhängig, da sich die Einschwingzeit nach der Bandbreite des Verstärkerkanals richtet. Bei einem 225Hz-Messverstärker mit nur 10Hz Bandbreite tritt naturgemäß eine sehr lange Einschwingzeit auf (bis zu 30ms für Einschwingen auf 99,9% des Signalpegels). Die Messzeit des A/D-Wandlers ist zum einen vom verwendeten Prinzip und zum anderen von der Wandlungszeit abhängig. Bei integrierenden Wandlern muss die gesamte Integrationszeit abgewartet werden, dies kann je nach gewünschter Dauer zwischen 1ms und 100ms betragen. Die Abspeicherung eines Wertes beansprucht praktisch keine Zeit.

Nach der Messung der letzten Messstelle folgt die Berechnung der Messwerte. Hier können z.B. die Autokalibrierwerte der Anlage mit den Messwerten verrechnet werden (Erhöhung der Genauigkeit), und es können Tarierwerte berücksichtigt oder Kennlinien linearisiert werden. Je nach Aufwand und Ausführung des Gerätes wird hier evtl. zusätzliche Zeit benötigt. Die maximal erreichbare Signalfrequenz ist jedoch vor allem von der Einschwingzeit des Messverstärkers, von der A/D-Wandlungszeit (Integrationszeit) und der Anzahl der Kanäle abhängig.

Beispiel 9-1

Überschlagsrechnung für 225Hz TF-Verstärker:
50 Kanäle ergeben für die Einschwingverzögerung 25ms · 50 = 1,25s. Die Integrationszeit dafür ergibt 1ms · 50 = 50ms. Falls die Messwerte in ASCII über RS-232-C mit 9,6kBaud zum PC ausgegeben werden, so dauert dies ca. 0,8s.

☞ Dies ergibt eine Gesamtzeit von 2,1s.

Die Werte in Beispiel 9-1 bedeuten, dass nach dieser Überschlagsrechnung alle 2,1 Sekunden die erste Messstelle erneut gemessen wird. Für die Erfassung eines Signals heißt das, dass die Signalfrequenz weit unter 1Hz liegen muss. Um den Verlauf einer Sinusschwingung erkennen zu können, sollten mindestens fünf Punkte gemessen werden, d.h., im Beispiel 9-1 ist dies erst nach mehr als 10 Sekunden erfüllt. Die maximale Signalfrequenz muss dann kleiner als 0,1Hz sein!

Dieses (drastische) Beispiel zeigt, dass Umschaltanlagen in der Regel nur für statische bzw. quasistatische Messsignale geeignet sind. Selbst bei Ausnutzung kurzer Messzeiten und schnell einschwingender Messverstärker liegt die Grenze für das Nutzsignal meist nur im Hz-Bereich. Die Anwendung von Umschaltanlagen ist deshalb überall da vorteilhaft, wo langsame Veränderungen stattfinden oder wo mit Prüfmaschinen oder unter ähnlichen Umständen definierte Laststufen aufgebracht und dann gemessen werden können.

Kapitel 9

Wenn Sie schnellere Signale messen wollen (oder müssen), so bleibt Ihnen keine andere Wahl, als zu parallel arbeitenden Anlagen zu greifen, da nur hier die Einschwingzeiten der Messverstärker entfallen.

9.3 Schnittstellen

Um die digitalisierten Werte weiterzuverarbeiten, müssen diese vom Verstärker an andere Geräte weitergereicht werden, z. B. einen PC. Für diese Weitergabe gibt es verschiedene Schnittstellen, deren Vor- und Nachteile für den gewünschten Anwendungsfall geprüft werden müssen. Um Ihnen die Auswahl zu erleichtern, möchte ich die gängigsten dieser Schnittstellen hier im Überblick vorstellen.

In der Praxis ist zu unterscheiden zwischen den (klassischen) Laborschnittstellen, Schnittstellen, die nur *innerhalb* eines Gerätes arbeiten (PCI, VME, VXI), und den Feldbussen, die in erster Linie für den industriellen Einsatz gedacht sind. Ob und inwieweit sich bei Messungen im Labor die Verwendung eines Feldbusses rentiert, hängt von verschiedenen Faktoren ab: So spielen die Anzahl der Messstellen, ihre räumliche Verteilung und die Geschwindigkeit der Datenerfassung eine große Rolle. Für die Überwachung an großen Bauwerken lassen sich u. U. durch die Verwendung eines Feldbusses erhebliche Einsparungen erzielen, da nur ein Kabel benötigt wird, um alle Messstellen zu verbinden. Bei konventioneller Technik werden für jede Messstelle separate Kabel nötig, was leicht zu Gesamtlängen von mehreren Kilometern führen kann. Bei den „internen" Schnittstellen, insbesondere für VME und VXI, gibt es zahlreiche Hersteller, die Einsteckkarten mit verschiedenen Verstärkern im Programm haben. Für die Praxis ist letztlich nur entscheidend, welche technischen Daten geboten werden und wie die Messwerte weiterverarbeitet werden können. Die meisten Geräte basieren auf einer der in Abschnitt 9.3.1 ab Seite 187 besprochenen „Laborschnittstellen" oder einem Feldbussystem (Abschnitt 9.3.2 ab Seite 189), deshalb werden diese hier ausführlicher behandelt.

Eine wichtige Unterscheidung bei den Schnittstellen ist zunächst, ob sie als Punkt-zu-Punkt-Verbindung, also *eine* Schnittstelle für *ein* Gerät, oder als Bussystem ausgelegt sind. Tendenziell verursachen Bussysteme höheren Aufwand, und es muss eine Geräteadresse festgelegt werden, dafür ist nur *ein* Interface am PC nötig. Innerhalb der busfähigen Schnittstellen lassen sich vier grundsätzliche Strukturen (Topologien) unterscheiden:

- Ringförmige Anordnung. Hier existieren immer zwei Wege vom Sender zum Empfänger. Diese Redundanz ermöglicht den Betrieb auch bei Ausfall einer Verbindung.
- Sternförmige Anordnung. Hier gehen von einem zentralen Punkt aus die Verbindungen in alle Richtungen zu den Teilnehmern.

Digitale Datenerfassung und Verarbeitung

- Baumstruktur. Jeder Knoten kann Ausgangspunkt einer Verzweigung sein, die letztlich eine sternförmige Struktur darstellt.
- Linear angeordnete Strukturen (Linienstruktur), bei denen eine Leitung nacheinander alle Sender und Empfänger verbindet. Die Teilnehmer können dabei sowohl einzeln und unabhängig (Busstruktur) als auch „weiterverbindend" arbeiten. Letzteres hat den Nachteil, dass der Ausfall eines Teilnehmers den Rest des Strangs abkoppelt.

In der Praxis werden oft Mischformen angewandt, um die Vorteile der jeweiligen Strukturen möglichst ohne die damit verbundenen Nachteile zu erhalten.

9.3.1 Schnittstellen für den Laboreinsatz

9.3.1.1 IEEE 488

Die Schnittstelle wird auch als IEC 625, HP-IB, GPIB oder IEEE 488.2 bezeichnet [45]. Die Unterschiede zwischen den Bezeichnungen betreffen lediglich die Art des Steckers, in der Regel werden Steckverbinder nach der amerikanischen Norm IEEE 488.2 verwendet. Es handelt sich hier um eine sehr schnelle Schnittstelle (bis zu 400.000 Werte pro Sekunde), über die mehrere Geräte verbunden werden können, je nach Konfiguration zwischen acht und 16 Geräten. Falls die beteiligten Geräte das Protokoll nach HS488 (HighSpeed = Hochgeschwindigkeit) unterstützen, sind auch höhere Datenraten möglich. Nachteilig ist der hohe Preis für die Schnittstelle von über 1500,- DM pro Interface, das ja zwei Mal vorhanden sein muss, im PC und im Messgerät.

Für die Verwendung muss lediglich am Messgerät und in der Software des PCs die Adresse eingestellt werden, unter der das Gerät am Bus zu erreichen ist.

9.3.1.2 COMx mit RS-485

Die Verwendung der RS-485-Schnittstelle setzt entsprechende Hardware in Ihrem Rechner (Karte) oder einen Adapter auf der RS-232-Schnittstelle voraus. Solche Adapter können in verschiedenen Ausführungen im Handel für Computerzubehör erworben werden. Sie können allerdings nur den PC, nicht jedoch ein Messgerät mit einem dieser Adapter ausrüsten, da die für die Schnittstelle zusätzlich notwendigen Buskommandos nicht in den Messgeräten mit RS-232 implementiert sind. Die Vorteile dieser Schnittstelle liegen darin, dass sie sowohl preiswert ist als auch, dass sich mit ihrer Hilfe Entfernungen bis über 1 km überbrücken lassen. Nachteilig sind die geringen Datenraten, die nur eine sehr langsame Übertragung der Messwerte ermöglichen (selten über 1000 Messwerte pro Sekunde). Wenn je-

187

doch nur wenige Messwerte pro Sekunde erfasst werden müssen, spielt dies keine Rolle.

Da die Schnittstelle busfähig ist, muss die Geräteadresse vor der Datenübertragung festgelegt werden. Zusätzlich sind meist weitere Schnittstellenparameter wie Baudrate (Geschwindigkeit), Anzahl der Bits etc. festzulegen.

9.3.1.3 COMx (RS-232)

Da die serielle Schnittstelle nur sehr geringe Datenraten erlaubt, kann sie nur für langsame Erfassungen verwendet werden. Im Unterschied zur vorhergehenden RS-485-Schnittstelle handelt es sich hier um eine *nicht* busfähige Schnittstelle, d. h., es kann pro Schnittstelle nur *ein* Gerät angeschlossen werden. Die maximale Entfernung zwischen zwei Geräten ist auf 20 Meter beschränkt, in der Regel sollten Gerät und PC dicht beieinander stehen, d. h., die Schnittstelle sollte nur im Labor verwendet werden, da auch die Störsicherheit geringer ist als bei der RS-485. Die maximale Geschwindigkeit beträgt einige 100 Messwerte pro Sekunde, selbst unter günstigsten Bedingungen liegt die Geschwindigkeit unter 1000 Messwerten pro Sekunde.

Zum Betrieb der Schnittstelle sind die Baudrate (Geschwindigkeit) sowie weitere Parameter wie Anzahl der Bits etc. festzulegen. Details ersehen Sie aus der Bedienungsanleitung der Geräte bzw. der Software, über die die Geräte angesteuert werden sollen.

9.3.1.4 Druckerschnittstelle LPT

Der große Vorteil dieser Schnittstelle ist, dass sie sehr preiswert ist und hohe Datenraten bietet. Die Schnittstelle wird deshalb vor allem für Low-Cost-Geräte verwendet, da das Interface in jedem PC eingebaut ist. Bei entsprechender Konfiguration lassen sich durchaus 200 kByte/s übertragen. Nachteilig ist die meist notwendige Konfiguration der Schnittstelle, denn in den Standardmodi sind nur geringe Datenraten möglich. In der Regel sind daher mehrere Einstellungen vorzunehmen, angefangen vom BIOS des PCs bis zu evtl. Einstellungen in Windows. Je nach Ausführung kann auch der von Microsoft für den Datenaustausch zwischen Laptop und PC geschaffene Interlink-Modus benutzt werden, der spezielle Verbindungskabel anstelle von Druckerkabeln verwendet. Der zusätzliche Anschluss eines Druckers an der gleichen Schnittstelle ist nicht immer möglich, Sie müssen dann entweder für den Drucker die Ausgabe in eine Datei festlegen oder die andere LPT-Schnittstelle verwenden.

Digitale Datenerfassung und Verarbeitung

9.3.1.5 USB

Der USB (Universal Serial Bus) erlaubt den Anschluss von bis zu 126 Geräten, auch während des Betriebes. Die Geräte werden erkannt und können sofort benutzt werden, auch ein Entfernen von Geräten ist erlaubt. Die aktuell verbreitete Schnittstellendefinition ist USB 1.1, bei der sich ca. 200.000 Messwerte pro Sekunde über den Bus übertragen lassen. Es existieren aber auch noch PCs mit einer Schnittstelle nach USB 1.0, bei der nur wenige tausend Messwerte pro Sekunde übertragen werden können. Da die Schnittstelle relativ preiswert ist, sind auch einige Messgeräte und Sensoren mit USB-Schnittstelle am Markt. Leider wird die Schnittstelle von Windows NT 4.0 nicht unterstützt, daher ist die Zahl der Anwendungen für die Messtechnik noch sehr begrenzt. Die (neuere) Spezifikation USB 2.0 erlaubt prinzipiell wesentlich höhere Datenraten (ca. 40-mal schneller), leider sind aber noch keine Geräte (und auch nur wenige PCs) mit USB 2.0 am Markt verfügbar, die eine Verifizierung der tatsächlich erreichbaren Geschwindigkeit ermöglichen. Wahrscheinlich werden die ersten Messgeräte mit USB 2.0 frühestens Anfang 2002 in den Handel kommen. Es bleibt daher abzuwarten, ob und inwieweit diese Schnittstelle wesentliche Marktanteile gewinnen wird.

9.3.1.6 Firewire

Diese auch als IEEE 1394 bekannte Schnittstelle ist im Consumerbereich bereits etabliert, sowohl Schnittstellen als auch Kabelsysteme sind hinreichend erprobt und zuverlässig. Die Schnittstelle erlaubt die Übertragung von mehr als 10 Millionen Messwerten pro Sekunde und bietet damit die zur Zeit schnellste Möglichkeit. Hard- und Software ist für alle Betriebssysteme, auch Windows NT 4.0, verfügbar. Leider sind auf dem Markt kaum messtechnische Geräte mit dieser Schnittstelle zu finden.

9.3.2 Feldbussysteme

Der wichtigste Vorteil von Feldbussystemen ist der gegenüber herkömmlichen Punkt-zu-Punkt-Verdrahtungen (z.B. 4 bis 20mA-Schnittstellen) reduzierte Verdrahtungsaufwand, der kürzere Montagezeiten und niedrigere Kosten zur Folge hat. Weitere, sich daraus ergebende Vorteile sind der geringere finanzielle und zeitliche Aufwand für die Erweiterung eines bestehenden Systems. Auch der Aufwand für Wartung und die Diagnose von Fehlern sinkt, da weniger Störquellen vorhanden sind. Die am Markt erhältlichen Feldbusse unterscheiden sich allerdings in den Kosten für die Schnittstellen, der Geschwindigkeit, den Übertragungsprotokollen und den zu verwendenden Kabeln, damit je nach Anwendungsfall (Ex-

Kapitel 9

Schutz/schnelle Regelung/nur Ansteuerung von Aktoren) ein optimales Konzept gefunden werden kann.

Allen Bussystemen gemeinsam ist, dass es festgelegte Formen für die Beschreibung der Systeme gibt, das ISO-OSI-Referenzmodell (OSI = Open System Interconnection). Bei den dort definierten „Schichten" sind meist nur die Schichten 1, 2 und 7 von Bedeutung. Schicht 1 enthält die Beschreibung der elektrischen und mechanischen Eigenschaften inklusive Kabeln, Steckern, Übertragunsrate etc. Schicht 2 stellt die so genannte Sicherungsschicht dar, also die Definition, wie Verbindungen auf- bzw. abgebaut werden, welche Datenformate benutzt werden usw. Schicht 7 definiert das Daten- und Befehlsformat.

Unterschiede gibt es neben der Art der Kabel in der Struktur (wie am Anfang des Kapitels schon aufgeführt) und in der Art, wie die Kommunikation der Teilnehmer erfolgt:

- Ein Master, viele Slaves. Der Master übt die volle Kontrolle aus, ein Slave darf nur senden, wenn er gefragt wird. Dieses Design benötigt im Fehlerfall relativ viel Zeit, da erst alle Slaves abgefragt werden müssen, bis feststeht, wo welches Problem auftrat.

- Mehrere Slaves zusammen mit mehreren Mastern, die durch „Token-Passing" die Berechtigung zur Kontrolle weitergeben. Jeder kann gezielt einzelne Slaves oder Master ansprechen.

- Nur Mastergeräte. Jeder kann jeden gezielt ansprechen, wenn die Leitung frei ist. Diese Vorgehensweise erlaubt schnelles Reagieren bei kritischen Zuständen, da über eine Prioritätssteuerung das gezielte Absetzen einer wichtigen Nachricht gewährleistet werden kann.

Eine Hilfe bei der Auswahl eines Bussystems bietet auch die VDI/VDE-GMA-Richtlinie 3687 [44]. Im Folgenden stelle ich einige Bussysteme und ihre Eigenschaften vor, die m. E. für die Messtechnik interessant sind.

9.3.2.1 Ethernet (TCP/IP)

Bei der Ethernet-Schnittstelle handelt es sich um eine typische LAN-Netzwerkverbindung (LAN = Local Area Network), die eigentlich aus dem Bürobereich stammt, in letzter Zeit jedoch zunehmend auch für die Messtechnik verwendet wird. Je nach Auslastung des Netzwerkes werden ganz unterschiedliche Datenraten erreicht. Das verwendete Protokoll zur Datenübertragung ist das auch im Internet übliche TCP/IP-Protokoll. Bei der Verwendung von Messgeräten in größeren Netzwerken sollten Sie sich allerdings unbedingt mit dem Systemadministrator abstimmen. Zur Zeit sind vielfältige Bestrebungen im Gange, durch Zusätze dieses Netzwerk auch für die Mess- und Fertigungstechnik tauglich zu machen. Einzelne

Digitale Datenerfassung und Verarbeitung

Realisierungen sind bereits am Markt erhältlich, z.B. die Implementierung von Echtzeitfähigkeit.

In der praktischen Ausführung unterscheiden sich Ethernet-Netzwerke in der Art des verwendeten Kabels und in der zulässigen Maximalgeschwindigkeit. So werden sowohl Kabel mit Koaxialsteckern (BNC) als auch Flachstecker (RJ45) verwendet, im Bereich der Hochgeschwindigkeitsnetze werden auch Glasfasern eingesetzt. Bei den Geschwindigkeiten ist heute das schnellere 100MBit/s Fast Ethernet üblich. Unter optimalen Bedingungen lassen sich über das ältere 10MBit/s-Netzwerk ca. 400.000 Messwerte (16 Bit) pro Sekunde übertragen.

Vorteilhaft ist der niedrige Preis für diese Schnittstelle, da die Komponenten auf dem Computerzubehörmarkt als Standardprodukte erhältlich sind.

9.3.2.2 DIN-Messbus

Dieses Bussystem ist eine deutsche Entwicklung von Herstellern im Bereich der Fertigungstechnik, Anwendern aus der Automobilindustrie und der Physikalisch Technischen Bundesanstalt (PTB). Der DIN-Messbus wurde als sichere und preisgünstige Schnittstelle für Anwendungen in der industriellen Mess- und Prüftechnik konzipiert und ist in DIN 66348 [46] genormt. Er eignet sich insbesondere für Anlagen und Geräte, die oem gesetzlichen Messwesen, d.h. der Eichpflicht, unterliegen. Der DIN-Messbus verfügt im Unterschied zu den meisten anderen Bussystemen über getrennte Sende- und Empfangskanäle. Durch Verwendung einer seriellen Schnittstelle nach RS-485 können Entfernungen bis 500m überbrückt werden. Der Bus ist weniger geeignet für die zeitäquidistante Erfassung dynamischer Vorgänge, kann jedoch schnell auf Meldungen wie Grenzwertüberschreitung u.Ä. reagieren. Der DIN-Messbus besteht aus einem Master und bis zu 31 Slaves. Wenn der Master als Gateway ausgeführt wird, kann der DIN-Messbus auch in andere Netze (LAN, WAN) integriert werden. Nachteilig ist, dass das System international wenig verbreitet ist.

9.3.2.3 CAN, CANopen und DeviceNet

CAN (Controller Area Network) wurde von Bosch entwickelt und ist mittlerweile international genormt (ISO 11898 [47]). Das Bussystem wird insbesondere im Automobilbereich verwendet, es ist jedoch auch in zahlreichen industriellen Anwendungen zu finden. Insbesondere in den USA ist in den letzten Jahren ein Trend zu diesem Bussystem erkennbar. Neben der hohen Übertragungssicherheit sind auch die niedrigen Anschlusskosten pro Teilnehmer häufig ein ausschlaggebendes Argument für CAN. CANopen ist ein modifiziertes System für die Automatisierungstechnik, das nicht alle CAN-Anweisungen versteht. Es wird von der CiA

(CAN in Automation) gefördert. DeviceNet von AllenBradley ist eine Alternative zu CANopen auf dem US-Markt.

Ein System mit CANopen bzw. DeviceNet ist leicht zu konfigurieren: Nach der Initialisierung des Interfaces und der Angabe der verwendeten Geschwindigkeit (Baudrate) ist für jedes Gerät, das angesprochen werden soll, nur noch dessen Busadresse anzugeben. Jedes Gerät, das Informationen absetzen möchte, darf dies tun, es gibt keinen globalen Master, der alles kontrolliert, de facto ist jedes Gerät ein Master. Die gesendeten Informationen können deshalb auch von mehr als einem Gerät ausgewertet werden. Da jeder jederzeit senden kann, ist eine schnelle Reaktion auf Ereignisse möglich. In der Standardkonfiguration dürfen (theoretisch) bis zu 2^{11} Teilnehmer in einem Netz vorhanden sein. In der Praxis wird die Anzahl der Teilnehmer durch die maximal mögliche Datenrate des Bussystems begrenzt.

Zur Datenübertragung wird ein zweiadriges abgeschirmtes Kabel verwendet. Die maximale Geschwindigkeit hängt von der Länge der Leitungen ab: bis 25m sind 1MBaud, bis 1000m immer noch 50kBaud möglich. Die maximal erzielbaren Datenraten liegen meist unter 20.000 Messwerten pro Sekunde.

9.3.2.4 PROFIBUS

Der PROFIBUS ist ein etwas teureres, aber auch leistungsfähiges Bussystem, genormt nach EN 50170 und EN 50254 [48]. Innerhalb des PROFIBUS gibt es drei verschiedene Ausprägungen: PROFIBUS FMS (Fieldbus Message Specification) für die höheren Leitebenen, PROFIBUS-DP (Decentralized Periphery) für die Fertigungsautomatisierung und PROFIBUS-PA (Process Automation) für die Prozessautomatisierung. Der PROFIBUS-PA ist eigensicher ausgeführt und wird daher vor allem in explosionsgefährdeten Bereichen (Bergbau, Chemie, Lebensmittel, Brauereien sowie Farben- und Klebstoffherstellung) eingesetzt; die Datenrate ist hier auf 31,25kBit/s beschränkt. Ansonsten wird vor allem im Maschinenbau meist der PROFIBUS-DP verwendet, der universell einsetzbar und recht schnell ist. Er ist insbesondere als Ersatz für die konventionelle Signalübertragung mit 0 bis 20mA oder 24V gedacht.

Durch die hohe Geschwindigkeit (bis zu 12MBit/s bei 100m Leitungslänge) können kurze Reaktionszeiten (z.B. 1ms bei 32 aktiven Teilnehmern) erreicht werden. Für die Übertragung können nicht nur Kupferkabel, sondern auch Lichtleiter verwendet werden. Dies ist für Anwendungen in stark störbehafteter Umgebung, zur Potentialtrennung oder zur Vergrößerung der Reichweite bei hohen Übertragungsgeschwindigkeiten vorteilhaft. Ein weiterer Vorteil dieses Busses liegt darin, dass je nach einzubindendem Gerät bzw. Sensor oder Aktor unterschiedliche Strategien für den Buszugriff realisierbar sind. So können bei diesem System mehrere Master vorhanden sein, die abwechselnd ihre jeweiligen Slaves abfragen. Durch zyklischen Betrieb und Weitergabe der Buskontrolle (Token-Passing) sind garantierte

Digitale Datenerfassung und Verarbeitung

Antwortzeiten möglich. Im Zuge der Weiterentwicklung dieses Systems ist geplant, über TCP/IP-Extensions in Zukunft den Betrieb auch über Ethernet-Komponenten abwickeln zu können (transparente Kopplung). Das Bussystem stammt ursprünglich von Siemens und wird insbesondere in Europa eingesetzt.

Ein Nachteil dieses Bussystems ist, dass das System zunächst aufwändig konfiguriert werden muss: Die „Spezifikationen" der am Bus verbundenen Geräte müssen eingelesen werden (Geräte-Stammdaten-Datei, GSD-Datei), und die angeschlossenen Geräte sind je nach Anforderungsprofil zu konfigurieren. Dazu ist nicht nur spezielle Software notwendig, es muss zuerst eine Projektierung des Gesamtsystems erfolgen. Ohne Grundlagenwissen über den Bus, seine Eigenheiten sowie eine genaue Analyse der Anforderungen für das konkrete Projekt ist ein erfolgreiches Set-up nicht möglich.

Die erzielbaren Datenraten sind abhängig vom verwendeten Master und der Struktur des Busses, eine Gesamtdatenrate von über 50.000 Messwerten pro Sekunde ist möglich.

9.3.2.5 Interbus

Dieses von Phoenix Contact als Sensor/Aktorbus entwickelte Bussystem ist inzwischen in seinen Kernfunktionen nach EN 50254 [50] (DIN E 19258) genormt und insbesondere als Erweiterung bzw. Ersatz für traditionelle SPS-Steuerungen gedacht, eine Anbindung an offene Rechnersysteme ist jedoch ebenfalls möglich. Es verwendet grundsätzlich eine Ringstruktur als Topologie, eine Segmentierung (Peripheriebus) kann jedoch vorgenommen werden, d.h., bei einem Fehler fällt nur die Kommunikation ab der Fehlerstelle aus. Da der zentrale Master alle Teilnehmer zyklisch abfragt, sind auch die Antwortzeiten des Systems genau definiert. Allerdings kann bedingt durch die Ringstruktur während des Betriebs kein Teilnehmer entfernt werden.

Die Geschwindigkeit der Datenübertragung selbst ist nicht sehr hoch (500 kBaud), allerdings ist der Verwaltungsoverhead relativ klein, daher können Nutzinformationen trotzdem schnell an den Master gelangen: Es wird zwischen dem zyklischen Transport von (wenigen) E/A-Daten und dem azyklischen Nachrichtentransport von z.B. 100 kB Information unterschieden. Die schnelle Übertragung von E/A-Daten wird durch die azyklische Übertragung von größeren Datenmengen nicht behindert, es können deshalb im Millisekundentakt Daten übertragen werden. Die Effektivität der Übertragung wird auch dadurch erhöht, dass selbst bei vielen Teilnehmern nur wenig Steuerdaten zur Übertragung notwendig sind. Weiterhin können auch größere Entfernungen überbrückt werden, da die Schnittstellen physikalisch auf der RS-485 basieren: zwischen zwei Geräten 400 m. Durch die Repeaterfunktion der Geräte kann ein Ring aus bis zu 13 km Leitung bestehen. Beim Übergang auf Lichtleiter können auch noch größere Entfernungen überbrückt wer-

Kapitel 9

den. Insgesamt können in einem Netz bis zu 512 Teilnehmer vorhanden sein. Der Bus ist auf einkanalige Systeme optimiert, also *ein* Aktor oder *ein* Sensor, die Übertragung von Daten für mehrere Kanäle an bzw. von einem Teilnehmer ist schwierig zu realisieren.

Auch bei diesem Bussystem ist zunächst eine umfangreiche Konfiguration notwendig. Die dazu nötige Software kann meist auch für Monitoring und Diagnose eingesetzt werden (CMD = Configuration Monitoring Diagnostic). Die Projektierung des Systems orientiert sich an der Programmierung einer SPS. Vom Hersteller sind Gerätedaten, hier Teilnehmerbeschreibung genannt, zur Verfügung zu stellen, die dann in das entsprechende CMD-Programm eingelesen werden können. Ohne Grundlagenwissen über den Bus, seine Eigenheiten sowie eine genaue Analyse der Anforderungen für das konkrete Projekt ist ein erfolgreiches Setup nicht möglich.

9.3.2.6 MODbus bzw. 3964R-RK512 (Siemens)

Der MODbus ist ein Bussystem, das insbesondere für die Anbindung an SPS bzw. Leitrechner verwendet wird. Der gesamte Datenbetrieb wird von einem Master (der SPS) gesteuert. Die Übertragung selbst beruht auf einer RS-485-Schnittstelle, es werden jedoch zusätzliche Protokolle verwendet. Die gesamte Art der Datenübermittlung ist genormt, für den Aufbau einer Verbindung ist daher zunächst das entsprechende Protokoll des Messgerätes in die Software der SPS bzw. des Leitrechners einzubauen. Da die Art und Weise der Ausführung genormt ist, müssen nur die Inhalte entsprechend angepasst werden. Trotzdem ist der Aufwand nicht zu vernachlässigen, er entspricht jedoch dem üblichen Aufwand bei der Programmierung einer SPS. Das Protokoll 3964R-RK512 wird speziell von den SPS der Fa. Siemens verwendet. Hierbei ist kein Busbetrieb möglich, es kann immer nur *ein* Gerät an die SPS angeschlossen werden. Der MODbus wird in letzter Zeit immer seltener verwendet, stattdessen wird heute meist der PROFIBUS eingesetzt.

9.3.2.7 Weitere Bussysteme

Neben den oben erwähnten Systemen gibt es noch eine Vielzahl weiterer Feldbusse wie FOUNDATION Fieldbus, LON, HART, AS-Interface etc. Einige davon sind allerdings nur für spezielle Bereich interessant, z.B. LON für die Gebäudeautomatisierung. Inwieweit sich andere Bussysteme am Markt durchsetzen können, wird nicht nur von der Verfügbarkeit, sondern auch von den jeweiligen Vor- und Nachteilen und nicht zuletzt vom Preis abhängig sein.

Digitale Datenerfassung und Verarbeitung

Weitere Informationen zu den einzelnen Systemen finden Sie am schnellsten im Internet[1] oder bei den jeweiligen Herstellern der Systeme:

- USB: www.usb.org
- Firewire: www.1394ta.org
- DIN-Messbus: www.measurement-bus.de
- CAN in Automation: www.can-cia.de
- Open DeviceNet Vendor Assoc.: www.odva.org
- PROFIBUS Nutzer Organisation: www.profibus.com
- FOUNDATION Fieldbus: www.fieldbus.com
- INTERBUS-S Club: www.interbusclub.com
- LonMark Interoperability Assoc.:www.lonmark.org, s.a. www.echelon.com
- HART Communication Foundation: www.harcomm.org
- Einen Überblick bietet auch: www.infoside.de/infida/

9.4 Software für die Messtechnik

Die Frage nach der „richtigen" Software ist leider genauso schwierig zu beantworten wie die Frage nach dem „richtigen" Messverstärker. Zum einen spielt hier die Anwendung eine Rolle, zum anderen sind Gesichtspunkte wie bereits vorhandene Software und/oder Geräte wichtig. Sollten Sie nämlich bereits Erfahrung im Umgang mit einer Software haben und diese auch die neue Anwendung abdecken können, so ist es meist einfacher, die Messaufgabe mit der vorhandenen Software zu lösen, da dann keine Einarbeitungszeiten anfallen. Falls andererseits für eine Messaufgabe bestimmte Geräte benötigt werden, so sollten Sie zunächst einmal die Software des Herstellers der Geräte anschauen, da diese in der Regel optimal auf die eigenen Geräte abgestimmt ist.

Falls Sie die freie Auswahl haben, so können Sie zwischen sehr unterschiedlichen Programmen auf dem Markt wählen:

- LabView von National Instruments GmbH
- DIAdem von GfS GmbH (Tochter von National Instruments GmbH)
- TestPoint von Keithley Instruments GmbH
- catman von Hottinger Baldwin Messtechnik GmbH
- Beam von AMS GmbH

---

1. Beachten Sie bitte, dass sich Internetadressen schnell ändern können. Im Zweifelsfall sollten Sie mit einer Suchmaschine arbeiten, um aktuellere Adressen herauszufinden.

Kapitel 9

- DASYLab von Datalog (Tochter von National Instruments GmbH)
- VisualDesigner in Intelligent Instrumentation (Tochter von Burr-Brown)
- HP VEE von Hewlett Packard

Dies ist nur eine Auswahl von Programmen, die für die Datenerfassung und Auswertung geeignet sind. Daneben gibt es noch zahlreiche Programme, die entweder nur die Datenerfassung oder nur die Auswertung ermöglichen. Insbesondere spezielle Auswerteverfahren oder Darstellungen erfordern meist die Anwendung von Sonderprogrammen wie z.B. SPSS oder FlexPro. Leider gibt es kein Programm, dass alle Anwendungen abdeckt, leicht zu erlernen ist und alle auf dem Markt befindlichen Geräte ansteuern kann. Sie müssen daher selbst die einzelnen Programme anschauen und überlegen, ob sie geeignet sind. Dies kostet jedoch Zeit, insbesondere wenn die Entscheidung nicht im Schnellverfahren bzw. anhand der Prospektangaben erfolgen soll. Eine Entscheidungsfindung per Prospekt ist keinesfalls zu empfehlen, da nach den Angaben im Prospekt bei vielen Programmen fast alles möglich ist. Die Unterschiede zwischen den Programmen liegen mehr in der Art und dem Zeitaufwand der Realisierung als in der prinzipiellen Möglichkeit, eine bestimmte Messaufgabe zu realisieren.

Wie können Sie nun herausfinden, welches Programm für Ihre Anwendung geeignet ist?

Falls eine Demoversion erhältlich ist, bietet dies eine gute Möglichkeit, ein Programm kennen zu lernen. Bei allen oben angeführten Programmen ist dies möglich. Sofern eine Einführung oder ein Tutorial enthalten ist, kann auch recht schnell die grundlegende Arbeitsweise erlernt werden, um einen Testlauf zu machen. Rechnen Sie dennoch mit zwei Tagen Zeitaufwand pro Programmtest.

Stellen Sie zunächst einen Katalog von Kriterien auf:

- Welcher Art sind die Messaufgaben: immer wechselnde Anwendungen oder immer gleicher Ablauf, immer gleicher Aufbau hinsichtlich Geräten und Aufnehmern oder jedes Mal andere Konfigurationen etc.
- Was soll gemacht werden: nur Messen, Messen und Auswerten, wie Auswerten etc.
- Wie lange soll die Messung mit welcher Geschwindigkeit ablaufen?
- Sollen die Daten schon während der Messung verarbeitet und dargestellt werden können, oder kann eine nachträgliche Auswertung erfolgen? Hierfür können evtl. zwei spezialisierte Programme verwendet werden.

Digitale Datenerfassung und Verarbeitung

Prüfen Sie zunächst, welche(s) Programm(e) Ihre Kriterien möglichst gut erfüllt, und prüfen Sie dann, welches davon sich leicht bedienen lässt und schnell erlernbar ist.

☞ Testen Sie als Letztes, wie gut die Hotline zu erreichen ist und ob Sie dort kompetente Ratschläge bekommen, die Ihnen im Falle eines Falles auch weiterhelfen.

Falls Sie sich dann für ein Programm entschieden haben, sollten Sie zusätzlich ein Seminar einplanen, um möglichst schnell den Einstieg zu finden. Komplexe Programme wie z. B. Diadem oder LabView erfordern durchaus Einarbeitungszeiten von zwei bis vier Wochen, bevor eine konkrete Anwendung abgewickelt werden kann. Teilweise bieten auch die Hersteller der Programme weitere Unterstützung bei der Einarbeitung an.

9.5 Digitale Messwerterfassung

Der Umgang mit der neuen Technik bringt sicher viele Vorteile, wie in den letzten Kapiteln dargestellt. Leider gibt es jedoch auch einige neue Probleme bzw. mögliche Fehlerquellen, die beim Einsatz beachtet werden müssen. Da mit Hilfe des PCs und entsprechender Messgeräte nicht mehr nur „ein paar" Messwerte erfasst werden, sondern einige 10.000 bis hin zu mehreren Millionen Werten pro Kanal, und das teilweise für mehrere tausend Kanäle, muss auch beim digitalen Messen zunächst ein Anforderungsprofil erstellt werden:

1. Wie viele Kanäle sind zu erfassen?
2. Welche Messrate ist für welchen Kanal nötig?
3. Wie lange müssen welche Daten aufgehoben werden?

Der letzte Punkt lässt sich in der Regel am leichtesten klären: Für den PC-Bereich existieren zahlreiche Geräte wie CD-ROM, optische oder Bandlaufwerke, die zur Archivierung geeignet sind. Bei nicht allzu hohen Ansprüchen genügt auch z. B. ein ZIP-Laufwerk. Kritischer ist die Frage, ob die Daten und Geräteeinstellungs-Protokolle im Originalformat aufgehoben werden sollen, denn dann ist ein Programm, das die Daten einlesen kann, ebenfalls zu archivieren. Wird alles in ASCII als Text aufgehoben, können alle Daten auch mit anderen Programmen noch nach Jahren wieder gelesen bzw. importiert werden. Diese Vorgehensweise ist insbesondere bei Langzeitarchivierung (>10 Jahre) zu empfehlen. Auf jeden Fall sollten Sie nicht nur die Messdaten speichern, sondern auch Angaben zur Erfassung: wann, wie, wo, mit welchen Verstärkereinstellungen, welche Aufnehmer etc. Die „reinen" Messwerte sind ohne solche Angaben in der Regel wertlos.

Kapitel 9

Die erste Frage nach der Anzahl der Messstellen ist wesentlich schwieriger zu beantworten, es lassen sich nur schwer allgemeine Kriterien dafür formulieren: Nehmen Sie lieber eine Messstelle zu viel, die als Kontrollmessstelle fungieren kann, als eine zu wenig, sodass die Messung wiederholt werden muss, da nur unzureichend Informationen vorliegen. Da diese Entscheidung aber mit Kosten verbunden ist, wird je nach Sachlage eine Abwägung getroffen werden müssen, wie viele Messstellen unbedingt nötig, wie viele wünschenswert und wie viele sinnvoll sind. Die Beantwortung der zweiten Frage wird in Abschnitt 9.5.1 vorgenommen, Abschnitt 9.5.2 ab Seite 199 zeigt eine Problematik auf, die erst mit dem Aufkommen der schnellen PC-Messtechnik und der Möglichkeit, viele unterschiedliche Messstellen schnell und parallel zu erfassen, relevant geworden ist.

9.5.1 Welche Messrate ist richtig?

Eine in der digitalen Messtechnik oft gestellte Frage ist die nach der richtigen Mess- oder Abtastrate. Es ist jedoch gar nicht so schwer, die Antwort zu finden. Abb. 9-6 zeigt, was passiert, wenn Sie bei einem abtastenden Messsystem eine zu niedrige Messrate wählen: Die gestrichelte Linie zeigt die Kurve, die Ihnen eine Grafik der Messwerte zeigen würde, die durchgezogene Linie ist das Originalsignal, das zu bestimmten Zeiten *gesampelt*, also abgetastet, wurde. Der Effekt heißt Alias: Man sieht eine (ganz andere) Kurve, die nur scheinbar im Signal vorhanden ist (Alias = falscher Name). Daher besitzen viele abtastend arbeitende Geräte so genannte Antialiasfilter.

Abb. 9-6:
Aliaseffekt bei zu niedriger Abtastrate

—— Originalschwingung   O Abtastzeitpunkte   — — "neue" Schwingung

Diese Filter verhindern, dass Signalamplituden gemessen werden, deren Frequenzen über der halben Abtastrate liegen[1]. Die wichtigste Frage, die Sie des-

Digitale Datenerfassung und Verarbeitung

halb als Erstes beantworten müssen, ist die nach der Bandbreite Ihres Systems. Prüfen Sie die analoge Bandbreite des Messverstärkers. Je nach Typ des Verstärkers (niedrige oder hohe Trägerfrequenz etc.) ist diese auf einige 10 Hz bis zu einigen Kilohertz beschränkt. Wenn Sie sicher sein möchten, dass Ihnen keine Werte verloren gehen, Sie also alle im analogen Signal vorhandenen Informationen auch bekommen, müssen Sie eine Messrate verwenden, die über dieser Bandbreite liegt. Rein rechnerisch ist nur der Faktor 2 nötig, dies bezieht sich aber auf die maximale Frequenz, die der Verstärker noch durchlässt (1 LSB des A/D-Wandlers) und nicht auf die angegebene -3 dB Bandbreite (siehe dazu den folgenden Abschnitt 9.5.2). In der Praxis sollten Sie daher mindestens den fünf- bis zehnfachen Wert der Bandbreite als Messrate wählen.

In vielen Geräten stehen nach der A/D-Wandlung digitale Tiefpassfilter zur Verfügung, die das Eliminieren unerwünschter Störungen ermöglichen. Es ist daher auch zu prüfen, auf welche Bandbreite dieses Filter gesetzt ist.

☞ Falls jedoch in dem vom Tiefpassfilter *unterdrückten* Bereich anstelle von Störungen Nutzsignale vorhanden sind, werden diese nicht gemessen und können deshalb auch nicht erkannt werden.

Wenn Sie daher die Art des zu messenden Signals nicht kennen, sollten Sie zunächst die größtmögliche analoge Bandbreite (maximale Frequenz des Tiefpassfilters) und die schnellste Messrate wählen. Nach einer „Probemessung" können Sie mit Hilfe eines Spektrums bestimmen, welche Signalfrequenzen überhaupt vorliegen (keine oder nur noch sehr geringe Amplitude mehr ab welcher Frequenz?). Stellen Sie dann die Bandbreite mit dem Tiefpassfilter auf den benötigten Wert ein (Sie können zur Sicherheit auf den doppelten Wert gehen), und geben Sie als Messrate das Fünffache der eingestellten Bandbreite ein.

9.5.2 Filterung von Signalen

Häufig sind Messsignale von Störungen überlagert, die die Messstelle mechanisch oder elektromagnetisch beeinflussen. Dies können z. B. Vibrationen sein, die durch den Untergrund auf das Messobjekt übertragen werden. Tiefpassfilter unterdrücken Frequenzen oberhalb einer bestimmten Grenzfrequenz, sie können deshalb benutzt werden, wenn die Störungen höhere Frequenzen haben als das Messsignal (Abb. 9-7).

---

1. Bei Verstärkern mit integrierenden Wandlern sind solche Filter häufig nicht notwendig, da die Integration höherfrequente Störungen unterdrückt.

Kapitel 9

Abb. 9-7:
Wirkungsweise eines
Tiefpassfilters

Sehr häufig ist dies der Fall bei statischen oder quasistatischen Messungen, aber auch bei schnelleren Vorgängen kann eine Unterdrückung höherfrequenter Störanteile sinnvoll sein. Leider hat die Filterung nicht nur positive Aspekte, sondern es können sich auch unerwünschte Effekte ergeben. Alle Tiefpassfilter haben einen typischen Amplitudengang, eine Laufzeit und zeigen eine bestimmte Sprungantwort. Die Werte für diese drei Merkmale sind abhängig vom eingesetzten Filtertyp und der gewählten Grenzfrequenz. Die Grenzfrequenz ist nach Definition diejenige Frequenz, bei der die Amplitude am Ausgang auf rund 70% (-3dB) des Signals am Eingang gesunken ist. Oft findet sich noch eine zweite Angabe, die - 1dB-Frequenz: Hier ist die Amplitude auf rund 90% des Signals am Eingang gesunken. Mit beiden Angaben können Sie die Steilheit des Filters gut rekonstruieren.

Meist stehen verschiedene Filtercharakteristiken zur Verfügung, die sich in ihrer Steilheit unterscheiden, z.B. Butterworth oder Bessel. Um Störungen zu unterdrücken, ist eigentlich das Butterworth-Filter besser geeignet, da es viel steiler ist und damit eine große Bandbreite besitzt, innerhalb derer die Amplituden der Nutzsignale unverfälscht durchgelassen werden, während der Übergang zum „Sperrbereich", d.h. dem Bereich, ab dem eine vollständige Unterdrückung stattfindet, relativ klein ist. Leider gibt es auch einen Nachteil: Das Signal am Ausgang dieses Filtertyps zeigt ein Überschwingen, das im Original nicht vorhanden ist. Deshalb wird in der Messtechnik meist das Bessel-Filter verwendet, bei dem keine Verfälschung des Signals auftritt. Allerdings ist der Übergangsbereich wesentlich größer, da das Filter bei weitem nicht so steil ist wie das Butterworth-Filter (Abb. 9-8 rechte Seite).

Digitale Datenerfassung und Verarbeitung

Abb. 9-8:
Sprungantwort und Amplitudengang

Ein weiterer Effekt, der bei praktisch jedem Filter auftritt, ist die Laufzeit, die das Signal benötigt, um vom Eingang des Filters zum Ausgang zu gelangen.

Abb. 9-9:
Auswirkung unterschiedlicher Filterlaufzeiten

Da diese Laufzeit ebenfalls vom Typ und von der Grenzfrequenz abhängt, bedeutet dies, dass bei einer parallelen Erfassung mehrerer Kanäle entweder alle Kanäle die gleichen Filter verwenden müssen oder eine rechnerische Korrektur unterschiedlicher Laufzeiten erfolgen muss, wenn der zeitliche Zusammenhang zwischen den Kanälen relevant ist. Ansonsten könnte wie in Abb. 9-9 der Eindruck entstehen, dass das Signalmaximum auf Kanal 2 nach dem Signalmaximum auf

201

Kapitel 9

Kanal 1 auftrat, während dies in Wirklichkeit nur daran lag, dass dieses Filter eine längere Laufzeit hatte als das von Kanal 1. Da in der Regel die Messwerte nicht zeitlich rückdatiert werden können, ist es oft leichter, die Kanäle, deren Filter nur kleine Laufzeiten haben, so weit nach „hinten" zu verschieben, dass die Laufzeit des langsamsten Filters erreicht wird. Berechnen Sie dazu die Anzahl von Messwerten, die in der fraglichen Zeit erfasst worden wären, erstellen Sie einen Kanal mit dieser Anzahl von Werten und setzen Sie alle Werte auf null. Hängen Sie dann den „zu schnellen" Kanal hinten an.

Beispiel 9-2

Ausgleich von Laufzeiten: Kanal 1 ist ein 5 kHz-Verstärker mit 900 Hz Bessel-Filter, Kanal 2 ein DC-Verstärker mit 20 Hz Bessel-Filter. Die Messrate für alle Kanäle beträgt 2400 Hz.

Aus den Datenblättern folgt für die Laufzeit von Kanal 1 0,47 ms und für Kanal 2 7,4 ms. Die Differenz beträgt damit knapp 7 ms. In dieser Zeit wurden rund 17 Messwerte erfasst.

☞ Erzeugen eines neuen Kanals mit 17 Nullwerten. An diesen Kanal den Kanal 1 hinten anhängen.

Nun sind beide Kanäle wieder zeitsynchron und die Auswirkung sowie zeitliche Verzögerung eines Signals von Kanal 1 auf Kanal 2 kann zeitlich ausgewertet werden.

Nicht immer haben unterschiedliche Laufzeiten direkte Auswirkungen auf die zeitlichen Zusammenhänge: Bei Reaktionszeiten im Sekundenbereich sind die Unterschiede in den Laufzeiten der Filter, die in der Regel im Millisekundenbereich liegen, zu vernachlässigen. Sobald jedoch zeitliche Zusammenhänge zwischen einzelnen Kanälen wichtig werden, die ebenfalls im Millisekundenbereich liegen, sind diese Verzögerungen zu berücksichtigen.

10 Abgleich von Messketten

M. Laible

10.1 Einleitung

Beim elektrischen Messen mechanischer Größen wird eine Messkette aus Aufnehmer, Verstärker (inkl. Generator) und Anzeige oder Auswertungseinheit aufgebaut. Um mit dieser Anordnung arbeiten (messen) zu können, sind einige Einstell- und Abgleichvorgänge nötig. Diese beginnen beim Anpassen von Messverstärker und Aufnehmer durch Anwählen der entsprechenden Betriebsart, z.B. Halb- oder Vollbrückenschaltung, oder dem Setzen der Speisespannung und gehen über Nullabgleich sowie evtl. C-Abgleich/Referenzphaseneinstellung bis hin zum Einstellen einer der Messgröße entsprechenden zahlenrichtigen Anzeige. Zur Klärung sollen die verschiedenen Begriffe nach [51] hier aufgelistet werden:

- *Justieren* oder *Abgleichen* heißt, ein Messgerät so einstellen, dass die Messabweichungen möglichst klein werden, d.h., es findet ein Eingriff statt, der das Messgerät bleibend verändert.

- *Kalibrieren* oder *Einmessen* bedeutet, die Messabweichungen am Messgerät feststellen, ohne dass eine Veränderung am Messgerät erfolgt. Das Kalibrieren durch Vergleich mit „Normalen" höherer Genauigkeit wird auch *Anschließen* oder *Rückführung* genannt.

- *Eichen* umfasst die von einer Eichbehörde nach Eichvorschriften vorzunehmenden Prüfungen (d.h. ein Kalibriervorgang) und das Erteilen eines Prüfstempels, wenn der Prüfling den Vorschriften entspricht. Dabei wird auch eine Frist festgelegt, innerhalb der zu erwarten ist, dass die Anforderungen weiterhin erfüllt werden.

Insofern ist der richtige Begriff für die im Folgenden beschriebenen Vorgänge das *Abgleichen*; häufig wird jedoch auch die (falsche) Bezeichnung *Kalibrieren* verwendet[1].

Beim Abgleichen *einer Messkette wird der Verstärker so verändert, dass die Anzeige ein geeignetes ganzzahliges Vielfaches der physikalischen Größe ergibt, z.B. bei einem Kraftaufnehmer für 5kN Nennlast eine Anzeige von 5000 bei Nennlast.*

---

1. Die Autokalibrierung eines Messgerätes macht allerdings nur Sinn, wenn etwaige Abweichungen vom Soll selbstständig (durch das Messgerät) korrigiert werden.

Kapitel 10

Beim Abgleich wird die Kennlinie des Messgerätes so justiert, dass die gewünschten Anzeigen erscheinen. Die Kennlinie eines Verstärkers ist die grafische Darstellung des Zusammenhangs zwischen Eingangs- und Ausgangsspannung:

$$U_A = f(U_E) \tag{10-1}$$

Die Kennlinie geht nach dem Nullabgleich durch den Nullpunkt (Abb. 10-1).

Abb. 10-1:
Parallelverschiebung der Kennlinie beim Nullabgleich

Durch Ändern der Steigung dieser Geraden kann die gewünschte Anzeige bei Nennlast eingestellt werden (Abb. 10-2 auf Seite 207). Dieser Vorgang der Veränderung der Verstärkung ist das *Justieren* des Verstärkers. Beide Schritte zusammen (Nullabgleich und Justieren) bilden den *Abgleich* der Messkette.

Abb. 10-2:
Änderung der Steigung der Kennlinie beim Justieren

Abgleich von Messketten

Meist sind jedoch zusätzliche Einstellungen notwendig: heutige Messverstärker bieten neben der Möglichkeit, die Speisespannung zu ändern auch vielfach die Option, Halb- oder Vollbrückenschaltungen anzuschließen, die verwendete Einheit im Display anzeigen zu lassen etc. Diese Einstellungen sind *immer vor* dem eigentlichen Abgleich durchzuführen.

Für die Durchführung dieses Abgleiches gibt es verschiedene Methoden sowohl für die verschiedenen Aufnehmertypen (DMS, DMS-Aufnehmer, induktiver Aufnehmer) als auch für unterschiedliche Geräte (neuere digitale Messverstärker oder analoge Messverstärker, evtl. noch mit 4-Leitertechnik).

Bei den verschiedenen Kombinationen von Aufnehmern und Geräten gibt es – im Wesentlichen – drei Möglichkeiten, einen Abgleich in der Praxis durchzuführen:

1. Simulation eines Signals am Aufnehmer.
2. Belasten eines Aufnehmers mit „echter" Last.
3. Angabe der Kenn- bzw. Prüfdaten der Aufnehmer.

In der Regel wird heute die dritte Methode benutzt, trotzdem haben die anderen beiden ihre Berechtigung nicht verloren. Das Aufbringen von definierten Belastungen ist z.B. eigentlich eine sehr gute Methode, die jedoch in der Praxis üblicherweise nur dann angewandt wird, wenn eine offizielle Kalibrierung erfolgt, z.B. die Eichung einer Waage. Ansonsten scheidet diese Methode entweder mangels Genauigkeit aus, oder es wird relativ teuer, da hochgenaue Eichgewichte benötigt werden. Trotzdem ist es sehr zu empfehlen, wenigstens einen Test mit echter Belastung (Gewichte, Füllung mit Wasser o.Ä.) zu machen, um den durchgeführten Abgleich zu verifizieren.

Vergleichen Sie die möglichen Vorgehensweisen, und finden Sie die für Ihren Fall beste heraus!

10.2 Messungen mit Dehnungsmessstreifen

10.2.1 Die Shunt-Kalibrierung

Beim Anschluss eines DMS wird dieser über die Wheatstone'sche Brückenschaltung an den Messverstärker angeschlossen. Wird nun der DMS mit einer positiven Dehnung beaufschlagt, so ändert sich dessen Widerstand, er wird größer. Der Wert dieser Widerstandsänderung lässt sich bei bekannter Dehnung aus der Gleichung 10-2 berechnen.

Kapitel 10

$$\frac{\Delta R}{R} = k \cdot \varepsilon \qquad (10\text{-}2)$$

Umgekehrt lässt sich natürlich auch eine bekannte Widerstandsänderung in eine Dehnung umrechnen. Dies wird bei der Shunt-Kalibrierung gemacht: Über einen Widerstand parallel zum DMS wird eine Widerstandsänderung erzeugt, die einer ganz bestimmten (berechenbaren) Dehnung entspricht (Abb. 10-3). Dieser berechnete Dehnungswert wird dann durch Justieren des Verstärkers in die Anzeige gebracht.

Abb. 10-3:
Prinzip der Shunt-Kalibrierung

Setzt man $R_1 = R_2 = R_3 = R_4 = R$, so errechnet sich der resultierende Widerstand R_r aus der Parallelschaltung von R_p und R_1 zu:

$$R_r = \frac{R \cdot R_p}{R + R_p} \qquad (10\text{-}3)$$

Damit folgt für ΔR:

$$\Delta R = R_r - R \qquad (10\text{-}4)$$

Eingesetzt in Gleichung 10-2 ergibt sich:

$$\frac{R_r - R}{R} = k \cdot \varepsilon$$

$$\frac{\frac{R \cdot R_p}{R + R_p} - R}{R} = k \cdot \varepsilon$$

Abgleich von Messketten

$$\frac{R_p}{R+R_p} - 1 = k \cdot \varepsilon$$

$$\varepsilon = \frac{1}{k} \cdot \left(\frac{R_p}{R+R_p} - 1\right)$$

oder mit Einheiten

$$\varepsilon = \frac{1}{k} \cdot \left(\frac{R_p}{R+R_p} - 1\right) \cdot 10^6 \, \frac{\mu m}{m} \qquad (10\text{-}5)$$

Mit Gleichung 10-5 lässt sich zu einem gegebenen Widerstand R_p und dem DMS-Widerstand R die vom Shunt simulierte Dehnung ε berechnen, auf die die Anzeige justiert werden muss.

Beispiel 10-1

$R_{DMS} = R = 120\Omega$; $R_p = 100k\Omega$; $k = 2{,}04$

$$\varepsilon = \frac{1}{2{,}04} \cdot \left(\frac{100000}{100000 + 120} - 1\right) \cdot 10^6 \, \frac{\mu m}{m}$$

$$\varepsilon = -588 \, \frac{\mu m}{m}$$

Beispiel 10-2

$R_{DMS} = R = 350\Omega$; $R_p = 100k\Omega$; $k = 2{,}00$

$$\varepsilon = \frac{1}{2{,}0} \left(\frac{100000}{100000 + 350} - 1\right) \cdot 10^6 \, \frac{\mu m}{m}$$

$$\varepsilon = -1744 \, \frac{\mu m}{m}$$

Der Shuntwiderstand sollte ein Präzisionswiderstand sein, der sich auch bei Temperaturschwankungen nicht ändert (z.B. Metallfilm mit TK0). Die Genauigkeit der Kalibrierung hängt von den Widerstandstoleranzen ab. Für den DMS sind Toleranzen zwischen 0,1% und 0,5% üblich, daher sollte auch die Toleranz des Shuntwiderstandes 0,1% oder weniger betragen.

Der besondere Vorteil der Shunt-Kalibrierung liegt in der Tatsache, dass die gesamte Messkette in den Abgleich einfließt, also auch alle Kabeleinflüsse erfasst werden.

10.2.2 Der Abgleich durch Eingabe der Kennwerte

Diese Art des Abgleichs ist nur bei neueren Geräten möglich. Der Abgleich vereinfacht sich erheblich, da nur noch die relevanten Zahlen am Gerät eingegeben werden. Zunächst muss jedoch eine Umrechnung erklärt werden: Welche Verstimmung in mV Ausgangsspannung pro Volt Brücken-Speisespannung ergibt sich bei einer bestimmten Dehnung?

Für die Wheatstone'sche Brückenschaltung gilt:

$$\text{Verstimmung} = \frac{U_A}{U_B} = \frac{1}{4} \cdot \frac{\Delta R}{R} \qquad (10\text{-}6)$$

Unter der Voraussetzung, dass in einer Wheatstone-Brücke nur ein aktiver DMS mit k-Faktor $k = 2{,}0$ vorhanden ist, ergibt sich mit Gleichung 10-2:

$$\frac{U_A}{U_B} = \frac{1}{4} \cdot k \cdot \varepsilon = \frac{1}{2} \cdot \varepsilon \qquad (10\text{-}7)$$

Für eine Dehnung von z.B. 2000 µm/m folgt:

$$\frac{U_A}{U_B} = \frac{1}{2} \cdot 2000 \cdot 10^{-6} = 10^{-3} \qquad (10\text{-}8)$$

$$\frac{U_A}{U_B} = 1 \, \frac{mV}{V} \qquad (10\text{-}9)$$

Daraus ergeben sich die Werte in Tabelle 10-1. Sie geben also lediglich diesen Zusammenhang ein. Wenn Sie z.B. Dehnungen bis 2000 µm/m messen möchten, geben Sie ein: 2000 µm/m bei 1 mV/V.

Tabelle 10-1: Dehnung und Verstimmung für Einzel-DMS

Dehnungswert	Verstimmung der WB
100 µm/m	0,05 mV/V
500 µm/m	0,25 mV/V
1000 µm/m	0,5 mV/V
2000 µm/m	1 mV/V
4000 µm/m	2 mV/V

Abgleich von Messketten

10.2.3 Die Berücksichtigung von k-Faktoren

Bisher erfolgten alle Rechnungen und Einstellungen unter der Annahme k = 2,0. Dies dürfte jedoch in den meisten Fällen nicht zutreffen. Da der k-Faktor lediglich angibt, wie viel mehr oder weniger der aktuelle DMS an Signal gegenüber dem „Standard-DMS" mit k = 2,0 liefert, muss lediglich dieser Unterschied (beide Werte sind nötig) berücksichtigt werden.

Am einfachsten ist dies, wenn Sie als Messbereich 4000 µm/m gewählt haben – geben Sie dann einfach den k-Faktor als Messbereich ein. In allen anderen Fällen müssen Sie entsprechend umrechnen.

Beispiel 10-3

Messbereich 1 mV/V = 2000 µm/m, k-Faktor 2,04

Messbereich auf $\dfrac{1 \cdot 2,0}{2,04} = 0{,}98\,\text{mV/V}$ bei Anzeige 2000 µm/m einstellen

Auch bei älteren analogen Geräten ist eine Berücksichtigung des k-Faktors möglich, z.B. durch nachträgliche Korrektur des Anzeigewertes.

Beispiel 10-4

k-Faktor 2,04, Anzeige 342

Für die Dehnung ergibt sich:

$$\varepsilon = \frac{342 \cdot 2{,}0}{2{,}04}\,\frac{\mu m}{m} = 335\,\frac{\mu m}{m}$$

10.3 Messungen mit DMS-Aufnehmern

10.3.1 Der Abgleich durch direkte Belastung des Aufnehmers

Nach dem Nullabgleich wird eine bekannte Last in den Aufnehmer eingeleitet und der Messverstärker auf die entsprechende Anzeige eingestellt (Abb. 10-4).

Beispiel 10-5

- Nullabgleich durchführen
- Last 5 kg einleiten
- Anzeige auf 5000 einstellen

Kapitel 10

Abb. 10-4:
Abgleich durch direkte Belastung

Diese zunächst sehr einfach erscheinende Art des Abgleichs kann leider in der Praxis nur in Ausnahmefällen verwendet werden:

- es muss eine entsprechende Last zur Verfügung stehen (man denke an eine 100t Wägezelle oder an einen 50bar Druckaufnehmer)
- die Genauigkeit der Kalibrierung hängt von der Genauigkeit der verwendeten Normale ab.

Speziell die Forderung „hohe Genauigkeit" ist in der Praxis nur mit entsprechend hohem Aufwand zu erfüllen. Daher werden Aufnehmer beim Hersteller mit hochpräzisen Prüfmaschinen kalibriert. Aus dem Prüfprotokoll des jeweiligen Aufnehmers sind dann die Abweichungen vom Idealwert ersichtlich. Wenn der Abgleich mit direkter Belastung jedoch durchführbar ist, so ergibt sich ein Vorteil: Es sind alle störenden Einflüsse und Fehler durch die Krafteinleitung oder die Justierung der verwendeten Aufnehmer erfasst.

Um den Aufwand zu verdeutlichen, der für eine hochgenaue Krafteinleitung nötig ist, möchte ich Ihnen nachfolgend einige Kriterien nennen, die für die 1967 installierte 240kN Belastungsmaschine im DKD-Prüflabor (Deutscher Kalibrierdienst) bei der Firma Hottinger Baldwin Messtechnik in Darmstadt zu erfüllen waren. Um die angestrebte hohe Messgenauigkeit durch Direktbelastung mit Massen zu erreichen, muss sichergestellt werden, dass

- die Kraft genau in Achsrichtung in den Aufnehmer eingeleitet wird
- die Massen stoßfrei aufgesetzt werden
- die örtliche Fallbeschleunigung bekannt ist (Zusammenhang zwischen Masse und Kraft): $g = (9{,}81045 \pm 3 \cdot 10^{-6})\,m/s^2$
- die Veränderung der Erdbeschleunigung über die Höhe (10m) des Gewichts-Stapels berücksichtigt wird: $20 \cdot 10^{-6}\,m/s^2$

Da die Hottinger Baldwin Messtechnik GmbH seit 1977 als (erste) Kalibrierstelle des DKD anerkannt ist, wird diese Anlage auch zur Prüfung beim Erstellen amtli-

Abgleich von Messketten

cher Bestätigungen (Kalibrierschein) verwendet. Selbstverständlich müssen bei jedem Hersteller von Aufnehmern mehrere Anlagen mit verschiedenen Messbereichen vorhanden sein, die in festgelegten Zeiträumen mit den jeweiligen nationalen Kontrollnormalen verglichen werden.

Abb. 10-5 zeigt den Bedienteil der fertigen Konstruktion in der heutigen Form, die Abbildungen 10-6 und 10-7 geben einen Einblick in Aufbau und Dimension der Anlage.

Der letztlich erreichte Gesamtfehler dieser Anlage ist kleiner als 0,002%!

Abb. 10-5:
Der obere Teil der Belastungsmaschine heute

Kapitel 10

Abb. 10-6:
Die Gewichte beim Einbau

Abb. 10-7:
Die Gewichte im eingebauten Zustand

Abgleich von Messketten

10.3.2 Der Abgleich mit Shunt-Kalibrierung

Leider ist (bedingt durch den Aufwand) der oben beschriebene Abgleich in der Praxis vor Ort meist nicht anwendbar. Nun könnte man versuchen, den Abgleich mit Shuntwiderständen durchzuführen. Dies ist jedoch normalerweise ebenfalls nicht möglich. Der Grund liegt in der internen Beschaltung des Aufnehmers (Abb. 10-8).

Abb. 10-8:
Interne Schaltung eines DMS-Aufnehmers

Zwischen den von außen zugänglichen Anschlusspunkten liegt nicht nur ein DMS, sondern es sind auch diverse Abgleich- und Linearisierungselemente verschaltet. Da deren Widerstand nicht genau bekannt ist, lässt sich auch die eintretende Verstimmung durch den Anwender nicht mehr berechnen, und ein Abgleich wird unmöglich. Nur wenn ein vom Hersteller vorgesehener Shunt bereits im Aufnehmer eingebaut ist (Abb. 10-9), kann die Shunt-Kalibrierung verwendet werden; in diesem Fall wird jedoch vom Hersteller der jeweilige Wert für das Ausgangssignal bei Verwendung des Shunts angegeben (meist ca. 50% bis 80% des Messbereiches).

Beispiel 10-6

Drehmomentmesswelle 500 Nm

Kalibriersignal 255 Nm

Abgleich mit dem im Aufnehmer eingebauten Shuntwiderstand:
- Nennmessbereich einstellen
- Nullabgleich durchführen
- Shunt anschalten
- Signal messen lassen und zugehörige Laststufe (255 Nm) am Messverstärker angeben
- Shunt deaktivieren

Kapitel 10

Abb. 10-9:
Aufnehmer mit
eingebautem
Shunt

10.3.3 Der Abgleich mit einem Kalibriergerät

Insbesondere bei älteren Geräten, die nicht über die 6-Leiterschaltung verfügen, ist ein Abgleich mit Kalibriergerät notwendig. Kalibriergeräte sind mit Fehlern unter 0,0025% erhältlich.

Durchführung des Abgleichs mit Kalibriergerät

- Voreinstellungen vornehmen (Speisespannung/Brückenart/Einheit)
- Kalibriergerät an Stelle des Aufnehmers anschließen.
- Nullabgleich durchführen.
- Verstimmung einstellen (z. B. 2 mV/V) und am Messverstärker die Anzeige auf den Nennwert des Aufnehmers (z. B. 50 kN) justieren.
- Erneuten Nullabgleich mit dem Aufnehmer nicht vergessen!

Vorausgesetzt ist sowohl hier als auch im vorhergehenden Abschnitt, dass der Aufnehmer fehlerfrei eingebaut wurde. Daher wird in der Praxis bei Wägeeinrichtungen oft eine Kontrolle des erstmalig erfolgten Abgleichs mit einer Belastung durch Eichgewichte oder bei Drucksystemen mit einem durch eine Druckwaage erzeugtem Prüfdruck durchgeführt.

10.3.4 Der Abgleich durch Eingabe der Kennwerte

Wie schon bei den DMS vereinfacht sich auch für Aufnehmer der Abgleich erheblich, wenn nur die Eingabe der Aufnehmerkennwerte nötig ist. Dies ist bei (fast) allen modernen Geräten möglich, die über 6-Leiterschaltung und Autokalibrierung verfügen, da diesen Geräten nur noch die „Eingangsgrößen" mitgeteilt werden müssen, alle anderen Einstellungen, Umrechnungen etc. können intern im Gerät erfolgen.

Durchführung des Abgleichs

- Voreinstellungen vornehmen (Speisespannung/Brückenart/Einheit)
- Aufnehmer-Kennwert (z.B. 2mV/V) für den Messbereich eingeben.
- Messbereichsendwert (Aufnehmer-Nennlast) eingeben (z.B. 20t).
- Nullabgleich bei entlastetem Aufnehmer durchführen.

Zu erwähnen ist, dass der *Nennkennwert* bei allen Aufnehmern eine – von der Qualität des Aufnehmers abhängige – Toleranz hat (ein typischer Wert für einen guten Kraftaufnehmer ist z.B. ±0,1%). Wenn eine Kalibrierung mit höherer Genauigkeit vorgenommen werden soll, so ist der *tatsächliche* Kennwert aus dem Prüfprotokoll des Aufnehmers zu entnehmen, z.B. 1,9994mV/V (dies entspricht -0,03%).

10.4 Messungen mit induktiven Aufnehmern

Bei induktiven Aufnehmern ist – im Unterschied zu DMS-Aufnehmern – der Abgleich mit „Last", also eine Verschiebung mit Endmaßen, die in der Praxis am besten funktionierende und daher auch am häufigsten benutzte Methode. Dies ist dadurch bedingt, dass bei diesem Aufnehmertyp zum einen eine relativ hohe Streuung des Kennwertes vorliegt (±1% bis ±10% vom Nennkennwert), und zum anderen dieser Wert auch stark von den Kabel- und Verstärkerverhältnissen (Widerstand und Kapazität) beeinflusst wird. Ein qualitativ hochwertiger Abgleich muss alle Störgrößen mit einbeziehen und daher eine Justierung mit einer entsprechenden Maßverkörperung vornehmen. Je nach Typ des Aufnehmers sind noch weitere Besonderheiten zu beachten, z.B. muss bei einigen induktiven Aufnehmern erst der mechanische Nullpunkt bestimmt werden etc. Lesen Sie daher unbedingt in der Betriebsanleitung des Aufnehmers nach, welches Verfahren der Hersteller empfiehlt.

10.5 Besonderheiten beim Abgleich

Mit einem Aufnehmer, der für den Anschluss in 4-Leiterschaltung kalibriert ist (hierbei wird das Anschlusskabel des Aufnehmers in die Kalibrierung vollständig einbezogen, also auch die Änderungen des Kabelwiderstands mit der Tempera-

Kapitel 10

tur), und bei Verwendung der 4-Leitertechnik kann theoretisch nur dann fehlerfrei gemessen werden, wenn das Aufnehmerkabel ohne Verlängerung, also direkt, an den Verstärker angeschlossen wird. Sie können jedoch einen in 4-Leiterschaltung kalibrierten Aufnehmer problemlos an einen Verstärker mit 6-Leiterschaltung anschließen. Das Aufnehmerkabel sollte in diesem Fall möglichst dicht beim Aufnehmer (z.B. als Ring aufgewickelt) verbleiben. Es darf *keinesfalls* gekürzt werden, da sonst die Kalibrierung nicht mehr stimmt (siehe oben: Kabelwiderstand ist in der Aufnehmerkalibrierung enthalten). Der Anschluss sollte wie in Abb. 10-10 gezeigt erfolgen: Die Verbindungen Fühlerleitung–Speiseleitung werden im Stecker des Aufnehmers vorgenommen.

Abb. 10-10:
Anschluss von Aufnehmern in 4-Leitertechnik an Verstärker mit 6-Leiterschaltung

Die meisten Aufnehmer sind jedoch für den Betrieb mit 6-Leiterschaltung ausgelegt. Für die Durchführung der Kalibrierung ergibt sich durch die 6-Leitertechnik eine bedeutende Vereinfachung: Da der Kabeleinfluss ausgeregelt wird, muss das Kabel nicht mehr in die Kalibrierung einbezogen werden, d.h., der Abgleich vereinfacht sich auf die Eingabe der entsprechenden Kennwerte.

Ein Aufnehmer, der in 6-Leiterschaltung kalibriert ist, kann *nicht fehlerfrei* an einen alten Messverstärker mit 4-Leiterschaltung angeschlossen werden. Bei Verstärkern in 6-Leitertechnik *müssen die Rückführleitungen unbedingt angeschlossen sein*, da sonst aufgrund der nicht vorhandenen Regelung eine erhöhte Speisespannung am Aufnehmer anliegen kann und somit auch zu hohe Werte am Ausgang der Wheatstone'schen Brücke entstehen würden. In der Regel wird von digitalen Verstärkern eine Fehlermeldung angezeigt, dies ist jedoch nicht bei allen Geräten der Fall, insbesondere nicht bei analogen Geräten.

10.5.1 Der Abgleich von Trägerfrequenz-Messverstärkern

Bei TF-Verstärkern können sich einige Besonderheiten beim Abgleich ergeben. Dies liegt daran, dass das Kabel zwischen Aufnehmer und Messverstärker nicht nur einen ohmschen Widerstand hat, sondern auch Kabelkapazitäten. Dies führt

Abgleich von Messketten

u.U. zu zusätzlichen Fehlerquellen, die bei älteren Messgeräten durch einen geeigneten Abgleich beseitigt werden müssen.

10.5.1.1 Nullabgleich C

Der Anschluss einer Wheatstone'schen Brückenschaltung mit 4 Adern an den Messverstärker ergibt bei Berücksichtigung der Kapazitäten der Kabel untereinander das in Abb. 10-11 gezeigte Bild: Es existiert also eine kapazitive Brücke parallel zur ohmschen Brücke. Bei starker Unsymmetrie der Kapazitäten entsteht dadurch eine Verstimmung und demzufolge eine Aussteuerung des Messverstärkers. Dies kann in ungünstigen Fällen dazu führen, dass bei zusätzlicher Verstimmung des Aufnehmers der Messverstärker übersteuert wird.

Abb. 10-11:
Kabelkapazitäten der
Adern untereinander

In der Praxis spielt jedoch bei DMS-Voll- und -Halbbrücken sowie qualitativ guten Messkabeln dieser Effekt keine Rolle. Lediglich bei Viertelbrücken, induktiven Aufnehmern oder sehr schlechtem Kabel sind Auswirkungen zu befürchten. Wenn jedoch eine Abgleichmöglichkeit am Verstärker vorgesehen ist, so muss zumindest kontrolliert werden, ob der C-Abgleich richtig durchgeführt ist, da durch einen falschen Abgleich genauso ein Fehler entstehen kann wie z.B. durch schlechte Kabel.

Vorgehensweise beim C-Abgleich

- Normalen Nullabgleich durchführen (teilweise mit *Nullabgleich R* für resistiv bezeichnet).
- Aussteuerungsanzeige des Messverstärkers (Modulation) mit Hilfe des C-Abgleiches auf *Minimum* stellen (vgl. Abb. 10-12).
- Evtl. normalen Nullabgleich nachjustieren.

Kapitel 10

Abb. 10-12:
Frontplatte eines analogen Messverstärkers mit Aussteuerungsanzeige und Referenzphasen-Einstellmöglichkeit sowie C-Abgleich-Potentiometer

10.5.1.2 Referenzphasenabgleich

Ein weiterer Kabeleffekt entsteht dadurch, dass jede Ader auch eine Kapazität gegen den Kabelschirm hat.

Abb. 10-13:
Kabelkapazitäten der Adern gegen die Abschirmung

In Verbindung mit dem Kabelwiderstand entsteht dadurch ein Tiefpass, der sowohl die Bandbreite begrenzt (über 100 m ergibt Grenzfrequenzen <20 kHz) als auch eine Phasenverschiebung des Messverstärker-Eingangssignals gegenüber dem Generatorsignal zur Folge hat (rechts oben in Abb. 10-14 auf Seite 219). Die Verringerung der Grenzfrequenz führt dazu, dass schnelle Signaländerungen (Impulse) nicht mehr originalgetreu übertragen werden, was insbesondere bei Gleichspannungsverstärkern problematisch werden kann; bei TF-Verstärkern mit ihrer ohnehin wesentlich niedrigeren Bandbreite entsteht hierdurch meist noch kein Fehler. Allerdings führt die Phasenverschiebung im Demodulator zu einer Fehlanpassung, sodass die Ausgangsspannung (hinter dem Tiefpass) niedriger wird (rechts unten in Abb. 10-14). Dies kann beim Justieren zunächst durch Einstellen einer höheren Verstärkung ausgeglichen werden, in ungünstigen Fällen könnte der Verstärker jedoch durch die Erhöhung der Maximalamplitude übersteuert wer-

Abgleich von Messketten

den. Daher sollte bei Messverstärkern, die über eine Einstellmöglichkeit verfügen, zusätzlich immer auch die Referenzphaseneinstellung überprüft werden.

Abb. 10-14: *Demodulation bei richtiger und grob falscher Phasenlage;*
$U_{E/G}$ = **E**ingangssignal des Verstärkers bzw. **G**eneratorsignal,
U_{AD} = **A**usgang **D**emodulator und U_A = **A**usgang Messverstärker

Vorgehensweise beim Referenzphasenabgleich:

- Nach dem Null- und C-Abgleich Aufnehmer oder Kalibriergerät verstimmen (ca. 50% – 80% der Nennverstimmung).
- Mit dem Potentiometer „Ref.-Phase" (siehe Abb. 10-12 auf Seite 218) das *Ausgangssignal*, also meist die Digitalanzeige, und nicht wie in Abschnitt 10.5.1.1 in diesem Kapitel die *Aussteuerung*, auf *Maximum* einstellen.
- Weiteren Abgleich durchführen, also richtigen Anzeigewert einstellen etc.

☞ *Bei heutigen Messverstärkern sind diese zusätzlichen Abgleichschritte meist nicht mehr notwendig.*

Heutige Messverstärker sind, wie weiter oben bereits ausgeführt, generell in 6-Leitertechnik ausgeführt. Wenn dies zusätzlich so gestaltet ist, dass der Abgleich der Referenzphase automatisch durchgeführt wird, indem zur Demodulation als Referenz *nicht die Generatorspannung*, sondern die *rückgeführte Speisespannung* verwendet wird, entfällt die gesamte Prozedur des C-Abgleichs und der Referenzphaseneinstellung.

Kapitel 10

10.6 Zusammenfassung

Je nach Gerät und Aufnehmer können verschiedene Methoden für den Abgleich einer Messstelle verwendet werden. Im Allgemeinen wird entweder

1. Brückenart, Speisespannung und Einheit gewählt
2. der Kennwert sowie die Nennlast eingegeben
3. der Nullpunkt unter Einbaubedingungen gemessen

oder bei älteren Verstärkern in 4-Leitertechnik:

1. Brückenart und Speisespannung gewählt
2. der Nullpunkt abgeglichen (R und evtl. C-Abgleich)
3. eine Verstimmung am Aufnehmer oder mit einem Kalibriergerät am Aufnehmerort erzeugt
4. bei TF-Verstärkern die Phasenlage kontrolliert
5. der dazugehörige Anzeigewert eingestellt, d.h. der Verstärker justiert

Das bei einer Verstimmung aufzubringende Kalibriersignal sollte ca. 50% bis 100% des Nennsignals oder des später erwarteten Messsignals betragen.

Für das Einstellen der Speisespannung gilt:

- Speisespannung so hoch wie möglich wählen, um ein möglichst gutes Signal-Rausch-Verhältnis zu erhalten.
- Vorsicht bei DMS: Maximalwert aus dem Datenblatt beachten. Zu hohe Speisespannung führt zu erhöhter lokaler Eigenerwärmung, das DMS-Signal driftet zunächst nach dem Einschalten und stabilisiert sich dann; es ergibt sich jedoch ein *Messfehler* infolge veränderten E-Moduls. Daher in diesem Fall unbedingt eine kleinere Speisespannung wählen.

11 Durchführen von Messungen

M. Laible

11.1 Einleitung

Obwohl manchmal nach der Devise gehandelt wird, „mal schnell eine Messung machen", sollte die Vorbereitung, d. h. die Planung der Durchführung einer Messung, sorgfältig erfolgen, da sowohl die beteiligten Messketten als auch die investierte Arbeitszeit in der Regel viel Geld kosten. Daher sollen in diesem Kapitel zunächst einige Hinweise für die Durchführung von Messungen gegeben werden. Die Überlegungen betreffen zwar in erster Linie Messungen zu Forschungs- oder Prüfzwecken, viele der aufgeführten Punkte lassen sich aber auch auf die Einrichtung einer Messkette in der Prozessautomatisierung übertragen.

11.2 Aufgabenstellung

Zunächst muss die Aufgabenstellung für ein Messprojekt mit dem Auftraggeber genau abgesprochen werden. Dabei ist es wichtig, das genaue Ziel der Messung zu erfahren, da dies die Messbedingungen, d. h. die Art und Anzahl der erforderlichen Messstellen, den Umfang der Messung sowie den Versuchsablauf und seine Auswertung bestimmt. Manchmal kann das Ziel einer Untersuchung nur mit einer anderen Herangehensweise als ursprünglich vorgesehen erreicht werden. Außerdem muss mit dem Auftraggeber über den zeitlichen Ablauf des Projekts, die Rahmenbedingungen und natürlich die Kosten gesprochen werden.

Zu den Messbedingungen gehören beispielsweise:

- welche Signalfrequenzen sollen erfasst werden (zwingend notwendig für die Auslegung der Messkette, notfalls ist dies durch eine Voruntersuchung ermitteln)
- welche Genauigkeit ist für die Messung notwendig (dies beeinflusst die Auswahl der Messgeräte, Aufnehmer, Schaltungen und Messverfahren ganz entscheidend)
- welche/wie viele Messwerte sind mindestens erforderlich, um das Ziel zu erreichen

Kapitel 11

- sind Reservemessstellen erforderlich, falls Originalmessstellen ausfallen (z.B. bei nicht wiederholbaren Messungen, die das Prüfobjekt zerstören)
- welche Kontrollmöglichkeiten sind einzuplanen
- welche Auswertung und Darstellung der Ergebnisse wird verlangt

Zum zeitlichen Ablauf des Projekts gehören beispielsweise:

- Zeiten für die Beschaffung von notwendigen Geräten und Material
- Zeiten für die Ausbildung von Personal
- Zeiten für den Versuchsaufbau bzw. Montage der Aufnehmer und Geräte
- Zeitpunkt und Dauer der Messung
- ist ein Vorlauf zur Bestimmung von Referenzwerten nötig
- Zeiten für die Demontage
- wann sollen die Ergebnisse vorliegen

Die Rahmenbedingungen beinhalten beispielsweise:

- klimatische Umgebungsbedingungen
- allgemeine Umgebungsbedingungen wie Erreichbarkeit (Straße oder Feldweg) oder Netz- und Kommunikationsanschlüsse (Telefon, Handy etc.)
- die Zugänglichkeit des Messobjektes
- Platz für Aufnehmer, Kabel, Messgeräte und ihre Montage
- Platz für das Bedienpersonal während der Messung
- darf das Objekt verändert werden (z.B. Bohrungen für Kabel)

☞ Alle Absprachen sollten schriftlich festgehalten werden, um Mißverständnisse zu vermeiden.

11.3 Planung

11.3.1 Allgemeines

Nachdem die Aufgabenstellung mit dem Auftraggeber abgesprochen ist, erfolgt die Planung der Messung. Dabei sollte man sich den eigentlichen Zweck der Messung immer wieder vergegenwärtigen. Ein Messfehler, der z.B. durch ein falsches Messverfahren entsteht, ist weder rechnerisch noch sonst auf irgendeine Weise

Durchführen von Messungen

erfassbar oder gar korrigierbar. Nur eine Wiederholung der Messung mit einem anderen Verfahren kann solche Schwachstellen aufzeigen. Es ist daher äußerst wichtig, durch sorgfältige Planung der Messung mögliche Schwachstellen zu entdecken und durch geeignete Maßnahmen sicherzustellen, dass keine Fehler entstehen.

Problematisch sind insbesondere:

- ungeeignete Mess- oder Auswerteverfahren
- falsche Bedienung von Messgrößenaufnehmern oder Messgeräten
- Protokollierfehler
- Vernachlässigung von Fehlerquellen

Am Anfang steht die Auswahl eines geeigneten Messverfahrens und die Betrachtung aller Einflussgrößen (Störgrößen) für die Messung: Temperatur, Werkstoff, Feuchtigkeit, Luftdruck, Gebäudeschwingungen, schlechte Qualität der Netzspannung bzw. Stromversorgung, nieder- und hochfrequente elektromagnetische Einstreuungen etc. Während der Messung sollten Sie immer die Plausibilität des Ergebnisses überprüfen und nicht zuletzt empfehle ich – soweit möglich – eine überschlägige Kontrollrechnung für das Ergebnis. So können Sie feststellen, ob die theoretischen Erwartungen und das Ergebnis in derselben Größenordnung liegen. Ist das nicht der Fall, sollten Sie unbedingt nach den Gründen dafür (falsche Theorie oder schlechte Messung?) suchen und im Zweifelsfall die Messung sorgfältig wiederholen.

Nach der Festlegung des Messverfahrens empfiehlt es sich, alle Parameter, wie z.B. verwendete Geräte und Aufnehmer, Kabelart und Länge etc., in einem Protokoll festzuhalten. Anhand der Spezifikationen der Geräte und Aufnehmer und der durch sie gegebenen Abweichungen können Sie dann eine Abschätzung der erreichbaren minimalen (unbekannten) systematischen Messabweichungen durchführen (siehe Kapitel 12, *Berechnung der Messunsicherheit*) und eine erste Bewertung, ob Aufwand und Nutzen im richtigen Verhältnis stehen. Eventuell ist es auch möglich, den Messaufwand zu reduzieren. Andererseits können Sie am Ergebnis erkennen, ob – und wenn ja, an welcher Stelle in der Messkette – Verfahren mit kleineren Messabweichungen verwendet werden müssen, um die geforderte Messunsicherheit des Ergebnisses, d.h. die Genauigkeit der Messung, einhalten zu können.

11.3.2 Temperatur als Störgröße

11.3.2.1 Auswirkungen von Temperaturänderungen

Da für einen großen Teil der Messungen die Temperatur als potentielle Störgröße auftritt, für einen anderen Teil, insbesondere bei Messungen im Labor, diese jedoch keine Rolle spielt, soll an dieser Stelle auf die Probleme und Lösungsmöglichkeiten sowie auf die Durchführung von Temperaturmessungen im Allgemeinen in einem eigenen Abschnitt eingegangen werden, obwohl das Thema Temperaturmessung primär nicht unter das Messen mechanischer Größen fällt.

Alle Eigenschaften der Stoffe, alle physikalischen und chemischen Vorgänge sind mehr oder weniger stark temperaturabhängig. Beim elektrischen Messen mechanischer Größen können Temperaturänderungen die Messergebnisse verfälschen, wenn nicht durch besondere Maßnahmen der Einfluss der Temperatur kompensiert wird. Temperaturänderungen bewirken im Wesentlichen:

- Nullpunktdrift der Aufnehmer
- Änderung der Empfindlichkeit der Aufnehmer
- Änderung des Widerstands und der Kapazität von Messleitungen, die bei manchen Messverfahren das Messergebnis beeinflussen
- Nullpunktdrift im Messverstärker, A/D-Wandler und der Signalverarbeitung
- Änderung des Verstärkerfaktors in Messverstärker oder Signalverarbeitung.

Bei einigen Aufnehmern kommt noch eine Veränderung der Kennlinie hinzu, d.h. der Linearität. Der Temperatureinfluss kann nur verhindert werden, indem Kalibrierung und Messung bei der gleichen, über die Zeit unveränderlichen Temperatur ausgeführt werden (thermokonstanter Raum).

☞ Der Einfluss von Temperaturänderungen kann nicht verhindert, sondern nur durch geeignete Maßnahmen kompensiert werden.

11.3.2.2 Kompensation des Temperatureinflusses

Wenn es die Messaufgabe zulässt, sollte man Aufnehmer wählen, die infolge des zugrunde liegenden physikalischen Prinzips nur eine geringe Temperaturabhängigkeit besitzen. Hier erübrigen sich unter Umständen weitere Kompensationsmaßnahmen, wenn die Größe des Temperatureinflusses im Vergleich zum Wert der zu messenden Größe vernachlässigt werden kann.

Durchführen von Messungen

Durch konstruktive Maßnahmen beim Bau der Aufnehmer und Messverstärker lässt sich der Temperatureinfluss verringern. Manchmal lässt es sich auch erreichen, dass der Temperatureinfluss eines Bauteils den eines anderen ganz oder wenigstens teilweise aufhebt. Ein Beispiel hierfür sind Dehnungsmessstreifen mit angepasstem Temperaturkoeffizienten (so genannte selbstkompensierte DMS, Abschnitt 2.3.4 ab Seite 49). Die Güte der Temperaturkompensation entscheidet oft über die Qualität des Sensors.

Schaltungstechnische Maßnahmen ermöglichen ebenfalls in vielen Fällen eine Kompensation der Temperatureinflüsse. Beispiele sind Halb- oder Vollbrückenschaltung mit DMS zur Temperaturkompensation, wie sie in Abschnitt 2.3.3 ab Seite 47 beschrieben sind, ebenso die in Abschnitt 1.6.2.2 ab Seite 22 genannten Schaltungen zur Eliminierung der Änderung der Kabelwiderstände bei Messungen mit DMS.

Die bei DMS erläuterten Differenzschaltungen können auch bei anderen Sensoren zur Temperaturkompensation verwendet werden: Es müssen zwei Sensoren mit möglichst gleichem Temperaturgang an der Messstelle so angebracht werden, dass *beide* möglichst die gleiche *Temperatur* haben, jedoch nur *ein* Sensor die zu *messende Größe* aufnimmt (aktiver Sensor). Der andere, passive Sensor wird von der Messgröße nicht beeinflusst, sondern nur von der Temperatur. Die Messsignale beider Sensoren werden über einen Verstärker gegeneinander geschaltet (Abb. 11-1). Die hierdurch entstehende Differenz der Signalspannung bleibt von Temperaturveränderungen weitgehend unbeeinflusst. Da in der Praxis die Temperaturgangkurven der beiden Sensoren jedoch nicht ideal gleich sind, bleibt ein so genannter Resttemperaturfehler. Fehler können bei dieser Methode auch entstehen, wenn durch große Temperaturgradienten an der Messstelle beide Sensoren unterschiedliche Temperaturen haben.

Abb. 11-1:
Kompensation des Temperatureffektes mit zwei Sensoren

Eine rechnerische Berücksichtigung des Temperaturgangs ist grundsätzlich immer möglich, jedoch ist der Aufwand meist größer als bei den vorher genannten Methoden. Die Größe des Temperatureinflusses auf den Sensor kann näherungsweise dem Datenblatt entnommen werden. Der Temperaturgang ist eine systematische Abweichung und kann als Korrektur bei der Auswertung berücksichtigt werden. Dies setzt voraus, dass die Temperatur an der Messstelle während der Messung bekannt ist und den vom Sensor gelieferten Messwerten zugeordnet werden kann. Hierzu ist eine simultane Registrierung von Messwert und Temperatur notwendig; dies erhöht den Aufwand für die Messung, weil zu jeder Messstelle für die gesuchte mechanische Größe eine zusätzliche Temperaturmessstelle notwendig ist. Falls eine Temperaturgangkurve des Sensors bekannt ist, kann dann die zur jeweiligen Temperatur gehörende Korrektur des Messwerts vorgenommen werden.

Da die Temperaturgangkurve für den Aufnehmer in der Regel nicht vom Hersteller mitgeliefert wurde, muss sie in einem Vorversuch ermittelt werden. Falls der Hersteller nur die mittleren Werte für einen Aufnehmertyp angibt (wie z.B. bei DMS) und nicht individuell für jeden Sensor gemessene Werte, gehen die Exemplarstreuungen der einzelnen Aufnehmer, für die vom Hersteller Toleranzen angegeben werden sollten, als systematische Messunsicherheit in die Unsicherheit der Messung als solcher mit ein.

Die Feststellung des Temperaturgangs von vielen Messstellen, die Durchführung der eigentlichen Messungen sowohl für die jeweiligen Geber als auch für die dazugehörigen Temperaturmessstellen und die Ermittlung der sich hieraus ergebenden Korrekturen sind sehr aufwändig; eine derartige Kompensation des Temperatureinflusses lässt sich deshalb nur bei Verwendung von rechnergesteuerten Messanlagen ausführen. Dabei ist es dann möglich, die meist nicht linearen Temperaturgangkurven für jede Messstelle individuell zu speichern. Nach der Messung der einzelnen Temperaturgangkurven werden sie vom Rechner in der Regel durch Ausgleichspolynome ersetzt, von denen für die jeweilige Messstelle nur die Koeffizienten gespeichert werden. Nach jeder Messung werden vom Rechner mit Hilfe der Koeffizienten aus den Polynomen die Korrekturen berechnet und von den Messwerten abgezogen.

In ähnlicher Weise kann auch eine eventuell vorhandene Temperaturabhängigkeit der Sensorempfindlichkeit berücksichtigt werden.

11.3.2.3 Temperaturmessung

Das zuletzt genannte Verfahren der Kompensation des Temperatureinflusses setzt die genaue Kenntnis der Temperaturen an der Messstelle bzw. des Aufnehmers voraus. Von den sehr zahlreichen Effekten zur technischen Temperaturmessung seien hier nur die genannt, die in Verbindung mit dem elektrischen Messen mechanischer Größen sinnvoll sind:

– Thermoelemente

– Widerstandsthermometer

– Halbleiter-Temperatursensoren

Durchführen von Messungen

Alle genannten Aufnehmer gehören zur *Berührungsthermometrie*, die auf der Tatsache beruht, dass die Temperatur von zwei Körpern sich so lange ausgleicht, bis beide dieselbe Temperatur angenommen haben. Der Ausgleich erfolgt über Wärmeleitung bei direkter Berührung, durch Konvektionsströmung der umgebenden Luft und Wärmestrahlung. Ob die Temperatur des Thermometers nach dem Ausgleich die zu messende ursprüngliche Temperatur des Körpers zeigt, hängt von verschiedenen Bedingungen ab:

- Die Masse des Thermometers muss klein sein gegenüber der Masse des Körpers.
- Das Thermometer muss in einem möglichst guten Wärmekontakt mit dem Körper sein.
- Das Thermometer darf möglichst wenig Wärme an die Umgebung abführen (Wärmeisolierung auch zur Verhütung von Wärmeabstrahlung).

Die o. g. Messverfahren gestatten meist eine ausreichend genaue Messung der Temperatur des Temperaturfühlers. Durch falsches Anbringen der Sensoren oder die Wahl eines für den speziellen Fall ungeeigneten Temperaturfühlers können jedoch beträchtliche Messfehler entstehen im Hinblick auf die tatsächliche Temperatur der Messstelle.

Bei der Messung mit Thermoelementen ist zu beachten, dass hierbei aus Prinzip immer eine Differenzmessung stattfindet zwischen der Temperatur am Thermoelementkopf (der Verbindung zweier Metalle) und dem Übergabepunkt (Vergleichsstelle) von Thermo- oder Ausgleichsleitung auf die Anschlussleitung (Kupfer) bzw. den Stecker. Daher muss an der Vergleichsstelle entweder die Temperatur ebenfalls erfasst werden, oder es muss diese mit einem Thermostaten auf einer bestimmten Temperatur, z. B. 60°C, gehalten werden. Letzteres Verfahren wird heute seltener verwendet, meist sind in die Übergabestelle kleine Halbleitertemperaturfühler integriert, die in einem kleinen Bereich (10°C bis 40°C) ausreichend genau die Temperatur erfassen. Zu beachten ist jedoch, dass die Kompensation nur in einem bestimmten Bereich erfolgen kann und dass an der Übergabestelle eine gleichmäßige Temperatur herrschen muss. Sie darf keinen Temperaturgradienten aufweisen, z. B. weil sie von einem Lüfter angeblasen wird.

Die Messung mit Halbleiter-Temperatursensoren ist in der Regel nur in einem begrenzten Temperaturbereich möglich. Teilweise sind Schaltungen zur Umrechnung in die Temperatur bereits in den Sensor integriert, es wird dann direkt eine temperaturproportionale Spannung abgegeben. Ein Beispiel für die Temperaturmessung mit LWL ist in Abschnitt 7.3.1 in Kapitel 7 ab Seite 151 zu finden. Da diese Aufnehmer allerdings nicht industriell genormt sind, werden meist die „Standardverfahren" Thermoelement oder Pt-100 verwendet.

Neben den *Berührungsthermometern* gibt es noch die *Strahlungsthermometer*, z. B. die berührungslos arbeitende Infrarot-Temperaturmessung. Diese werden jedoch selten bei den hier besprochenen Messungen eingesetzt und deshalb hier nicht weiter betrachtet.

Zeitverhalten eines Thermometers

Ändert sich die Temperatur der Messstelle sprungartig von ϑ_1 auf ϑ_2, so zeigt das Thermometer die neue Temperatur erst nach einer gewissen Zeit an. Bei guter Wärmeleitfähigkeit erfolgt der Temperaturausgleich am Thermometer gemäß einer e-Funktion (Abb. 11-2). Sie wird charakterisiert durch die Zeiten, bei denen der Messwert 50% ($t_{0,5}$) und 90% ($t_{0,9}$) des Endwertes erreicht. Einige Hersteller geben auch die Zeiten für 63,2% (entspricht der Zeitkonstanten τ) und 90% an. Je nach Ausführung können die „Einschwingzeiten" auf den Endwert bei einigen Millisekunden (schnelle Thermoelemente: 100 ms) bis zu mehreren Sekunden liegen, bei ummantelten Temperaturfühlern auch länger.

Abb. 11-2:
Einschwingfunktion

Für die Anzeige M_A gilt bei gegebenem Endwert M_E:

$$\frac{M_A}{M_E} = 1 - e^{-\frac{t}{\tau}} \qquad (11\text{-}1)$$

Daraus folgt, dass erst nach einer Zeit, die dem Fünffachen der Zeitkonstante entspricht, der Messfehler kleiner als 1% wird.

Bei Thermoelementen ist zu beachten, dass diese eine galvanische Verbindung zum Messobjekt haben können. Bei der Verwendung mehrerer Fühler ergeben sich dann Brummschleifen, die nur durch galvanisch getrennte Verstärker (Isolierverstärker) unterbrochen werden können.

Durchführen von Messungen

Bei Widerstandsthermometern ist zu beachten, dass die Speiseströme eine Eigenerwärmung erzeugen, die je nach Medium (Luft/Flüssigkeit) unterschiedlich stark ist. Auch darf nicht jeder Sensor mit Gleich- oder mit Wechselspannung gespeist werden, meist darf eine Frequenz von 500 Hz nicht überschritten werden, da sonst induktive Effekte die Messung verfälschen.

Ganz allgemein gilt: Temperaturfühler mit Thermoelementen sind kleiner und deshalb schneller, aber nicht so genau wie Pt-100 Widerstandstemperaturfühler. Je nach gewählter Toleranzklasse [53] sind die Abweichungen zwischen angezeigtem Wert und tatsächlicher Temperatur unterschiedlich groß, Widerstandsthermometer mit Pt-10, Pt-100, Pt-500 oder Pt-1000 sind jedoch mit sehr engen Toleranzen erhältlich. Dank moderner Fertigungstechnik sind auch sehr kleine Ausführungen, z.B. mit 0,5 mm Durchmesser, oder aufklebbare Sensoren erhältlich.

11.3.3 Dokumentation

In eine Skizze oder Zeichnung des Messobjektes sollten die einzelnen Messstellen, die Kabelführung und der Platz für die Messgeräte eingetragen werden. Es empfiehlt sich auch, die Messstellen mit einer Codierung zu nummerieren, aus der Art und Position erkennbar sind. Falls erforderlich, müssen auch Detailzeichnungen angefertigt werden: Für jede Messstelle muss der passende Aufnehmer, die zu verwendende Schaltung etc. festgelegt werden.

Nach der Fertigstellung des Messstellenplans ist leicht ersichtlich, was an Material, Werkzeugen, Geräten, etc. benötigt wird.

11.3.4 Letzte Fragen

Bei Messungen unter rauen Umgebungsbedingungen, beispielsweise auf Baustellen, sind eventuell besondere Schutzmaßnahmen gegen Blitzeinwirkung oder gegen eine mechanische Beschädigung erforderlich, z.B. Verlegen der Messkabel in Metallrohren. Manchmal ist es auch zweckmäßig, „Dummy-Messstellen" einzuplanen, die immer denselben Messwert erzeugen. Daran können dann Fehlbedienungen oder Fehlfunktionen der Messgeräte erkannt werden. Vergessen Sie auch nicht, die Frage des Stromnetzes (und seiner Störungen) sowie der Masseverbindungen zu klären, desgleichen die Unterbringung bzw. den Standort der Bediener während der Messung.

Falls ein bestimmter Zeitrahmen für die Messung vorgegeben ist, muss nach der Ermittlung des Zeitbedarfs geprüft werden, ob der Termin eingehalten werden kann. Hierfür gibt es geeignete Software, die ein Planen und Überwachen der kritischen Phasen erlaubt.

11.4 Vorbereitung der Messung

Nach dem Aufbau der Messkette ist diese abzugleichen, es müssen u. U. Formulare oder Programme erstellt werden, die die Erfassung aller relevanten Daten wie Datum, Uhrzeit, Witterung, Temperatur, Luftfeuchtigkeit etc. ermöglichen. Diese Formulare und Programme sollten unbedingt in einem „Probelauf" getestet werden. Zum Abschluss der Vorbereitungen werden die einzelnen Messketten in geeigneter Weise protokolliert, z.B. mit Fotos.

11.5 Praktische Durchführung

Während der Messung muss ein vollständiges Messprotokoll entstehen, damit der Vorgang nachvollziehbar wird. Wenn bei der abschließenden Kontrolle festgestellt wird, dass die Messwerte nicht stimmen, kann mit dem Protokoll möglicherweise rekonstruiert werden, woher der Fehler kommt, und die Messung kann durch eine Korrektur berichtigt werden. Ohne Protokoll muss die gesamte Messung wiederholt werden.

Während der Messung sollte nach Möglichkeit kein Personalwechsel erfolgen. Ist ein Wechsel unumgänglich, so muss sichergestellt werden, dass das neue Personal sorgfältig und vollständig eingewiesen wird. Jeder Wechsel ist im Protokoll zu vermerken.

☞ Der Leiter einer größeren Messung sollte nur den Ablauf überwachen, damit er bei unerwarteten Ereignissen oder Problemen rechtzeitig eingreifen kann. Deshalb sollte er nicht durch eine feste Aufgabe gebunden sein.

Nach dem Ende der Messung sollte die Messeinrichtung nicht sofort abgebaut werden, sondern unverändert stehen bleiben, bis die Ergebnisse kontrolliert sind. Ergibt die Kontrolle unerwartete Resultate oder Fehler, kann so nachgeprüft werden, ob Fehler an der Messeinrichtung oder in ihrer Bedienung vorliegen, notfalls kann eine Wiederholungsmessung erfolgen. Ein typisches Beispiel ist die Messung mit einer Vollbrücke, wobei der Betriebsartenschalter am Messverstärker auf „Halbbrücke" steht. In diesem Fall wird nur ca. die Hälfte der zu messenden Größe angezeigt. Ist der Fehler nachweisbar, kann er auch rechnerisch korrigiert werden. Erst wenn feststeht, dass keine Nachprüfungen oder Messungen mehr erforderlich sind, sollte der Abbau beginnen.

12 Berechnung der Messunsicherheit

M. Laible

12.1 Einleitung

Um Aussagen über die Zuverlässigkeit der Messergebnisse machen zu können, müssen die Messabweichungen bestimmt werden. Dies wird oft vernachlässigt, da die Materie angeblich schwierig und das Verfahren aufwändig ist. Dies ist jedoch falsch, wie das folgende Kapitel zeigen wird. Um das konkrete Vorgehen darzustellen, wird die Berechnung der Messunsicherheit im Anschluss an die theoretische Erläuterung an einem praktischen Beispiel vorgeführt.

Alle Messungen werden mit einer *Messeinrichtung* durchgeführt (Abb. 12-1), das Ergebnis ist der Messwert. Zwischen den einzelnen Komponenten sind die Messsignale vorhanden.

Abb. 12-1:
Schema einer Messeinrichtung

Die in der Messeinrichtung verwendeten Geräte bilden die so genannte *Messkette*, die auch vielfach digital ausgeführt ist (Abb. 12-2). Bei jeder Messung gibt es verschiedene Einflüsse, die eine Abweichung des Ergebnisses vom „wahren Wert" bewirken. Eine Angabe, in welchen Grenzen der wahre Messwert erwartet wird, wie hoch also die Messabweichungen sind, ist deshalb unverzichtbar, da nur dann das Ergebnis richtig und vollständig bestimmt ist.

Kapitel 12

```
nichtelektrische  ──▶ │Aufnehmer│ ── elektrisches ──▶ │ Meß-      │ ──▶ normiertes ──▶
Messgröße                         Messsignal          │verstärker │     elektrisches
                                                                        Messsignal


──▶ │ A/D-    │ ── digitales ──▶ │ Mikro-  │ ── digitales ──▶ │Ausgabe│
    │ Wandler │    Messsignal    │ rechner │    Messergebnis
```

Abb. 12-2: *Schema einer digitalen Messkette*

Eine wichtige erste Unterscheidung für die Betrachtung ist nach der Art der Messung zu treffen: Wurde *ein* Objekt mehrfach gemessen, handelt es sich um wiederholte Messungen, also *Wiederholbedingungen* (Normalfall). Wird jedoch an *mehreren gleichartigen* Objekten gemessen, so liegen *Vergleichbedingungen* vor (meist wird jedoch auch hier an den einzelnen Objekten mehrfach gemessen). Dementsprechend werden auch die einzelnen Messabweichungen bezeichnet, z. B. Vergleichstandardabweichung oder Wiederholstandardabweichung.

Die auftretenden Quellen für die Messunsicherheit lassen sich in zwei Kategorien einteilen:

1. zufällige Messabweichungen
2. systematische Messabweichungen

Bereits nach der vorletzten Überarbeitung der DIN-Normen 1319 (siehe [61] bis [63]), die in den Jahren 1980 bis 1985 erfolgte, wurde der Begriff *Fehler* nur noch für bestimmte Größen verwendet; in den meisten Fällen wurde er durch „Abweichung" ersetzt, um eine Vereinheitlichung und exaktere Bezeichnung zu erreichen. In der aktuellen Fassung (siehe [57] bis [60]) wird statt „Abweichung" der Begriff „Messabweichung" verwendet. Die Bezeichnung „Grober Fehler" entfällt bereits seit 1985 ganz. Dies ist sinnvoll, da ein Messfehler, der z. B. durch ein ungeeignetes Messverfahren entsteht, weder rechnerisch noch sonst auf irgendeine Weise erfassbar oder gar korrigierbar ist. Nur eine Wiederholung der Messung mit einem anderen Verfahren kann solche Schwachstellen aufzeigen, d. h. diese Fehler gehen vollständig in die systematischen Abweichungen ein. Es ist daher äußerst wichtig, durch sorgfältige Planung der Messung (siehe Kapitel 11 ab Seite 221) mögliche Schwachstellen zu entdecken und sicherzustellen, dass keine Fehler entstehen.

Zur Kennzeichnung der *Messunsicherheiten* wird der Buchstabe u verwendet, zur Unterscheidung verschiedener Anteile wird $u(x_1)$, $u(x_2)$, etc. benutzt. Der Buchstabe x wird deshalb benutzt, weil alle Größen, die an der Auswertung beteiligt sind, also alle Einflussgrößen oder Größen, die der Korrektion dienen, zur Berechnung der Messunsicherheit der Messgröße gleichgestellt werden. Als Bezeichnung für die *Messabweichungen* verwendet die aktuelle Fassung den Buchstaben *e* (von englisch *error*).

Erwähnt werden soll noch, dass es im internationalen Rahmen keine der DIN 1319 entsprechende *Norm* gibt, es existiert jedoch eine ISO-Empfehlung, der *Guide to the Expression of Uncertainty in Measurement* [66]. Obwohl es einige Unterschiede gibt, sind die Differenzen m.E. nicht sehr groß: die DIN-Norm bezieht alle Angaben auf einen „wahren Wert", der jedoch de facto nie bestimmt werden kann. Dies wird in den ISO-Richtlinien umgangen, der Begriff „wahrer Wert" taucht nicht auf: Es gibt Messwerte und Abweichungen, sonst nichts. Ob der „wahre Wert" einer Messung innerhalb des angegebenen Intervalls liegt, lässt sich letztlich nur über Vergleichsmessungen entscheiden: Falls diese alle auf den gleichen Wertebereich kommen, so ist die Wahrscheinlichkeit groß, dass der „wahre Wert" gefunden wurde.

Die folgenden Ausführungen betreffen den Fall, dass nur eine *einzelne* Messgröße durch Messungen bestimmt wird. Dies trifft im Alltag der Messtechnik für viele Messungen zu. In allen anderen Fällen sind die Verfahren aus DIN 1319-3 [59] und DIN 1319-4 [60] anzuwenden, die eine Berücksichtigung der Fortpflanzung von Messunsicherheiten durch Aufstellen einer Modellfunktion für die zu untersuchende Größe erlauben.

12.2 Messabweichung und Messunsicherheit

12.2.1 Zufällige Messabweichung e_r

Alle Messungen sind von zufälligen Störgrößen überlagert, die eine Streuung der Messwerte bewirken. Dazu gehören Effekte wie Lagerreibung, Temperatur, Luftdruck, elektrische und magnetische Störfelder, Inhomogenität des Messobjektes, Strahlung oder Rauschen, um nur einige zu nennen. Allgemein spricht man von „nicht beherrschbaren Änderungen der Werte der Messgröße oder der Einflussgrößen oder nicht beherrschbaren Einflüssen der Messgeräte". Auch „nicht einseitig gerichtete Einflüsse des Beobachters" z.B. bei der Ablesung werden zu den zufälligen Messabweichungen gezählt.

Die verschiedenen Einflüsse sind allerdings nicht zu trennen, und der Gesamteinfluss kann nur durch statistische Verfahren abgeschätzt werden. Im allgemeinen Fall liegen die Messwerte mit einer gewissen Wahrscheinlichkeit um den *Mittelwert* herum verteilt – die Messwerte streuen. Der Mittelwert ist der Schätzwert für den Erwartungswert der Messgröße. (Falls keine systematischen Messabweichungen vorlägen, wäre der Mittelwert der Erwartungswert des wahren Wertes.) Als Maß für die Art und den Umfang der Streuung dient die *Standardabweichung*.

Kapitel 12

Die Standardabweichung *s* wird auch empirische (d.h. durch Messung ermittelte) genannt, um sie von der wahren Standardabweichung σ_r[1], deren Schätzwert sie ist, zu unterscheiden.

Glücklicherweise handelt es sich bei den meisten Messungen um Vorgänge, die voneinander unabhängig sind. In diesem Fall unterliegen die Messwerte einer Normalverteilung, d.h., bei unendlich vielen Messungen ergibt sich eine (Gauß'sche) Normalverteilung (Glockenkurve in Abb. 12-8 auf Seite 240). Ein Gegenbeispiel wären Messungen an einem Objekt, das bereits durch die erste Messung plastisch verformt wird: Hier sind die folgenden Messwerte nicht mehr unabhängig davon, ob die erste Messung stattfand oder nicht, d.h., sie sind auch nicht voneinander unabhängig. Wird jedoch der gesamte Vorgang mit mehreren Objekten wiederholt, so sind die Messungen des gesamten Vorgangs wieder *vergleichbar*. Es handelt sich dann allerdings nicht um *Wiederholbedingungen,* sondern um *Vergleichbedingungen.*

Mittelwert und Standardabweichung lassen sich heutzutage mit den meisten Taschenrechnern direkt berechnen. Für den Mittelwert von v_j Messwerten gilt:

$$\bar{v} = \frac{1}{n} \cdot \sum_{j=1}^{n} v_j \qquad (12\text{-}1)$$

Die Standardabweichung lässt sich nach Gleichung 12-2 berechnen:

$$s = \sqrt{\frac{1}{n-1} \cdot \sum_{j=1}^{n} (v_j - \bar{v})^2} \qquad (12\text{-}2)$$

12.2.2 Messunsicherheit aufgrund zufälliger Einflüsse

Mittelwert und Standardabweichung stellen jedoch nur Schätzwerte für die Parameter μ und σ der Verteilung der Messwerte dar. (Zur Ermittlung der tatsächlichen Parameter müssten tausende von Messungen erfolgen.) Um die Abhängigkeit von der Anzahl der Messwerte zu berücksichtigen, wird als Maß für die Unsicherheit aufgrund zufälliger Einflüsse $u_r(x_1)$ deshalb die *Standardabweichung des Mittelwertes* verwendet:

---

1. σ_r ist die Standardabweichung unter Wiederholbedingungen, σ_R unter Vergleichbedingungen

Berechnung der Messunsicherheit

$$u_r(x_1) = \frac{s}{\sqrt{n}} = \sqrt{\frac{1}{n(n-1)} \cdot \sum_{j=1}^{n} (v_j - \bar{v})^2} \quad (12\text{-}3)$$

Wenn aus früheren Messungen, die unter vergleichbaren Bedingungen durchgeführt wurden, bereits die Standardabweichung s_0 der Verteilung bekannt ist, so kann auch Gleichung 12-4 verwendet werden.

$$u_r(x_1) = \frac{s_0}{\sqrt{n}} \quad (12\text{-}4)$$

12.2.3 Systematische Messabweichung e_s

Systematische Messabweichungen werden z.B. hervorgerufen durch Unvollkommenheiten des Messverfahrens, der Geräte und des Messgegenstandes. Die Messabweichungen sind im Allgemeinen zeitlich veränderlich, z.B. aufgrund von Alterung, sie haben jedoch ein bestimmtes Vorzeichen. Auch nicht erkannte „grobe Fehler" führen zu systematischen Abweichungen. Systematische Messabweichungen können z.B. durch Vergleich von Messgeräten mit anderen, genaueren Messgeräten oder durch Kalibrieren mit einem *Normal* festgestellt werden. Auch das Wiederholen einer Messung mit anderen Geräten in einem anderen Labor kann solche systematischen Messabweichungen deutlich machen. Nach Möglichkeit sind Messungen so durchzuführen, dass die Messabweichungen während der Messzeiten einen konstanten Betrag haben.

Dies ist natürlich in der Praxis nicht ohne weiteres durchführbar; hinzu kommt noch, dass eine *genaue* Ermittlung aller systematischen Messabweichungen unmöglich ist. Deswegen werden diese Messabweichungen in *bekannte systematische Messabweichungen* ($e_{s,b}$) und *unbekannte systematische Messabweichungen* ($e_{s,u}$) unterteilt.

☞ Unter Wiederholbedingungen sind systematische Messabweichungen prinzipiell nicht erkennbar, nur bei unter Vergleichbedingungen durchgeführten Messungen könnten Unterschiede im Ergebnis durch diese Messabweichungen entstanden sein.

12.2.3.1 Bekannte systematische Messabweichung $e_{s,b}$

Bekannte systematische Abweichungen – die auch als Fehler einer Messeinrichtung bezeichnet werden dürfen – müssen durch eine entsprechende *Korrektion* berücksichtigt werden, sonst ist das Ergebnis *unrichtig!*

Kapitel 12

Die Korrektion selbst kann entweder in Form einer Addition (Gleichung 12-5) von Mittelwert und Korrektion (= systematische Messabweichung mit umgekehrten Vorzeichen) oder durch Multiplikation mit dem Korrekturfaktor erfolgen.

$$y = \bar{v} + K \qquad (12\text{-}5)$$

12.2.3.2 Unbekannte systematische Messabweichung $e_{s,u}$

Systematische Messabweichungen, von denen zwar bekannt ist, dass sie auftreten, die aber nicht eindeutig ermittelt werden können, oder bei denen der Aufwand zur Ermittlung unverhältnismäßig groß wäre, werden als unbekannte systematische Messabweichungen behandelt. Sie können durch den unbekannten Fehler eines Messgerätes oder durch zwar bekannte, aber nicht vermeidbare und auch nicht genau quantifizierbare Fehler hervorgerufen werden. Sie werden dadurch berücksichtigt, dass ihr Einfluss abgeschätzt wird, z.B. anhand der Herstellerunterlagen der verwendeten Geräte.

Nicht vergessen werden sollte bei dieser Vorgehensweise, dass die Datenblätter der Hersteller zwar oft die einzigen Informationsquellen sind, die in diesen enthaltenen Zahlen jedoch nur bedingt in der Realität erreicht werden. Um z.B. die Größe der Nichtlinearität zu charakterisieren, sind verschiedene Verfahren möglich, die zu jeweils anderen Zahlenwerten führen.

Exkurs: Bestimmung der Nichtlinearität bei induktiven Aufnehmern

Viele induktive Aufnehmer besitzen einen Verfahrbereich in positiver und negativer Richtung. Um nun die Nichtlinearität zu bestimmen, könnte man, wie in Abb. 12-3 auf Seite 237 gezeigt, einen Aufnehmer ausgehend vom Nullpunkt in eine Richtung bis zum Nennweg verfahren, die tatsächliche Kennlinie messen und die Abweichung von der idealen Linie in Prozent des Nennkennwertes als Linearitätsfehler angeben: Nullpunkt − (einseitiger) Endwert. Anstelle des Nennkennwertes als Bezug könnte natürlich auch der tatsächliche Maximalwert verwendet werden, auch dies ergibt evtl. geringfügig bessere Werte.

Wesentlich interessanter sind aber weitere Kombinationen: Muss die Ideallinie durch den Nullpunkt und den Endwert gehen, oder genügt die bestpassende Gerade nur durch den Nullpunkt (Abb. 12-4 auf Seite 237)?

Muss bei Aufnehmern, die beidseitige Messbereiche haben, auch der negative Ast in die Angabe eingehen? Sollte die Gerade dann nicht frei durch die Messkurve gelegt werden, ohne Bezug zu Null- oder Endwert (Best Fit, Abb. 12-5 auf Seite 237)?

Berechnung der Messunsicherheit

Abb. 12-3:
Bestimmung der Nichtlinearität

Abb. 12-4:
Beste Gerade durch Null

Abb. 12-5:
Bestpassende Gerade (Best Fit)

Auf dem Markt sind noch weitere Definitionen zu finden, je nach Anwendungsgebiet, Aufnehmertyp oder Hersteller. So könnten z. B. bei einem Aufnehmer mit beidseitigem Messbereich die bestpassenden Geraden durch jeweils den Endpunkt ermittelt und dann davon die schlechtere zur Kennzeichnung verwendet werden (schlechtere Endpunktgerade, Abb. 12-6).

Kapitel 12

Abb. 12-6:
Schlechtere Endpunktgerade

— bessere Gerade
---- Bewertungsgerade (schlechtere Gerade)

Oder man könnte die Abweichung vom Nennwert bei positiver und bei negativer Richtung addieren und durch zwei teilen (Mittelwert), durch diese zwei Punkte eine Gerade ziehen und dann die Abweichung von dieser „idealen" Geraden bestimmen (Abb. 12-7).

Abb. 12-7:
Abweichung nach Mittelwertdefinition

Sie sehen, es gibt eine ganze Reihe möglicher Definitionen. Dabei ist keine dieser Definitionen die allein „wahre", ja es gibt sogar in den Normen, die für die verschiedenen Bereiche der Messtechnik gelten, durchaus unterschiedliche Definitionen, z.T. aufgrund internationaler Regelungen. Daher muss in der Praxis immer mit Abweichungen zwischen erzielbarer Kennlinie und angegebenen Werten gerechnet werden. Tabelle 12-1 zeigt, welche Werte sich ergeben, wenn drei Aufnehmer nach vier verschiedenen Definitionen berechnet werden.

Berechnung der Messunsicherheit

Tabelle 12-1: Resultate unterschiedlicher Linearitätsdefinitionen

Definitionen	Aufnehmer Typ 1	Aufnehmer Typ 2	Aufnehmer Typ 3
Nullpunkt (freier Endwert)	±0,0355%	±0,1580%	±0,0950%
Best Fit	±0,0365%	±0,1950%	±0,0896%
schlechtere Endpunktgerade	±0,0500%	±0,2300%	±0,1190%
Mittelwert	±0,0370%	±0,1800%	±0,1060%

Wenn schon bei der simplen Feststellung der Nichtlinearität so viele verschiedene Definitionen möglich sind, lässt sich erahnen, wie viele Definitionen z. B. für die Angabe des Temperaturgangs beim Endwert möglich sind: Wird der gesamte Temperaturbereich betrachtet oder nur der Gradient um 22°C und worauf wird das Ergebnis bezogen usw.

Die in den Datenblättern angegebenen Werte sind daher mit Vorsicht zu behandeln, im Zweifelsfall muss beim Hersteller nachgefragt werden, nach welcher Definition oder welcher Norm der jeweilige Aufnehmer geprüft wurde.

12.2.4 Messunsicherheit aufgrund unbekannter systematischer Abweichungen

Da in der Regel mehrere (geschätzte) Einzelfehler zusammengefasst werden müssen, wird oft gefragt, wie die Anteile summiert werden sollen. Dies ist jedoch eindeutig in DIN 1319 bestimmt: Da es um die Ermittlung der wahrscheinlichen Messunsicherheit geht und nicht um die Ermittlung des größtmöglichen Fehlers, werden die einzelnen Abweichungen u_x nach Gleichung 12-6 summiert.

$$u_s = \sqrt{u_1^2 + u_2^2 + \ldots + u_n^2} \qquad (12\text{-}6)$$

☞ Falls lediglich eine untere Grenze a_i und eine obere Grenze b_i für die *möglichen* Werte einer Einflussgröße angegeben werden können, lässt sich die Messunsicherheit wie folgt angeben:

$$u_s(x_i) = \frac{b_i - a_i}{\sqrt{12}} \qquad (12\text{-}7)$$

12.2.5 Ermittlung der gesamten Messunsicherheit

Für die Berechnung des vollständigen Messergebnisses muss zunächst die Korrektur des Mittelwertes erfolgen:

$$y = \bar{v} + K \tag{12-8}$$

Für die Messunsicherheit sind die beiden Komponenten unbekannte systematische Messabweichung und zufällige Abweichung zu kombinieren:

$$u(y) = \sqrt{u_s^2 + u_r^2} \tag{12-9}$$

Da Herstellerangaben oft in Prozent erfolgen, kann es vorteilhaft sein, auch bei der Messung jeweils die relative Unsicherheit zu berechnen, solange $y \neq 0$ ist, damit sich die Messunsicherheit in Prozent o. Ä. angeben lässt:

$$u_{rel}(y) = \frac{u(y)}{|y|} \tag{12-10}$$

12.2.6 Grafische Erläuterung der Zusammenhänge

Alle Begriffe sind in Abb. 12-8 grafisch dargestellt, um den Zusammenhang zu verdeutlichen. Bitte beachten Sie die Richtung der jeweiligen Pfeile. Als *Messwert* wurde willkürlich *ein* gemessener Wert herausgegriffen.

Abb. 12-8: Schematische Darstellung der verwendeten Begriffe

12.2.7 Angabe des vollständigen Messergebnisses

Das vollständige Messergebnis für die Messgröße Y kann in verschiedenen Schreibweisen angegeben werden:

1. $Y = y \pm u(y)$
2. $Y = y \, (1 \pm u_{rel}(y))$
3. $y, u(y)$
4. $y, u_{rel}(y)$
5. $Y = y \, (u(y))$

Gerundete Unsicherheitswerte sind mit zwei oder drei signifikanten Ziffern anzugeben und ggf. aufzurunden. Das Messergebnis ist an derselben Stelle wie die zugehörige Messunsicherheit zu runden.

12.3 Beispiel

Für die in Abb. 12-9 gezeigte Messkette soll die Messunsicherheit ermittelt werden. Ich gehe im Folgenden davon aus, dass die Messwerte *unabhängig voneinander* sind und einer *Normalverteilung* unterliegen, d.h., dass die in Abb. 12-9 gezeigte Biegefeder nur elastisch verformt wird und nicht durch die erste Belastung plastisch, also dauerhaft, deformiert wird. Weiterhin soll die Berechnung der Messabweichungen neu erfolgen, d.h., dass noch keine statistischen Größen wie Standardabweichung o.Ä. für den zu betrachtenden Prozess bekannt sind.

Abb. 12-9: *Aufbau der Messkette*

12.3.1 Zufällige Messabweichungen

Es wird eine Messreihe durchgeführt und aus dieser der Mittelwert und die Standardabweichung berechnet. Um die Abhängigkeit von der Anzahl der Messwerte zu berücksichtigen, muss nach Gleichung 12-3 auf Seite 235 die Standardabweichung noch durch $\sqrt{n}$ dividiert werden. Zusätzlich soll die relative Messunsicherheit u_r verwendet werden, um unabhängig von der verwendeten physikalischen Größe eine Angabe in Prozent zu erhalten[1].

$$u_r = \frac{s}{\sqrt{n} \cdot |\bar{v}|} \qquad (12\text{-}11)$$

Bei der Messung an einer Biegefeder ergab sich aus 5 Messungen ein Mittelwert von 540,40 µm/m und eine Standardabweichung von 1,14 µm/m. Daraus folgt eine relative Messunsicherheit von $9{,}4 \cdot 10^{-4}$ oder 0,094%.

12.3.2 Bekannte systematische Messabweichung (Korrektion)

Wenn es möglich ist, die systematische Messabweichung einer Messeinrichtung zu ermitteln, muss diese Messabweichung mit umgekehrtem Vorzeichen als *Korrektion* berücksichtigt werden. Um die (notwendige) Korrektur nicht für jeden Messwert einzeln vornehmen zu müssen, wird sie auf den oben bestimmten Mittelwert der Messreihe angewandt.

In unserem Beispiel wurde die Biegefeder auf reine Biegung beansprucht. Da das Messgitter des DMS nicht direkt auf der Oberfläche der Biegefeder sitzt, muss eine Korrektur abhängig von DMS-Typ und Kleber vorgenommen werden, da der gemessene Wert zu hoch liegt.

Abb. 12-10: *Bekannte systematische Abweichung*

---

1. Dies geht natürlich nur, wenn der Mittelwert ungleich null ist.

Berechnung der Messunsicherheit

In diesem Fall ist die Korrektur über einen Faktor sinnvoll. Der Wert ergibt sich aus der Summe a der Dicken für die Klebstoffschicht (6 µm) und DMS-Trägerfolie (40 µm) sowie der Dicke der Biegefeder ($h = 2$ mm) nach Gleichung 12-12.

$$\varepsilon = \varepsilon_M \cdot \frac{\frac{1}{2}h}{\frac{1}{2}h + a} = 0{,}96 \cdot \varepsilon_M \qquad (12\text{-}12)$$

Daraus folgt für den korrigierten Mittelwert: 518,78 µm/m.

12.3.3 Unbekannte systematische Abweichungen

Diese Messabweichungen entstehen durch die Unvollkommenheiten der Messgeräte und durch nicht erfassbare Störeinflüsse. Durch Berücksichtigung der Herstellerangaben können die entstehenden Fehler durch die verwendeten Geräte oder Aufnehmer unter Beachtung der Einsatzbedingungen gut abgeschätzt werden. Da die Messung innerhalb kurzer Zeit erfolgte, sind keine Temperatureinflüsse zu berücksichtigen, die größten Effekte sind also die Unsicherheit des k-Faktors, die Kalibriergenauigkeit und Messgenauigkeit des Messverstärkers (Schaltungstechnik, Kabelwiderstand) sowie evtl. Unsicherheiten der Lastaufbringung.

1. Aufnehmer (k-Faktor): 1%
2. Verkabelung: 0,02%
3. Messverstärker: gesamt 0,37%
   Kalibrierfehler: 0,02%
   Linearität: 0,01%
   Anzeigefehler: ±2 Digit
4. Gewichtssatz: 0,1%
5. Lasteinleitung: 0,33%

Bitte beachten Sie, dass durch die digitale Anzeige des Wertes von 540 µm/m ± 2 µm/m der Fehler des Verstärkers doch größer wird, als es die anderen Angaben zunächst vermuten lassen. Mit diesen Werten ergibt sich nach Gleichung 12-6 auf Seite 239 $u_s = 1{,}12\%$. Dieser Wert ist hauptsächlich bedingt durch die Toleranz des k-Faktors (1%) des verwendeten DMS.

12.3.4 Berechnung und Angabe des vollständigen Messergebnisses

Das Ergebnis setzt sich zusammen aus dem in Abschnitt 12.3.2 auf Seite 242 berechneten korrigierten Mittelwert und den in Abschnitt 12.3.1 auf Seite 242 und Abschnitt 12.3.3 auf Seite 243 bestimmten Anteilen der Messunsicherheit, die nach Gleichung 12-9 (Seite 240) berechnet wird. Das Ergebnis lässt sich damit in einer der Schreibweisen nach Abschnitt 12.2.7 (Seite 241) formulieren.

Für unser Beispiel ergibt sich für diese Messung der Dehnung eine der folgenden Schreibweisen für das vollständige Messergebnis:

1. $\varepsilon = 518{,}8\,\mu\text{m/m} \pm 5{,}8\,\mu\text{m/m}$
2. $\varepsilon = 518{,}8 \cdot (1 \pm 0{,}0112)\,\mu\text{m/m}$ oder $\varepsilon = 518{,}8 \cdot (1 \pm 1{,}12 \cdot 10^{-2})\,\mu\text{m/m}$
3. $518{,}8\,\mu\text{m/m}$; $5{,}8\,\mu\text{m/m}$
4. $518{,}8\,\mu\text{m/m}$; $1{,}12\%$
5. $\varepsilon = 518{,}8\,\mu\text{m/m}\ (5{,}8\,\mu\text{m/m})$

Beachten Sie bitte die Anzahl der Nachkommastellen, die in ihrer Signifikanz bei Messergebnis und Messunsicherheit übereinstimmen müssen. Daher ist die erste aufgeführte Form der Angabe die einfachste.

Die Angabe eines Vertrauensintervalls ist *nur zusätzlich* zur Angabe des vollständigen Ergebnisses erlaubt. Die Berechnung wird bei Bedarf mit Hilfe der t-Verteilung und einem Vertrauensniveau von 95% vorgenommen, d.h., der Wert für die Standardabweichung wird mit dem Wert für die t-Verteilung bei der durchgeführten Anzahl von Messungen multipliziert. Nötig ist diese Form der Berechnung aber nicht; falls sie erfolgt, müssen das verwendete Vertrauensniveau oder der Faktor *t* sowie die Anzahl der Messwerte mit angegeben werden.

Literaturverzeichnis

Kapitel 1, *Grundlagen des elektrischen Messens mechanischer Größen*

[1] Pfeifer, T. (Hrsg.) (1994). *Handbuch der industriellen Meßtechnik.* R. Oldenbourg Verlag, Düsseldorf.
[2] Hoffmann, J. (Hrsg.) (1999). *Handbuch der Meßtechnik.* Carl Hanser Verlag, München.
[3] Hoffmann, J. (Hrsg.) (1999). *Taschenbuch der Messtechnik.* Fachbuchverlag, Leipzig.
[4] VDI/VDE/GESA 2636 (2000). *Zertifizierung der Durchführung von Kursen und Prüfungen in Dehnungsmessstreifen-Messtechnik.* Beuth Verlag GmbH (Hrsg.), Berlin.
[5] VDI/VDE/GESA 2635 Blatt 2 (2001, Entwurf). *Experimentelle Strukturanalyse - Empfehlungen zur Durchführung von Dehnungsmessung bei hohen Temperaturen.* Beuth Verlag GmbH (Hrsg.), Berlin.
[6] Firmenschriften: MEGATRON® Elektronik AG&Co., Putzbrunn. (http://www.megatron.de)
[7] Paetow, J. (1988). *Die 6-Leiterschaltung für DMS-Aufnehmer.* In: wägen und dosieren 1/1988.
[8] DIN 1301-1 (1993). *Einheiten; Einheitennamen, Einheitenzeichen.* Beuth Verlag GmbH (Hrsg.), Berlin.

Kapitel 2, *Grundlagen und Anwendung der Dehnungsmessstreifen-Technik*

[9] OIML IR 62 (1985). *Performance characteristics of metallic resistance strain gauges.* International Organization of Legal Metrology, Paris.
[10] VDI/VDE 2635 Blatt 1 (1974). *Dehnungsmeßstreifen mit metallischem Meßgitter; Kenngrößen und Prüfbedingungen.* Beuth Verlag GmbH (Hrsg.), Berlin.
[11] VDI/VDE/GESA 2636 (2000). *Zertifizierung der Durchführung von Kursen und Prüfungen in Dehnungsmessstreifen-Messtechnik.* Beuth Verlag GmbH (Hrsg.), Berlin.
[12] Giesecke, P. (1994). *Dehnungsmeßstreifentechnik.* Friedr. Vieweg & Sohn Verlagsgesellschaft mbH, Braunschweig/Wiesbaden.

Literaturverzeichnis

[13] Hoffmann, K. (1987). *Eine Einführung in die Technik des Messens mit Dehnungsmeßstreifen.* Hottinger Baldwin Messtechnik GmbH (Hrsg.), Darmstadt.

[14] Keil, S. (1995). *Beanspruchungsermittlung mit Dehnungsmeßstreifen.* Cuneus-Verlag, Lippstadt.

Kapitel 3, Aufnehmer mit Dehnungsmessstreifen

[15] Profos, P. (Hrsg.) (1984). *Handbuch der industriellen Meßtechnik.* Vulkan Verlag, Essen.

[16] Paul, H. (1987). *Wägezellen kleiner Nennlast mit Dehnungsmeßstreifen in Dünnfilmtechnik.* In: wägen + dosieren 3/1987, S85ff.

Kapitel 4, Piezoelektrische Sensoren

[17] Tichý, J. und Gautschi, G. (1989). *Piezoelektrische Messtechnik,* Springer-Verlag, Berlin-Heidelberg-New York.

Kapitel 5, Induktive Aufnehmer

[18] Loos, H. R. (1992). *Systemtechnik induktiver Weg- und Kraftaufnehmer.* expert-Verlag, Ehningen.

[19] Firmenschriften: MTS Sensor Technologie, Lüdenscheid. (http://www.mtssensor.com)

[20] Firmenschriften: Micro-Epsilon Messtechnik GmbH, Ortenburg (http://www.micro-epsilon.com)

[21] Firmenschriften: ME-Meßsysteme GmbH, Hennigsdorf. (http://www.me-systeme.de)

Kapitel 6, Kapazitive Aufnehmer

[22] Bonfig, K. (1997). *Sensoren und Sensorsignalverarbeitung.* expert-Verlag, Ehningen.

[23] Firmenschriften: Capacitec, Massachusetts. (http://www.capacitec.com)

[24] Orlowski, R. und Graeger, V. (1984). *Keramische Differenzdrucksensoren in Dickschichttechnik; VDI-Berichte Nr. 509, S. 217-222.* VDI-Verlag, Düsseldorf.

[25] Procter, E. (1984). *High Temperature Creep Strain Measurements Using a Capacitance Type Strain Gauge; VDI-Berichte Nr. 514, S. 101-107.* VDI-Verlag, Düsseldorf.

Literaturverzeichnis

[26] Firmenschriften: Conti Temic microelectronics GmbH, Kirchheim/Teck. (http://www.temic.de)

Kapitel 7, *Weitere Aufnehmerprinzipien*

[27] Firmenschriften: Computer Controls Ltd., Division EuroSensor, London. (http://www.eurosensor.com)
[28] Firmenschriften: BD SENSORS GmbH, Thierstein. (http://www.bdsensors.de)
[29] Firmenschriften: FOS Meßtechnik, Schacht-Audorf. (http://www.fos-messtechnik.de)
[30] Slowik, V. u. a. (1999). *Faser-Bragg-Gitter-Sensoren zur langzeitigen Dehnungsmessung im Bauwesen*. In: VDI Berichte 1463; GESA Symposium: Anspruch und Tendenzen in der experimentellen Strukturmechanik.
[31] Firmenschriften: Telegärtner Gerätebau GmbH, Höckendorf. (http://www.geraetebau.telegaertner.com)
[32] Firmenschriften: LITEF GmbH, Freiburg. (http://www.litef.de)
[33] Firmenschriften: CORRSYS Korrelatorsysteme GmbH, Wetzlar. (http://www.corrsys.de)

Kapitel 8, *Messverstärker*

[34] Heringhaus, E. Dr.-Ing. (1983). *Trägerfrequenz- und Gleichspannungs-Meßverstärker, ein Systemvergleich aus anwendungstechnischer Sicht*. Hottinger Baldwin Messtechnik GmbH (Hrsg.), Darmstadt.
[35] Pelz, H. (1984). *Elektromagnetische Störeinwirkungen auf elektronische Geräte*. In: Regelungstechnische Praxis, Jahrgang 26 (1984) Heft 9, S. 383ff.
[36] DIN EN 50081-1 (1993) und DIN EN 50081-2 (1994). *Elektromagnetische Verträglichkeit (EMV); Fachgrundnorm Störaussendung, Teil 1 und 2*. Beuth Verlag GmbH (Hrsg.), Berlin.
[37] DIN EN 50082-1 (1997). *Elektromagnetische Verträglichkeit (EMV); Fachgrundnorm Störfestigkeit, Teil 1*. Beuth Verlag GmbH (Hrsg.), Berlin.
[38] DIN EN 61000[1] (Teile 2 - 6) (1994 - 1999). *Elektromagnetische Verträglichkeit (EMV)*. Beuth Verlag GmbH (Hrsg.), Berlin.
[39] DIN EN 61326 (1998), DIN EN 61326/A1 (1999). *Elektrische Betriebsmittel für Meßtechnik, Leittechnik und Laboreinsatz – EMV-Laboranforderungen*. Beuth Verlag GmbH (Hrsg.), Berlin.

---

1. Die Norm besteht aus mehreren Abschnitten und Teilen, z.T. noch im Norm-Entwurf.

Literaturverzeichnis

Kapitel 9, Digitale Datenerfassung und Verarbeitung

[40] Best, R. (1993). *Digitale Signalverarbeitung und -simulation, Band 1.* AT Verlag, Aarau.
[41] Best, R. (1991). *Digitale Signalverarbeitung und -simulation, Band 2.* AT Verlag, Aarau.
[42] Weichert, N. (2000). *Messtechnik und Messdatenerfassung.* Oldenbourg Wissenschaftsverlag, München.
[43] Bonfig, K. (1997). *Sensoren und Sensorsignalverarbeitung.* expert-Verlag, Ehningen.
[44] VDI/VDE 3687 (1999). *Auswahl von Feldbussystemen durch Bewertung ihrer Leistungseigenschaften für industrielle Anwendungsbereiche.* Beuth Verlag GmbH (Hrsg.), Berlin.
[45] DIN-IEC 60625-1 (1981), DIN-IEC 60625-2 (1981). *Ein byteserielles bitparalleles Schnittstellensystem für programmierbare Meßgeräte.* Beuth Verlag GmbH (Hrsg.), Berlin.
[46] DIN 66348-1 (1986), DIN 66348-2 (1989), DIN 66348-3 (1989). *Schnittstellen und Steuerungsverfahren für die serielle Meßdatenübermittlung.* Beuth Verlag GmbH (Hrsg.), Berlin.
[47] DIN ISO 11898 (1995). *Straßenfahrzeuge – Austausch digitaler Informationen – Steuergerätenetz (CAN) für schnellen Datenaustausch.* Beuth Verlag GmbH (Hrsg.), Berlin.
[48] DIN EN 50170/1 (1997) bis DIN EN 50170/3 (1997) und DIN EN 50170/A1 (1997) bis DIN EN 50170/A3 (2000). *Universelles Feldkommunikationssystem.* Beuth Verlag GmbH (Hrsg.), Berlin.
[49] DIN 19245 (1993). *Messen, Steuern, Regeln; PROFIBUS.* Beuth Verlag GmbH (Hrsg.), Berlin.
[50] DIN EN 50254 (1999). *Kommunikationssystem mit hoher Effizienz für kleine Datenpakete.* Beuth Verlag GmbH (Hrsg.), Berlin.

Kapitel 10, Abgleich von Messketten

[51] DIN 1319-1 (1995). *Grundlagen der Meßtechnik, Teil 1: Grundbegriffe.* Beuth Verlag GmbH (Hrsg.), Berlin.

Kapitel 11, Durchführen von Messungen

[52] Firmenschrift (1998): *Handbuch zur Temperaturmessung mit Thermoelementen und Widerstandsthermometern.* TC Meß- und Regeltechnik GmbH (Hrsg.), Mönchengladbach.
(http://www.tcgmbh.de)

[53] DIN EN 60751 (1996). *Industrielle Platin-Widerstandsthermometer und Platin-Meßwiderstände.* Beuth Verlag GmbH (Hrsg.), Berlin.
[54] DIN EN 60584-1 (1996), DIN EN 60584-1 Berichtigung 1 (1998), DIN EN 60584-2 (1994). *Thermopaare.* Beuth Verlag GmbH (Hrsg.), Berlin.

Kapitel 12, Berechnung der Messunsicherheit

[55] Gränicher, H. (1996). *Messung beendet – was nun?* vdf Hochschulverlag, Zürich.
[56] Bantel, M. (2000). *Grundlagen der Messtechnik.* Fachbuchverlag Leipzig.
[57] DIN 1319-1 (1995). *Grundlagen der Meßtechnik, Teil 1: Grundbegriffe.* Beuth Verlag GmbH (Hrsg.), Berlin.
[58] DIN 1319-2 (1996). *Grundlagen der Meßtechnik, Teil 2: Begriffe für die Anwendung von Meßgeräten.* Beuth Verlag GmbH (Hrsg.), Berlin.
[59] DIN 1319-3 (1996). *Grundlagen der Meßtechnik, Teil 3: Auswertung von Messungen einer einzelnen Meßgröße, Meßunsicherheit.* Beuth Verlag GmbH (Hrsg.), Berlin.
[60] DIN 1319-4 (1999). *Grundlagen der Meßtechnik, Teil 4: Auswertung von Messungen, Meßunsicherheit.* Beuth Verlag GmbH (Hrsg.), Berlin.
[61] DIN 1319, Ausg. 1985. *Grundbegriffe der Meßtechnik, Teil 1: Allgemeine Grundbegriffe.* Beuth Verlag GmbH (Hrsg.), Berlin.
[62] DIN 1319, Ausg. 1983. *Grundbegriffe der Meßtechnik, Teil 3: Begriffe für die Meßunsicherheit und für die Beurteilung von Meßgeräten und Meßeinrichtungen.* Beuth Verlag GmbH (Hrsg.), Berlin.
[63] DIN 1319, Ausg. 1985. *Grundbegriffe der Meßtechnik, Teil 4: Behandlung von Unsicherheiten bei der Auswertung von Messungen.* Beuth Verlag GmbH (Hrsg.), Berlin.
[64] ISO 3534-1 (1993). *Statistics – Vocabulary and symbols – Part 1: Probability and general statistical terms.* Geneva: ISO International Organisation for Standardization.
[65] ISO 3534-3 (1999). *Begriffe und Formelzeichen – Teil 3 Versuchsplanung.* Beuth Verlag GmbH (Hrsg.), Berlin.
[66] *Guide to the Expression of Uncertainty in Measurement.* Geneva 1993, korrigierter Neudruck 1995. Geneva: ISO International Organisation for Standardization.
[67] DIN ISO 10012-1 (1992). *Forderungen an die Qualitätssicherung für Meßmittel; Bestätigungssystem für Meßmittel.* Beuth Verlag GmbH (Hrsg.), Berlin.
[68] DIN 55350 Beiblatt 1 (1989). *Begriffe der Qualitätssicherung und Statistik; Struktur und Gesamtstichwortverzeichnis.* Beuth Verlag GmbH (Hrsg.), Berlin.

Literaturverzeichnis

Index

A
Abgleich 203–220
- der Referenzphase 218
- induktiver Aufnehmer 215
- kapazitiver 217
- mit direkter Belastung 209
- mit Kalibriergerät 214
- mit Kennwerten 208, 214

Abweichung siehe Messabweichung
AC-Kopplung 118
Aktiver Aufnehmer 3
- induktiver 121

Aliaseffekt 198
AMA (Fachverband für Sensorik) 15
Angabe des vollständigen
  Messergebnisses 241
Anschließen 203
Archivieren von Daten 197
Aufnehmer
- aktiver 3
- Bauform 66
- berührungsfreier 127
- Definition 3
- für Wegmessung 122–132
- induktiver 12
- induktiv-potentiometrischer 132
- kapazitiver 13
- magnetoelastischer 134
- magnetostriktiver 130
- mit DMS 65–94
- Nullsignal 83
- passiver 3
- piezoelektrische 95–115
- piezoresistive 147–151
- Wirbelstromaufnehmer 129

Ausgangssignal
- normiertes ~ bei DMS-Aufnehmern 82

Ausschwingvorgang 101
Auswahl von DMS 52
Autokalibrierung 180

B
BAM (Bundesanstalt für Materialforschung
  und -prüfung) 15
Bauform von Aufnehmern 66
Berechnung des vollständigen
  Messergebnisses 244
Berücksichtigung von k-Faktoren 209
Berührungsfreie Wegaufnehmer 127
Berührungslose Signalübertragung 78–79
Berührungsthermometer 227
Beschleunigungskompensierter
  Drucksensor 106
Beschleunigungssensor
- induktiver 133
- kapazitiver 146
- piezoelektrischer 114–115
- piezoresistiver 147

Bessel-Filter 200
Biegebalken
- Doppel-~ 68
- Einfacher ~ 68
- Multi-~ 70

Biosensor 2
Bruchlast 83
Bundesanstalt für Materialforschung und
  -prüfung 15
Bussysteme 187–194
Butterworth-Filter 200

C
C-Abgleich 217
CAN 191
Chemische Störeinflüsse 86
Curie-Punkt 100

D
Dauerschwingamplitude 45, 83
DC-Kopplung 118
DC-Messverstärker 162

251

Index

Dehnung 41
- homogene 53
- inhomogene 53
- negative 39
- positive 39
- thermische 47
Dehnungsmessstreifen siehe DMS
Dehnungswiderstandseffekt 8
Demodulator 164
DeviceNet 191
Diagonalbrücke 47
Dickschichttechnik 11, 65
Differentialdrossel 122
Differentialtransformator 122
Differenzeingang 163
Digitale Messkette 197, 232
Digitaler Messverstärker 179
DIN-Messbus 191
DMS 39–63
- -Aufnehmer 39, 65–94
- -Auswahl 52
- Draht-~ 51
- Folien-~ 43, 52
- für hohe Dehnungen 54
- Halbleiter-~ 51
- kapazitiver 145
- -Ketten 54
- -Rosetten 62
- selbstkompensierender 49
Dokumentation 229
Doppel-Biegebalken 68
Draht-DMS 51
Drahtpotentiometer 8
Drehmomentaufnehmer 76
Drehpotentiometer 8
Dreikomponenten-Sensor 112
3-Leiterschaltung 29
- geregelt 30
Drift 117
Druckaufnehmer
- DMS 72
- kapazitiver 144
- piezoresistive 101–109, 148–151
Druckerschnittstelle 188
Druckvorlage 150
Dünnfilmtechnik 11, 65
Durchführung einer Messung 221

Dynamisches Verhalten
- von DMS 44
- von Quarz 100
Dynamometer 112

E

Eichen 203
Eigenfrequenz 90, 101, 106
Eigenspannung 39
Einachsiger Spannungszustand 59
Einbau von Aufnehmern 85
Einmessen 203
Einschwingen 107, 168
Einstellen der Speisespannung 220
Einstrahlungen 171
Elektrische Ladung 95
Elektrische Störfelder 86, 171
EMV 171, 176
EMV-Schutz 177
Ermittlung der gesamten
 Messunsicherheit 240
Error 233
Ethernet 190

F

Fachinformationszentrum Technik
 (FIZ) 16
Fachverband für Sensorik (AMA) 15
Faser-Bragg-Gitter 154
Faserkreisel 155
Federkörper 66–81
Fehler
- siehe auch Messabweichung
- zusammengesetzter 84
Feldbussysteme 189
Filterlaufzeit 201
Firewire 189
Folien-DMS 43, 52
Frequenzmessung 35

G

Geber 3
Gebrauchstemperatur 85
Gemeinschaft Experimentelle Strukturanalyse (GESA) 17
Genauigkeit von Aufnehmern 82

Index

Gesellschaft Mess- und Automatisierungstechnik (GMA) 17
Gleichrichtung
– phasenkritische 165
Gleichspannungs-Messverstärker 162
Grenzfrequenz
– eines Verstärkers 166
– von DMS 39
Grenzlast 83
Grenzquerbelastung 88
Grundeinheiten 1
GSD-Datei 193

H
Halbbrücke 47
Halbleiter
– siehe auch piezoresistive Sensoren
– DMS 51
– Temperatursensor 226
Hochdrucksensor 107
Hohlwelle 76
Hooke'sches Gesetz 40

I
IEEE 1394 189
IEEE 488 187
Impedanzwandler 118
Impulswiedergabe
– eines Ladungsverstärkers 117
– eines Verstärkers 168
– piezoelektrischer Aufnehmer 100
Indizierter Druck 105
Induktionsaufnehmer 121
Induktive Aufnehmer 12, 121–136
Induktiv-potentiometrischer Aufnehmer 132
Installation von DMS 56
Intelligenter Sensor 3
Interbus 193
Ionisierende Strahlung 86
ISO-OSI-Referenzmodell 190

J
Justieren 203

K
Kabelverlust 23

Käfig-Federkörper 76
Kalibrieren 203
Kapazitive Aufnehmer 13, 139–146
Kapazitiver DMS 145
Keramik-Sensor 11
k-Faktor 42, 147
Klebung von DMS 56
Knopfzelle (kapazitiver Sensor) 143
Kompensation
– von Signalkomponenten 20
– von Temperatureffekten 21, 224
Konstantstrom 34
Kraftaufnehmer
– Mehrkomponenten–~ 111
– mit DMS 66
– piezoelektrische 110
Kuppler 119

L
Ladungsverstärker 36, 95, 116
Ladungswandler 116
Längenmessung über Korrelationsverfahren 157
Laufzeit von Filtern 201
Leitplastikpotentiometer 8
Linearpotentiometer 8
Longitudinaleffekt 96
Luftspalt
– Messung 144
LVDT 122

M
Magnetische Störfelder 86, 171
Magnetoelastischer Aufnehmer 134
Magnetostriktiver Wegaufnehmer 130
Maximaltemperatur 85
Mechanische Störeinflüsse 86
Medientemperatur 85
Membran-Federkörper 72, 74
Messabweichung
– systematische 232, 235
– unbekannte systematische 236
– zufällige 232–233
Messbedingungen 221
Messbereich 83
Messeinrichtung 231
Messen (Definition) 2

Index

Messergebnis 1
- vollständiges Messergebnis
  - Angabe 241
  - Berechnung 244
Messgröße 231
Messgrößenaufnehmer 3
Messkette 3, 5, 231
Messplattform 112
Messprotokoll 230
Messrate 198
Messsignal 231
Messtechnik (Definition) 2
Messunsicherheit 5, 231
- Ermittlung der gesamten 240
Messunterlegscheiben 110
Messverstärker 161
- DC-~ 162
- digitaler 179
- mit Konstantstromspeisung 34
- TF-~ 163
Messweg bei DMS-Aufnehmern 82
Messwert 231
MODbus 194
Monomode-LWL 151
Motorenindizierung 104
Multi-Biegebalken 70
Multimode-LWL 151
Multiplexer 182

N

Nennlast 83
Nenntemperatur 85
Normiertes Ausgangssignal 82
Nullabgleich 204
- ~bereich 28
- kapazitiver (C) 217

O

Optische Sensoren 151

P

Passiver Aufnehmer 3
- induktiver 122
Phasenkritische Gleichrichtung 165
Piezoelektrische Keramik 96, 114
Piezoelektrischer Sensor 95
Piezoresistive Sensoren 10, 147–151

Planung einer Messung 222
Plastische Verformung 83
Potentiometeraufnehmer 7
Probelauf 230
PROFIBUS 192
Proportionalitätsgrenze 40
Prüfen (Definition) 2

Q

Quarzkristall 95
Querkraft 87

R

Rahmenbedingungen einer Messung 222
Rauschen 175
Referenzphasenabgleich 218
Ringtorsion 67
RS-232 188
RS-485 187
Rückführung 203

S

Saphir-Sensor 11
Scherstab-Federkörper 72, 77
Schleifring 78
Schubeffekt 98
Schwingkreis 36
6-Leiterschaltung 26, 32
Selbstkompensierender DMS 49
Sensor
- siehe auch Aufnehmer
- Definition 3
- mit Triangulationsprinzip 158
Shunt-Kalibrierung 205, 213
Smart sensor 3
Software 195
Spannung
- mechanische 39
  - einachsig 59
  - zweiachsig 61
Spannungsteiler 18
Spannungsverteilung 60
Speisung mit Konstantstrom 34
Spritzgießen 109
Stauchung 39
Störfestigkeit 176
Störstrahlung 171

254

Index

Störungen
- chemische *86*
- durch Temperatur *224*
- elektromagnetische *171*
- für DMS-Aufnehmer *87–92*
- für induktive Aufnehmer *136*
- für kapazitive Aufnehmer *143*
- mechanische *86*
- thermische *86*
- Umrechnung *166*

Stoßversuch *89*
Strahlungsthermometer *227*
Systematische Messabweichung *232, 235*

T

Tauchanker *122*
TCP/IP *190*
Temperatureinfluss *224*
- bei DMS *48*
- bei DMS-Aufnehmern *86*
- bei Quarz *100*

Temperaturmessung *226*
TF-Verstärker *163*
Thermoelemente *226*
Tiefpassfilter *200*
Token-Passing *193*
Torsionsschwingung *93*
Torsionssteifigkeit *76, 93*
Torsionswelle *76*
Trägerfrequenz-Messverstärker *163*
Transientenrekorder *183*
Triangulationsprinzip *158*

U

Umgebungsbedingungen *229*
Umrechnung von Störspannungen *166*
Umschaltanlage *183*

Unbekannte systematische
    Messabweichung *236*
Uncertainty *233*
USB *189*

V

VDI/VDE *16–17*
Verbände und Organisationen *15–17*
Vielstellenmessanlage *181*
4-Leiterschaltung *22*
- geregelt *31*

Viertelbrücke *47*
Vollbrücke *47*

W

Wägezellen *66*
Wärmedehnung *21*
Wegaufnehmer
- als Taster *125*
- berührungsfreier *127*
- mit Tauchanker *125*

Wegmessung über
    Korrelationsverfahren *157*
Wheatstone-Brücke *19, 45*
Widerstand eines Leiters *7*
Widerstandsthermometer *226*
Wirbelstromaufnehmer *129*

Z

Zeitkonstante
- von Ladungsverstärkern *117*
- von Thermometern *228*

Zufällige Messabweichung *232–233*
Zusammengesetzter Fehler *84*
Zweiachsiger Spannungszustand *61*
2-Leiterschaltung *28*
Zweiviertelbrücke *47*

Autorenverzeichnis

Dipl.-Ing. Michael Laible
TID Technische Information und Dokumentation
Erzhausen

Prof. Dr.-Ing. Robert K. Müller
Stuttgart

Dipl.-Phys. Bernhard Bill
Kistler Instrumente AG
Winterthur/Schweiz

Dipl.-Ing. Klaus Gehrke
Hottinger Baldwin Messtechnik GmbH
Darmstadt

expert verlag

Dipl.-Phys. Jörg Reling, Dr. Hans-Herbert Flögel, Dr. Matthias Werschy

Technische Endoskopie

Grundlagen und Praxis endoskopischer Untersuchungen

2001, 74 Seiten, 46 Bilder, DM 39,--, EURO 19,94, öS 285, sfr 35,50
Kontakt & Studium, Band 597
ISBN 3-8169-1775-5

Endoskope sind optische Instrumente, die eine visuelle Inspektion von schwer zugänglichen Hohlräumen und Bereichen erlauben. Sie lassen aussagekräftige und kostensparende Prüfungen auf den verschiedensten Gebieten zu. Der Themenband behandelt die Grundlagen und die praktische Anwendung der Endoskopie auch für spezielle Anwendungsfälle und unter erschwerten Umgebungsbedingungen.

Inhalt:
Grundlagen - Endoskopie in der Praxis - Strömungs- und Verbrennungsuntersuchungen in Motoren mit Hilfe von Endoskopen - Endoskopische Untersuchungen der Vorgänge in chemischen Reaktoren bei Temperaturen über 1000°C

Die Interessenten:
Mitarbeiter in Entwicklung, Konstruktion, Versuch, Fertigung, Wartung, Instandhaltung, Qualitätskontrolle und Qualitätssicherung aus Industrie, Bauämtern, Bausanierungsunternehmen und aus dem Verkehrwesen

Fordern Sie unsere Fachverzeichnisse an!
Tel. 07159/9265-0, FAX 07159/9265-20
e-mail: expert @ expertverlag.de
Internet: http://www.expertverlag.de

expert verlag GmbH · Postfach 2020 · D-71268 Renningen

expert verlag

Prof. Dr.-Ing. habil. **Rüdiger Hoffmann**

Grundlagen der Frequenzanalyse

Eine Einführung für Ingenieure und Informatiker

2001, 142 S., 63 Bilder, 11 Tab., DM 69,--, EURO 35,28, öS 504, sfr 63,--
Kontakt & Studium, Band 620
ISBN 3-8169-1914-6

Die Frequenzanalyse von Signalen gehört zu den grundlegenden Technologien in vielen Bereichen der Ingenieur- und Naturwissenschaften. Seit der Einführung der Digitaltechnik werden digitalen Frequenzanalysatoren in großem Umfang in Schwingungstechnik und Akustik, Informations- und Kommunikationstechnik und vielen anderen Gebieten eingesetzt. Um sie richtig anwenden und ihre Ergebnisse sicher interpretieren zu können, muß der Anwender mit den theoretischen Grundlagen der Frequenzanalyse gut vertraut sein. Diese Grundlagen werden im vorliegenden Buch vermittelt und anhand zahlreicher Beispiele erläutert.

Inhalt
Frequenzanalyse zeitkontinuierlicher Signale (Fourier-Reihe und Fourier-Transformation, Leistungsdichtespektrum) - Frequenzanalyse zeitdiskreter Signale (DFT, FFT und ihre praktische Anwendung) - Digitalfilter (Grundlagen, Entwurf, Realisierung) - Verfahren zur Zeit-Frequenz-Analyse (STFT, Wavelet-Transformation) - Tabellenanhang

Die Interessenten:
Ingenieure, Physiker und Techniker aus Forschung, Konstruktion, Versuchs- und Prüftechnik, Behörden und Technischen Diensten, die Verfahren der Frequenzanalyse einsetzen
Das Buch ist auch für Studierende der Informations- und Kommunikationstechnik im Nebenfach geeignet.

Fordern Sie unsere Fachverzeichnisse an!
Tel. 07159/9265-0, FAX 07159/9265-20
e-mail: expert @ expertverlag.de
Internet: http://www.expertverlag.de

expert verlag GmbH · Postfach 2020 · D-71268 Renningen

expert verlag

Prof. em. Dr. sc. techn. Hans Eigler

Mikrosensorik und Mikroelektronik

Vom physikalischen Effekt zur Grundstruktur und zum Mikrosystem

2000, 765 Seiten, 312 Bilder, 32 Tabellen, 542 Literaturstellen,
DM 159,00, Euro 81,30, öS 1161, sfr 145,00
Sensorik, Band 10
ISBN 3-8169-1752-6

Das Buch behandelt physikalische und technische Grundlagen der Schaltungselemente in Mikrosystemen mit elektronischen, optoelektronischen, mikroakustischen und mikromechanischen Verarbeitungsprinzipien geschlossen und mathematisch begründet und gibt einen Überblick über die Vielfalt der Funktionselemente und Funktionseinheiten ihrer Verarbeitungselektronik und der Peripherie. Die geschlossene Darstellung füllt eine Lücke bei Fachbüchern und schafft einen leichteren Zugang zu den genannten, sich gegenseitig annähernden und verschmelzenden Wissensgebieten.

Das Buch schafft und vertieft fächerübergreifende Grundlagenkenntnisse, hilft Wissenslücken zu schließen und liefert durch den Überblick über die Funktionselemente sichere Entscheidungsgrundlagen.

Inhalt:
Begriffsbestimmungen - Kurzer Abriß der Festkörperphysik - Ladungsträgertransport - Oberflächenerscheinungen - Kontakte und Halbleiterübergänge - Grundelemente der Optoelektronik, der Mikroakustik und der Mikromechanik - Schaltungselemente der elektronischen Signalverarbeitung, Sensoren, Schnittstellen, Integration

Die Interessenten:
- Wissenschaftler und Techniker bei der Planung, Entwicklung, Herstellung und Anwendung informationstechnischer Systeme
- Angehörige des Lehrkörpers an Hoch- und Fachschulen der Fachbereiche Elektrotechnik, Informationstechnik, Automatisierungstechnik u.ä.
- Studenten höherer Semester mit dem entsprechenden Vertiefungsvorhaben
- Beamte an technik- und wirtschaftsfördernden Institutionen
- öffentliche Bibliotheken.

Fordern Sie unsere Fachverzeichnisse an!
Tel. 07159/9265-0, FAX 07159/9265-20
e-mail: expert @ expertverlag.de
Internet: http://www.expertverlag.de

expert verlag GmbH · Postfach 2020 · D-71268 Renningen

expert verlag

Prof. Dr.-Ing. Ferdinand Nibler

Hochfrequenzschaltungstechnik

Funktionen und Anwendung von Halbleitern und Leitungen in Hochfrequenzschaltungen

3., verbesserte Auflage 1998, 412 Seiten, DM 96,– , EURO 49,08, öS 701, sfr 87,50
Kontakt & Studium, Band 140
ISBN 3-8169-1468-3

Das Buch gibt dem in der Praxis stehenden Ingenieur und auch dem angehenden Ingenieur wertvolle Hilfen bei der Entwicklung und Dimensionierung hochfrequenztechnischer Schaltungen aller Art. Dazu wird das Arbeiten mit Netzwerkparametern erläutert, der Einsatz von Leitungen in verschiedenen Techniken besprochen und eine Vielzahl von Schaltungen mit aktiven Elementen (Transistoren) vorgestellt. Die rechnergestützten Problemlösung nimmt dabei breiten Raum ein, entweder mit problemspezifisch selbstentwickelter oder mit handelsüblicher Software auf dem PC oder dem Großrechner. Fragen der Anpassung und des Rauschens werden ausführlich und praxisnah erörtert.

Inhalt:
Netzwerkparameter als Hilfsgrößen der HF-Technik - Hochfrequenzleitungen (Zweidraht-, Koaxial- und Streifenleitung) - HF-Schaltungen mit Leistungstransistoren - Unipolare und bipolare Transistoren in Leistungsstufen für 3 bis 1000 Mhz - Grundlagen der rechnergestützten Entwicklung von HF-Schaltungen - Rechnergestützte Entwicklung und Optimierung von HF-Schaltungen - HF-Empfangsschaltungen - Anpassungsmessung - Probleme und Lösungen - Rauschen und die Messung von Rauschgrößen

Fordern Sie unsere Fachverzeichnisse an!
Tel. 07159/9265-0, FAX 07159/9265-20
e-mail: expert @ expertverlag.de
Internet: http://www.expertverlag.de

expert verlag GmbH · Postfach 2020 · D-71268 Renningen